中学入試対応

もっとツッコミ！
理科

花まる学習会代表 高濱正伸 監修

スクールFC 江上修 著

永岡書店

はじめに

この本《ほん》は、みなさんに「理科《りか》っておもしろいな」と感《かん》じてもらうことを願《ねが》って作《つく》られました。第一弾《だいいちだん》の『ツッコミ！理科《りか》』が大変好評《たいへんこうひょう》で、「ぜひ第二弾《だいにだん》を出《だ》してほしい」という要望《ようぼう》が多《おお》かったということもあります。

この本《ほん》の作者《さくしゃ》である江上先生《えがみせんせい》が「だれかがまちがった発言《はつげん》をしたときに『何《なん》でやねん！』とツッコミを入《い》れる子《こ》どもたちって、イキイキしているなあ。そしてそのとき、頭脳《ずのう》はフル回転《かいてん》していて、理科《りか》の教養《きょうよう》と学力《がくりょく》が試《ため》されているな」と気《き》づいて創作《そうさく》しました。私《わたし》は最初《さいしょ》にこのアイデアを聞《き》いた瞬間《しゅんかん》、「それはおもしろい！　すぐに本《ほん》にしよう」と応《こた》えたものです。

ではさっそく、各問題《かくもんだい》（ボケ問《もん》）を読《よ》んで、実際《じっさい》につっこむ瞬間《しゅんかん》を想像《そうぞう》してみましょう。まだまだ実力《じつりょく》がないうちはすぐに答《こた》えを見《み》ないで、考《かんが》え抜《ぬ》いてほしいと思《おも》います。

たとえばフェネックの問題《もんだい》。「うーん、どこがおかしいんだろう。動物《どうぶつ》の体《からだ》の部位《ぶい》の大《おお》きさか……。そうだ、気候《きこう》や気温《きおん》と関係《かんけい》するんじゃないかな？」と、自分《じぶん》なりに仮説《かせつ》を立《た》ててから、解説《かいせつ》を見《み》てみることをおすすめします。このように「何《なん》でだろう？」「こうだからかな？」と思考《しこう》し仮説《かせつ》を立《た》てることは、頭《あたま》を良《よ》くするための大事《だいじ》な習慣《しゅうかん》です。知識《ちしき》を豊富《ほうふ》にすることもすばらしいことなのですが、それ以上《いじょう》に大事《だいじ》な「脳《のう》の鍛錬《たんれん》の時間《じかん》」ともいえます。

そして解説《かいせつ》を読《よ》んで理解《りかい》したら、友《とも》だちに出題《しゅつだい》してみましょう。ほかの人《ひと》に向《む》かって科学的《かがくてき》に正《ただ》しく説明《せつめい》することは、これまた頭《あたま》を良《よ》くすることにつながります。中《なか》にはとっても力《ちから》がある人《ひと》がいて、問題《もんだい》を読《よ》むなり「何《なん》でやねん！　これはアフリカの生《い》き物《もの》だから、暑《あつ》い気候《きこう》だと体《からだ》の出《で》っぱっている部位《ぶい》が大《おお》きくなるという『アレンの法則《ほうそく》』じゃないの !?」と、完璧《かんぺき》につっこめる強者《つわもの》もいるかもしれません。

これはもう尊敬《そんけい》されるレベルです。なぜかというと、このツッコミで、「フェネックがアフリカに生息《せいそく》している」、「体《からだ》の部位《ぶい》の大《おお》きさと気候《きこう》は強《つよ》く関連《かんれん》している」、「これが『アレンの法則《ほうそく》』である」という知識《ちしき》があることがわかるからです。

上記《じょうき》は一例《いちれい》にすぎませんが、“**イケてるツッコミ”をするには、「感性《かんせい》」と広《ひろ》くて深《ふか》い知識《ちしき》が必要《ひつよう》になります。感性《かんせい》とは、まず「何《なん》か変《へん》だな」と「違和感《いわかん》」を持《も》つような「ん？」と感《かん》じる力《ちから》などのことです。これは周《まわ》りに流《なが》されずに自分《じぶん》らしく生《い》きるためにも必要《ひつよう》な力《ちから》でもあり、思考力《しこうりょく》の根幹《こんかん》になります。**

「いきいきとした“イケてるツッコミ”ができる人《ひと》」は、感性《かんせい》も知力《ちりょく》もすぐれた人《ひと》です。この本《ほん》をきっかけに、友《とも》だちどうしでたくさんのツッコミが飛《と》び交《か》い、みなさんの知力《ちりょく》がぐんと増《ま》しますように。

花《はな》まる学習会代表《がくしゅうかいだいひょう》　高濱正伸《たかはままさのぶ》

おうちのかたへ　スクールFC　江上 修

『間違い』から始まる『もしも』の世界へ！

水溶液の実験が終わって片付けの時間になると、毎回子どもたちが目をキラキラさせながら「先生、水溶液、もっと混ぜていい？」と聞いてきます。（安全面を配慮したうえで）「自由にどうぞ」と伝えると、ある子はちょっとずつ、ある子は一気に液体を混ぜ始めます。

「これとこれを混ぜたら何が起きるだろう？」「たぶんもっと泡が出てくるはず！」「色が変わるかな？」などと想像をふくらませているとき、子どもたちはいきいきとした表情で思考を深めています。私はこのような時間をとても大切にしています。

授業では想像力を伸ばす手法の一つとして、あえて間違った図を書いたり、ツッコミどころのある説明をしたりして、子ども自身に気づかせ、もし、それが現実になったとしたら何が起きるかを考えさせます。

たとえば、「氷は水に沈む」と説明し、子どもたちが間違いを指摘できたら、「もしも、水に氷が沈む世界になったらどうなると思う？」と問いかけます。すると、子どもたちからはさまざまな声が上がります。

「コップの水に氷が沈んでいたら、氷が食べにくい！」「水に氷が沈む世界だったら、湖の氷が底に沈んじゃうよ！」「……ということは、湖に氷がはっているときは湖が底から全部凍っているってことになる！」このように、〝もしも〟は不思議な力で私たちをユーモアあふれる世界に連れて行ってくれるのです。

中学入試でも右のような「間違い」から「もしも」を想像して解く問題が出題されています。ぜひ、保護者のかたも答えを考えてみてください。

月食は月に地球の影がうつり、その部分が欠けているように見える現象ですが、地球の影の大きさは月の３倍ほどありますので、問題の図だと地球の影が小さすぎます。この問題のおもしろさは、〝もしも〟この図が間違っていないとしたら、地球と月に何が起きているかを自由に考えられるところにあります。

「地球の影が小さくなっている……ということは、地球が今より小さくなっている！」「いや、逆に月が大きくなっていることも考えられるよ！」「大きくなっている？　ということは、月が地球に落ちてきているってこと？」というように、頭の中では議論が展開されることでしょう。

頌栄女子学院中

　昨年の11月には、皆既月食と天王星食が同時に起こるというとても珍しい天体ショーが見られました。以下は、小学生の頌子さんとお父さんの会話です。
お父さん「部分月食が始まったよ。観察しないのかい?」
頌子さん「ん〜、月食は珍しくないからね。皆既月食になった頃に見るよ。」
お父さん「でも、天王星食も同時っていうのは、すごく珍しいんだよ。」
頌子さん「知ってる。でも、月が皆既食になってからだよね。それに、天王星は肉眼じゃ見えないし、道具使っても、双眼鏡くらいじゃ見えないよね。」
お父さん「それはそうなんだけど。でも、月食の様子をスケッチする宿題が出ていたんじゃないのかい?」
頌子さん「もう描いてあるから大丈夫。」
　そう言って、頌子さんは下の絵をお父さんに見せました。
お父さん「これは月食の絵ではないし、月の満ち欠けの絵でもないよ。現実には存在しない月の絵だよ。」
頌子さん「えっ、そうなの?　じゃあ、描き直さなきゃ。」

問　現在の月と地球では頌子さんが描いたような月食は起こりません。現実には見ることができませんが、架空の話として地球や月がどのようになれば、右図のような月食を見ることができるようになりますか。考えられる答えは複数ありますが、そのうちの1つを答えなさい。ただし、答えだけでなく、理由も簡単に説明しなさい。

　このような問題が、本書で出題されている「ボケ問」と「ツッコミ」のやり取りになっています。興味を持って楽しく取り組むことで、子どもたちの学習意欲はどんどん高まっていきます。
　子どもたちが「間違い」を大切にし「間違い」から始まる〝もしも〟の世界を、ユーモアをもって楽しむ人になることを願っています。

もくじ

この本《ほん》の使《つか》いかた

なんでやねん!
んなわけあるか!
理科《りか》の知識《ちしき》を使《つか》って、このボケにツッコメ!
なんで、ふじ山が新かんせんより早く、動いてんねん!
理科《りか》の知識《ちしき》を使《つか》って、このボケにツッコメ!
富士山の下にある旅館が大きすぎる
アホか〜!?
理科《りか》の知識《ちしき》を使《つか》って、このボケにツッコメ!
連写つかってとっているのに
富士山はやくうごきすぎ!!

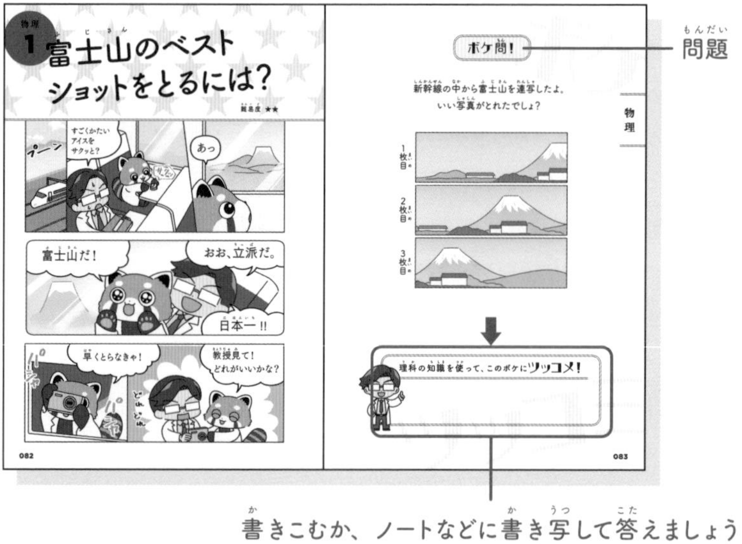

物理
1
富士山《ふじさん》のベスト
ショットをとるには?
難易度 ★★
プーン
すごくかたい
アイスを
サクッと?
あっ
富士山だ!
おお、立派だ。
日本一!!
早くとらなきゃ!
教授見て!
どれがいいかな?
082
ボケ問!
問題《もんだい》
新幹線《しんかんせん》の中《なか》から富士山《ふじさん》を連写《れんしゃ》したよ。
いい写真《しゃしん》がとれたでしょ?
物理
1枚目
2枚目
3枚目
理科の知識を使って、このボケにツッコメ!
083
書《か》きこむか、ノートなどに書《か》き写《うつ》して答《こた》えましょう

この本《ほん》は、問題《もんだい》がどこかボケていてまちがいのある「ボケ問《もん》」に、正《ただ》しい「ツッコミ」を入《い》れながら読《よ》み進《すす》める問題集《もんだいしゅう》です。

ツッコミは、簡単《かんたん》な言葉《ことば》でビシッとつっこめるほうがかっこいいです。なぜそのようなツッコミになるかは、ツッコミを入《い》れたあとに説明《せつめい》してみましょう。

挑《ちょう》戦《せん》

挑戦
一問一答
100ツッコミ!
ボケ問!
ツッコミ例
274
275

入試《にゅうし》に出題《しゅつだい》されることが多《おお》い内容《ないよう》を100問《もん》のボケ問《もん》にしました。本書《ほんしょ》では取《と》り上《あ》げていない内容《ないよう》もあるので、わからなかった場合《ばあい》はしっかり確認《かくにん》しておきましょう。家族《かぞく》や友《とも》だちと問題《もんだい》を出《だ》し合《あ》ってみてくださいね。

ツッコミの例《れい》

過去問《かこもん》

解説《かいせつ》

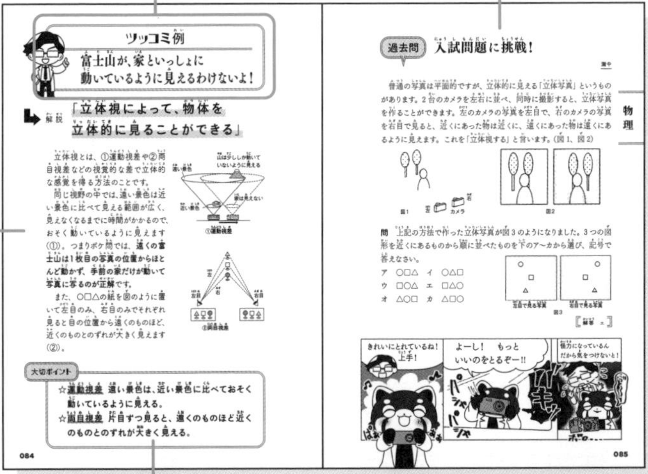
ツッコミ例
富士山が、家といっしょに
動いているように見えるわけないよ!
解説
「立体視によって、物体を
立体的に見ることができる」
立体視とは、①運動視差や②両目視差などの視覚的な差で立体的な感覚を得る方法のことです。
同じ視野の中では、遠い景色は近い景色に比べて見える範囲が広く、見えなくなるまでに時間がかかるので、おそく動いているように見えます(①)。つまりボケ問では、遠くの富士山は1枚目の写真の位置からほとんど動かず、手前の家だけが動いて写真に写るのが正解です。
また、○□△の紙を図のように置いて左目のみ、右目のみでそれぞれ見ると目の位置から遠くのものほど、近くのものとのずれが大きく見えます(②)。
山は少ししか動いていないように見える
遠い景色
家は見えない
近い景色
①運動視差
左
右
左目
右目
②両目視差
大切ポイント
☆運動視差 遠い景色は、近い景色に比べておそく動いているように見える。
☆両目視差 片目ずつ見ると、遠くのものほど近くのものとのずれが大きく見える。
084
過去問
入試問題に挑戦!
灘中
普通の写真は平面的ですが、立体的に見える「立体写真」というものがあります。2台のカメラを左右に並べ、同時に撮影すると、立体写真を作ることができます。左のカメラの写真を左目で、右のカメラの写真を右目で見ると、近くにあった物は近くに、遠くにあった物は遠くにあるように見えます。これを「立体視する」と言います。(図1、図2)
物理
図1
左
右
カメラ
図2
問 上記の方法で作った立体写真が図3のようになりました。3つの図形を近くにあるものから順に並べたものを下のア〜カから選び、記号で答えなさい。
ア ○□△ イ ○△□
ウ □○△ エ □△○
オ △○□ カ △□○
左目で見る写真
右目で見る写真
図3
〚解答 エ〛
きれいにとれているね! 上手!
よーし! もっといいのをとるぞー!!
協力になっているんだから気をつけないと!
085

入試《にゅうし》によく出《で》るポイント

「大切《たいせつ》ポイント」は入試《にゅうし》によく出題《しゅつだい》されるところです。特《とく》に「差《さ》がつく!」は大事《だいじ》なところなので、しっかり理解《りかい》して覚《おぼ》えておきましょう。
ボケ問《もん》が難《むずか》しかったときは、「ツッコミ例《れい》」と「解説《かいせつ》」を読《よ》んでみてください。**太字《ふとじ》になっているのがボケ問《もん》に対《たい》する答《こた》えです。**答《こた》えを見《み》てからツッコミを考《かんが》えてみるのもいいですね。最後《さいご》に入試《にゅうし》の過去問《かこもん》を解《と》いてみると、その単元《たんげん》の力《ちから》が身《み》についたかを確認《かくにん》・復習《ふくしゅう》できます。

ここは、宇宙《うちゅう》の彼方《かなた》にある地球《ちきゅう》のような星《ほし》——
人間《にんげん》と動物《どうぶつ》たちが仲良《なかよ》く共存《きょうぞん》しています。
この星《ほし》の住人《じゅうにん》たちは、
みーんな、研究《けんきゅう》や実験《じっけん》が大好《だいす》き。
ぼっちゃま
『ツッコミ！理科《りか》』第一弾《だいいちだん》の化学編《かがくへん》の生徒《せいと》だった
あんなに悪《わる》ガキだったのに、ご立派《りっぱ》になられて……。
ぶるる…
コウモリ博士《はかせ》
ぼっちゃまのしもべ
ぼっちゃま……。

私《わたくし》、
感動《かんどう》しました!!
バサ
バサ
もっともっと
子《こ》どもたちに
理科《りか》の楽《たの》しさを
知《し》ってもらいますぞ!
おいっ、
ぼくを置《お》いて
いくな!
博士《はかせ》のおかげだよ!
ぼくは博士《はかせ》の授業《じゅぎょう》が
楽《たの》しかったから、
科学者《かがくしゃ》になろうと
思《おも》ったんだ。
フフフ…
いたずら
しちゃお。
超人《ちょうじん》になるくすり
あんぜん!
くすり
あんしん!
これとこれを混《ま》ぜると
中和《ちゅうわ》して、色《いろ》が
変《か》わります。
ツッコミ!
小学校《しょうがっこう》
みなさん、
わかりましたかな?
ハーイ
ボカーン

とほほほ、また失敗《しっぱい》してしまいました……。
これは私《わたくし》が研究《けんきゅう》していた超人《ちょうじん》になる薬《くすり》……。使《つか》う薬《くすり》をまちがえた！！
モヤー
超人《ちょうじん》になるくすり
あんぜん！ くすり あんしん！
動物《どうぶつ》の心《こころ》がわかったり
耳《みみ》で風《かぜ》を起《お》こしたり
モ
モ
怪力《かいりき》になったり
高速《こうそく》で地面《じめん》をほったり
みなさんが超人《ちょうじん》パワーの持《も》ち主《ぬし》に～！！
どどどどど、どうしましょう～。

ヒラ…
ボクを
おいてった
バツ!!!!
だもんねー
ぼっちゃま
ぼっちゃまの
しわざですね!?
なんてことをなさるの
ですかっ!!
ぼっちゃまの家《いえ》
あの子《こ》たちを
元《もと》にもどさないと〜。
大丈夫《だいじょうぶ》だよ、
時間《じかん》がたてば
もどるさ。
生《い》きていれば、
こんなこともあるよ。
なっ、元気出《げんきだ》そうぜ!!
さあ、キミたちも
問題《もんだい》を解《と》いて、
レッツ、ツッコミ!
オーでございます…
それより博士《はかせ》、
お茶《ちゃ》の時間《じかん》だよ。
早《はや》くスイーツを
用意《ようい》してよ!
成長《せいちょう》しても
ぼっちゃまは、
相変《あいか》わらずで
ありますな……。

コウモリ博士《はかせ》に理科《りか》の実験《じっけん》や研究《けんきゅう》を教《おし》えてもらったぼっちゃまは、
とても立派《りっぱ》な科学者《かがくしゃ》へと成長《せいちょう》しました。
そしてこの星《ほし》では、今日《きょう》も子《こ》どもたちが楽《たの》しく勉強《べんきょう》しています。
先生《せんせい》たちが考《かんが》えた、ボケ＆ツッコミの授業《じゅぎょう》はいつも大人気《だいにんき》!!

TEACHER

生物《せいぶつ》 → 物理《ぶつり》 → 化学《かがく》 → 地学《ちがく》

生物《せいぶつ》	物理《ぶつり》	化学《かがく》	地学《ちがく》
パン師範《しはん》	伊集院教授《いじゅういんきょうじゅ》	ウメ子先生《こせんせい》	サリー飛行士《ひこうし》
古武術《こぶじゅつ》の達人《たつじん》	スイーツが大好《だいす》き	きちょう面《めん》で心配性《しんぱいしょう》	超優秀《ちょうゆうしゅう》な宇宙飛行士《うちゅうひこうし》

クセがスゴイ！ボケ＆ツッコミで解《と》く問題集《もんだいしゅう》

世界《せかい》で唯一《ゆいいつ》でありますぞ

第1章

パン師《し》範《はん》

ジンくん

生《せい》物《ぶつ》

生物

1 チョウ難問《なんもん》!? シルエットクイズ

難易度《なんいど》 ★

紙切《かみき》り〜
はい、これ な〜んだ？
カブトムシ！
正解《せいかい》です。では……。
チョキ
チョキ
トンボ！
パン師範《しはん》、簡単《かんたん》すぎます！もっと難《むずか》しいのにしてください！
チョキ
では、
チョキ
これは何《なん》のチョウチョでしょう？

ボケ問《もん》！

この形《かたち》はアゲハでしょ？

理科《りか》の知識《ちしき》を使《つか》って、このボケにツッコメ！

ツッコミ例《れい》

それ、モンシロチョウだよ！

解説《かいせつ》 「アゲハには尾状突起《びじょうとっき》がある」

アゲハのはねには全体的《ぜんたいてき》にうすい黄色《きいろ》と黒《くろ》のあざやかな模様《もよう》があり、後《うし》ろばねに尾状突起《びじょうとっき》という、尾《お》のようにつき出《だ》した部分《ぶぶん》があります。幼虫《ようちゅう》は、カラタチやサンショウなどのミカン科《か》の葉《は》を食《た》べて成長《せいちょう》し、さなぎの期間《きかん》を経《へ》て成虫《せいちゅう》になります。

モンシロチョウのはねは、全体的《ぜんたいてき》に白《しろ》またはうすい黄色《きいろ》で、前《まえ》ばねの先《さき》が黒《くろ》く、2、3個《こ》の黒《くろ》い丸《まる》い印《しるし》（紋《もん》）があるのが特徴《とくちょう》です。幼虫《ようちゅう》は、ダイコンやキャベツなどのアブラナ科《か》の葉《は》を食《た》べて成長《せいちょう》し、さなぎの期間《きかん》を経《へ》て成虫《せいちゅう》になります。

アゲハ　尾状突起《びじょうとっき》

モンシロチョウ

大切ポイント

☆アゲハ　尾状突起《びじょうとっき》がある。
☆アゲハの幼虫《ようちゅう》　ミカン科《か》の葉《は》を食《た》べる。
☆モンシロチョウの幼虫《ようちゅう》　アブラナ科《か》の葉《は》を食《た》べる。

過去問　入試問題《にゅうしもんだい》に挑戦《ちょうせん》！

女子学院中

問　モンシロチョウ、アゲハチョウの成虫《せいちゅう》の形《かたち》を下《した》のア〜カからそれぞれ選《えら》びなさい。

ア
イ
ウ
エ
オ
カ

解答《かいとう》
モンシロチョウ：オ　アゲハチョウ：ウ

そのシルエットは……、パン師範《しはん》！
ビシッ
ブー!!
正解《せいかい》は、おとなりの熊井《くまい》さんでしたー。
あ〜〜!!
次《つぎ》は、超難問《ちょうなんもん》ですよ。

生物

2

みんなで筋《きん》トレ！

難易度《なんいど》 ★★

いち
に
いち
に
どうですか？ 私《わたし》の上腕二頭筋《じょうわんにとうきん》。
上腕二頭筋《じょうわんにとうきん》ってどこですか？
ココですよ。力《ちから》こぶができる筋肉《きんにく》です。
シンくんにも小《ちい》さいのがありますね。
おおっ
修行《しゅぎょう》をがんばれば、いずれシンくんもこうなりますよ。
もりっ
押忍《おっす》!!
ところで、うでを動《うご》かすしくみがわかりますか？ うでの筋肉模型《きんにくもけい》を組《く》み立《た》ててみてください。
筋肉《きんにく》の模型《もけい》

ボケ問《もん》！

うでの筋肉《きんにく》模型《もけい》を組《く》み立《た》てたよ！

理科《りか》の知識《ちしき》を使《つか》って、このボケにツッコメ！

ツッコミ例《れい》

それじゃあ、うでを曲《ま》げたら、のばせないよ！

解説《かいせつ》

「筋肉《きんにく》は関節《かんせつ》をまたいで骨《ほね》についている」

筋肉《きんにく》は、骨《ほね》と骨《ほね》のつなぎ目《め》である関節《かんせつ》をまたいで骨《ほね》とつながっています。骨《ほね》とつながっている筋肉《きんにく》のはじの部分《ぶぶん》には、けんという組織《そしき》があります。うでをのばすときは、下側《したがわ》の筋肉《きんにく》が縮《ちぢ》んで骨《ほね》が引《ひ》っ張《ぱ》られ、うでを曲《ま》げるときは上側《うえがわ》の筋肉《きんにく》が縮《ちぢ》みます。

ボケ問《もん》では、下側《したがわ》の筋肉《きんにく》の両《りょう》はじ（けん）が、どちらも同《おな》じ骨《ほね》につながっているので、うでを曲《ま》げることはできても、曲《ま》げたうでをのばすことはできません。正《ただ》しくは、右《みぎ》の図《ず》のように関節《かんせつ》をまたいでつながっていれば曲《ま》げることができます。

① うでをのばすとき

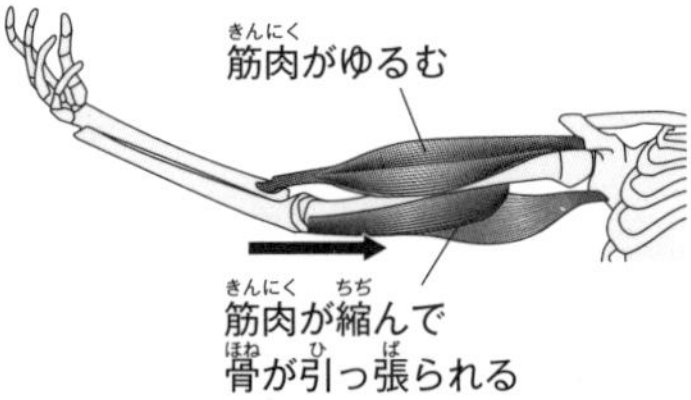

② うでを曲《ま》げるとき

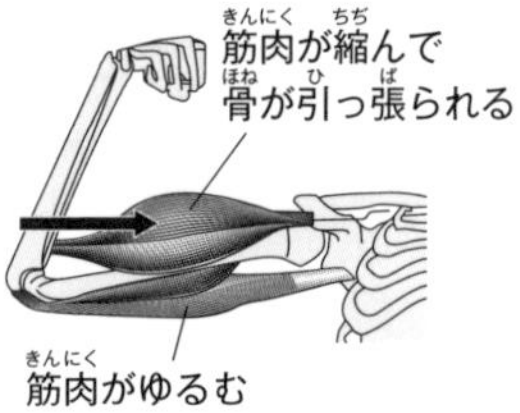

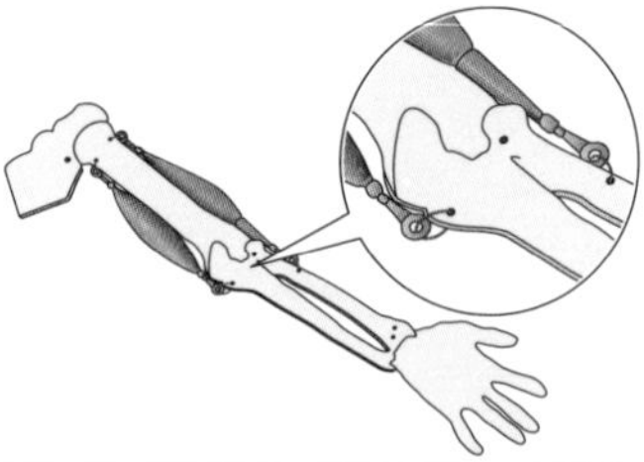

大切ポイント

☆のばす　下側《したがわ》の筋肉《きんにく》が縮《ちぢ》み、上側《うえがわ》の筋肉《きんにく》がゆるむ。

☆曲《ま》げる　上側《うえがわ》の筋肉《きんにく》が縮《ちぢ》み、下側《したがわ》の筋肉《きんにく》がゆるむ。

過去問　入試問題《にゅうしもんだい》に挑戦《ちょうせん》！

筑波大学附属駒場中

うでの骨《ほね》と筋肉《きんにく》がどのようにうでを動《うご》かしているのかを調《しら》べるため、模型《もけい》をつくることにした。図《ず》1のように、うでの骨《ほね》の部分《ぶぶん》は曲《ま》がりにくいかたい厚紙《あつがみ》でつくり、2本《ほん》の骨《ほね》をつなぐひじの部分《ぶぶん》は、テープをはって自由《じゆう》に曲《ま》がるようにした。筋肉《きんにく》の部分《ぶぶん》の模型《もけい》は、図《ず》2のようにポリエチレンのふくろにストローをさして空気《くうき》が出入《でい》りできるようにし、両《りょう》はしにテープで作《つく》ったみみをつけて、クリップで骨《ほね》の部分《ぶぶん》に固定《こてい》できるようにした。このポリエチレンのふくろに空気《くうき》が入《はい》ったときと出《で》たときでは、図《ず》3のように横《よこ》から見《み》たときの形《かたち》がかわる。うでの内側《うちがわ》の筋肉《きんにく》と外側《そとがわ》の筋肉《きんにく》をあらわすために、筋肉《きんにく》の模型《もけい》は2セット用意《ようい》した。これらを図《ず》4のように、うでの内側《うちがわ》の筋肉《きんにく》は厚紙《あつがみ》の手前《てまえ》、うでの外側《そとがわ》の筋肉《きんにく》は厚紙《あつがみ》の後《うし》ろに置《お》き、クリップで筋肉《きんにく》のみみの部分《ぶぶん》を骨《ほね》に固定《こてい》して、筋肉《きんにく》の模型《もけい》に空気《くうき》が入《はい》ったり出《で》たりしたときにうでが動《うご》くかどうかを調《しら》べた。

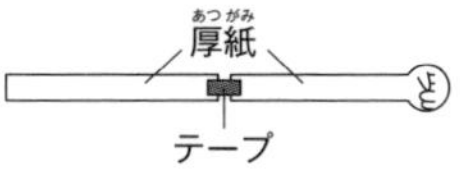

図1　骨《ほね》の部分《ぶぶん》の模型《もけい》

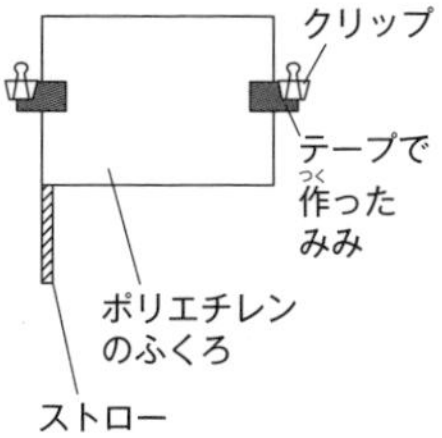

図2　筋肉《きんにく》の部分《ぶぶん》の模型《もけい》

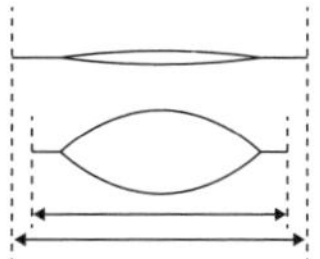

図3　筋肉《きんにく》の模型《もけい》の空気《くうき》が出《で》たとき(上《うえ》)と入《はい》ったとき(下《した》)を横《よこ》から見《み》たときの形《かたち》

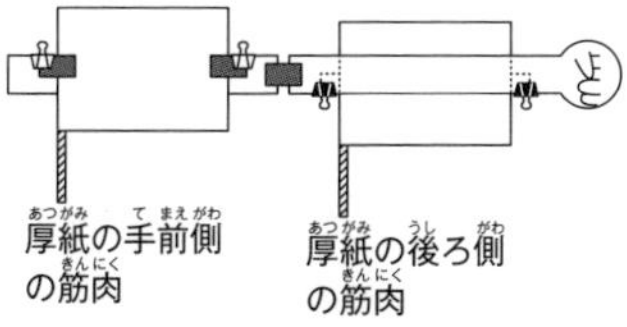

図4　骨《ほね》の模型《もけい》に筋肉《きんにく》の模型《もけい》を2つ固定《こてい》したところ

問　図《ず》4のように骨《ほね》の模型《もけい》に筋肉《きんにく》の模型《もけい》を固定《こてい》して、どちらのポリエチレンのふくろに空気《くうき》が入《はい》っても、うでは動《うご》かなかった。そこで下《した》のア～エのように模型《もけい》を固定《こてい》して、空気《くうき》が入《はい》ったときのうでの動《うご》きを調《しら》べた。次《つぎ》の1や2のように動《うご》くのはどれですか。それぞれすべて選《えら》びなさい。

1　実際《じっさい》のうでのようにひじを曲《ま》げたりのばしたりできる
2　実際《じっさい》のうでのようにひじを曲《ま》げることはできるが、曲《ま》げたひじをのばせない

ア

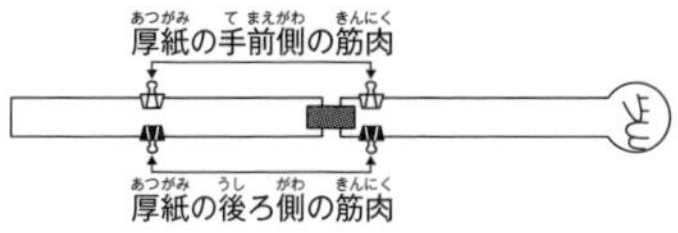

イ

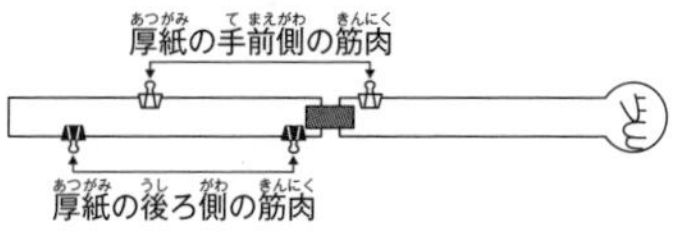

ウ

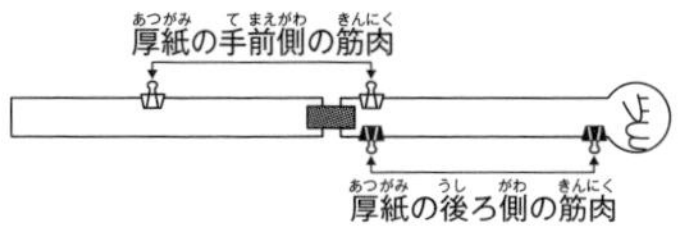

エ

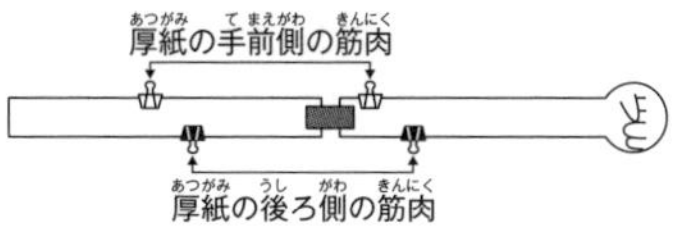

［解答《かいとう》　1：ア、エ　2：イ、ウ］

生物

3 エベレストを無酸素《むさんそ》で登頂《とうちょう》!?

難易度《なんいど》 ★★★

エベレストを無酸素登頂《むさんそとうちょう》?
はい!
修行《しゅぎょう》のいっかんとして
挑戦《ちょうせん》してみようかと!
ヒマラヤ山脈《さんみゃく》にあるエベレストは、
標高《ひょうこう》8848mの
世界一高《せかいいちたか》い山《やま》ですよ?
頂上《ちょうじょう》はとても
酸素《さんそ》がうすくて、
酸素《さんそ》ボンベなしで
登《のぼ》るのはとても
危険《きけん》です。
大丈夫《だいじょうぶ》です!
もしものときは、かれらが
助《たす》けてくれるそうです。
ホー
ホー
ホー
助《たす》けてくれるよね?
クルック〜
(もちろん)
…

ボケ問《もん》！

たくさんのハトに運《はこ》んでもらって
エベレストをこえるんだ！

理科《りか》の知識《ちしき》を使《つか》って、このボケにツッコメ！

ツッコミ例《れい》

エベレストをこえられるのはインドガンだけ！

解説《かいせつ》「**鳥類《ちょうるい》には気嚢《きのう》がある**」

標高《ひょうこう》8848mのエベレストを人間《にんげん》が酸素《さんそ》ボンベなしでこえることはほぼ不可能《ふかのう》ですが、標高《ひょうこう》9000mを飛《と》ぶインドガンなら、自《じ》力《りき》でエベレストをこえることができます。これは、鳥類《ちょうるい》が少《すく》ない酸《さん》素《そ》を効率的《こうりつてき》に肺《はい》に送《おく》るための気嚢《きのう》をもっているからです。

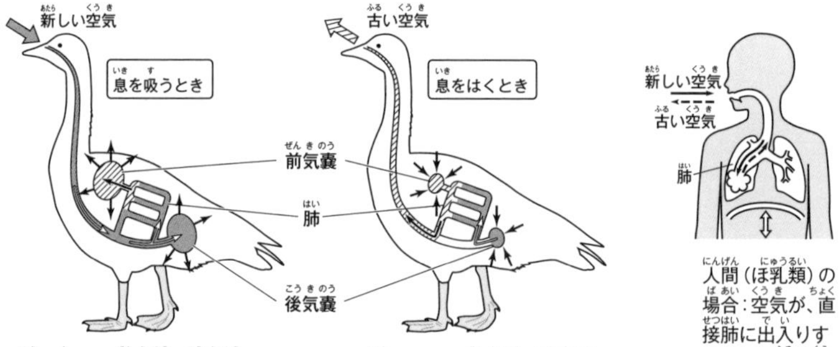

①息《いき》を吸《す》うと、前気嚢《ぜんきのう》と後気嚢《こうきのう》がふくらむ。
②新《あたら》しい空気《くうき》が肺《はい》と後気嚢《こうきのう》に入《はい》り、肺《はい》の中《なか》の古《ふる》い空気《くうき》が前気嚢《ぜんきのう》に入《はい》る。

①息《いき》をはくと、前気嚢《ぜんきのう》と後気嚢《こうきのう》がしぼむ。
②前気嚢《ぜんきのう》の中《なか》の古《ふる》い空気《くうき》は外《そと》へ、後気《こうき》嚢《のう》の中《なか》の新《あたら》しい空気《くうき》が肺《はい》に入《はい》る。

人間《にんげん》（ほ乳類《にゅうるい》）の場合《ばあい》：空気《くうき》が、直《ちょく》接肺《せつはい》に出入《でい》りするため、古《ふる》い空《くう》気《き》と新《あたら》しい空気《くうき》が混《ま》ざる。

鳥類《ちょうるい》は息《いき》を吸《す》ってもはいても常《つね》に新《あたら》しい空気《くうき》が肺《はい》に入《はい》るので、効率的《こうりつてき》に酸素《さんそ》と二酸化炭素《にさんかたんそ》の交換《こうかん》ができます。それでも、**厳《きび》しい寒《さむ》さと強風《きょうふう》がふくエベレスト山頂《さんちょう》をこえられるのは、インドガンやアネハヅルなど一部《いちぶ》の鳥《とり》に限《かぎ》られ、ハトでは不可能《ふかのう》です。**

大切ポイント

☆鳥類《ちょうるい》の呼吸《こきゅう》　気嚢《きのう》がある。空気《くうき》の流《なが》れが一方向《いちほうこう》で、酸素《さんそ》と二酸化炭素《にさんかたんそ》の交換効率《こうかんこうりつ》がよい。 差がつく！

☆ほ乳類《にゅうるい》の呼吸《こきゅう》　肺《はい》の中《なか》で、新《あたら》しい空気《くうき》と古《ふる》い空《くう》気《き》が混《ま》ざる。

過去問　入試問題《にゅうしもんだい》に挑戦《ちょうせん》！

武蔵中

鳥《とり》の肺《はい》は、たくさんの細《ほそ》い管《くだ》の集《あつ》まりになっています。空気《くうき》が通過《つうか》するときに酸素《さんそ》と二酸《にさん》化炭素《かたんそ》の交換《こうかん》を行《おこな》いますが、肺《はい》そのものは膨《ふく》らんだり縮《ちぢ》んだりしません。

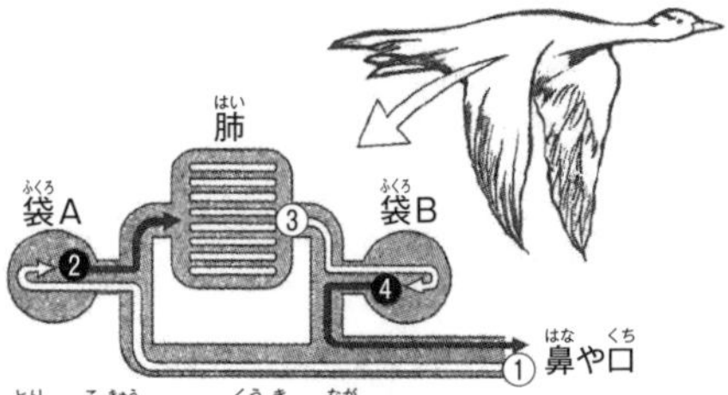
肺《はい》
袋《ふくろ》A
袋《ふくろ》B
①
❷
③
❹
鼻《はな》や口《くち》
鳥《とり》の呼吸《こきゅう》による空気《くうき》の流《なが》れ

図《ず》のように、肺《はい》の前後《ぜんご》には、「気嚢《きのう》」という空気《くうき》の入《はい》る２種類《しゅるい》の袋《ふくろ》Ａと袋《ふくろ》Ｂがあり、両方《りょうほう》の袋《ふくろ》を同時《どうじ》に膨《ふく》らませたり縮《ちぢ》めたりすることで、肺《はい》の中《なか》を空気《くうき》が通《とお》り抜《ぬ》けていきます。

両方《りょうほう》の袋《ふくろ》が膨《ふく》らむとき、袋《ふくろ》Ａは鼻《はな》や口《くち》から空気《くうき》を取《と》り込《こ》み（矢印《やじるし》①）、袋《ふくろ》Ｂは肺《はい》を通《とお》った空気《くうき》を引《ひ》き込《こ》みます（矢印《やじるし》③）。次《つぎ》に両方《りょうほう》の袋《ふくろ》が縮《ちぢ》むとき、袋《ふくろ》Ａは肺《はい》に空気《くうき》を送《おく》り込《こ》み（矢印《やじるし》❷）、袋《ふくろ》Ｂは肺《はい》から来《き》た空《くう》気《き》を体《からだ》の外《そと》へはき出《だ》します（矢印《やじるし》❹）。

問　鼻《はな》や口《くち》から空気《くうき》を取《と》り込《こ》む動作《どうさ》と、空気《くうき》を体《からだ》の外《そと》にはき出《だ》す動作《どうさ》を１度《ど》ずつ行《おこな》うことを１回《かい》の呼吸《こきゅう》と数《かぞ》えることにします。鳥《とり》は、鼻《はな》や口《くち》から取《と》り込《こ》んだその空気《くうき》を、肺《はい》を通過《つうか》させて再《ふたた》び体《からだ》の外《そと》にはき出《だ》すまでに、何回《なんかい》の呼吸《こきゅう》をしますか。

［解答《かいとう》　2回《かい》］

はい、吸《す》って～はいて～。
何《なに》してるんです？
インドガンみたいな肺《はい》にするための訓練《くんれん》ですよ。
ホー!!
ホー!!
え？　無理《むり》？ インドガンのようにはなれない？
ホー！
ホー！
ホー！
大丈夫《だいじょうぶ》だって、がんばろ！！
ほどほどにね…

生物

4 メダカが卵《たまご》を産《う》んだなら……

難易度《なんいど》 ★

パン師範《しはん》、見《み》てください。
メダカのおなかがふくらんでいて、
もうすぐ卵《たまご》を産《う》みそうなんです。
どれどれ
おっ、これは
ヒメダカですね。
そうです！
パン師範《しはん》は何《なん》でも
知《し》ってるんですね！
まあ、師範《しはん》
ですからね。

ボケ問《もん》!

見《み》て見《み》て! メダカが卵《たまご》を産《う》んだよ。
親子《おやこ》なかよく同《おな》じ水《すい》そうで育《そだ》てよっと。

理科《りか》の知識《ちしき》を使《つか》って、このボケにツッコメ!

ツッコミ例《れい》

卵《たまご》が親《おや》に食《た》べられちゃうよ！

解説《かいせつ》「卵《たまご》は別《べつ》の水《すい》そうで育《そだ》てる」

メダカの産卵《さんらん》に適《てき》しているのは、日照時間《にっしょうじかん》（室内照明《しつないしょうめい》でも可《か》）が13時間以上《じかんいじょう》、水温《すいおん》が25℃～28℃のときです。**水草《みずくさ》などの産卵床《さんらんしょう》（生《い》き物《もの》が卵《たまご》を産《う》む場所《ばしょ》）に卵《たまご》が付着《ふちゃく》していたら、親《おや》メダカが卵《たまご》を食《た》べないように別《べつ》の水《すい》そうに移《うつ》す必要《ひつよう》があります。**

メダカの産卵床《さんらんしょう》には、ホテイアオイの根《ね》やマツモの葉《は》などの水草《みずくさ》を使《つか》います。また、やわらかい繊維《せんい》でできたスポンジも産卵床《さんらんしょう》として市販《しはん》されています。

メダカの産卵《さんらん》

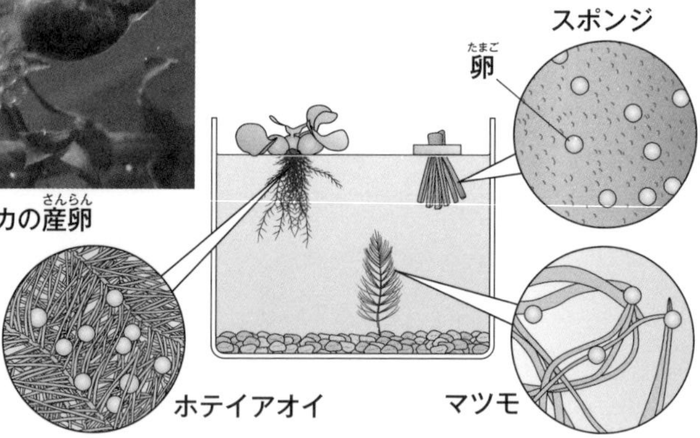

大切ポイント

☆メダカが産卵《さんらん》したら、親《おや》が食《た》べないように親《おや》と卵《たまご》を別《べつ》の水《すい》そうで育《そだ》てる。

過去問　入試問題《にゅうしもんだい》に挑戦《ちょうせん》！

聖光学院中

　生物《せいぶつ》を飼育《しいく》することの好《す》きな聖君《たかしくん》は、自宅《じたく》で何種類《なんしゅるい》かの生物《せいぶつ》を飼育《しいく》しています。どの生物《せいぶつ》も、飼育《しいく》をすることはそれほど難《むずか》しくありません。聖《たかし》君《くん》は小学生《しょうがくせい》ですが、定期的《ていきてき》に餌《えさ》やりや飼育《しいく》かごの掃除《そうじ》をするなど、自分《じぶん》ひとりで生物《せいぶつ》の世話《せわ》をしています。(略《りゃく》)

　メダカは、近《ちか》くのペットショップで購入《こうにゅう》したものを飼育《しいく》しています。昔《むかし》、キンギョを飼育《しいく》していた水槽《すいそう》を使《つか》っていますが、この水槽《すいそう》にはろ過装置《かそうち》がついているので，頻繁《ひんぱん》に水換《みずか》えをする必要《ひつよう》がありません。ただし、メダカが産卵《さんらん》したあとは親《おや》と卵《たまご》とを分《わ》けなければならないため、毎日《まいにち》、ようすを観察《かんさつ》しなければいけません。産卵《さんらん》したときに備《そな》えて、別《べつ》の水槽《すいそう》も準備《じゅんび》しています。

問　下線部《かせんぶ》について，メダカが産卵《さんらん》したあとに親《おや》と卵《たまご》とを分《わ》けなければならない理由《りゆう》を簡単《かんたん》に答《こた》えなさい。

解答例《かいとうれい》
親《おや》メダカが卵《たまご》を食《た》べてしまう可能性《かのうせい》があるから。

スゴーイ！
師範《しはん》は本当《ほんとう》に
物知《ものし》りですね！
尊《そん》敬《けい》〜
まあ、師範《しはん》ですから……。
よくわかる
メダカ
の本

生物

5 ネギを細《こま》か〜く刻《きざ》んでおいて！

難易度《なんいど》 ★★

シンくんはネギを10cm分《ぶん》、細《こま》かく刻《きざ》んでください。
はーい。
よしっ！
う〜〜ん
はて、10cm。緑《みどり》の部分《ぶぶん》かな？白《しろ》い部分《ぶぶん》かな？
チャーハンに入《い》れるなら、緑《みどり》の葉《は》の部分《ぶぶん》のほうがキレイかなあ。

ボケ問《もん》!

緑《みどり》の葉《は》の部分《ぶぶん》と、白《しろ》いくきの部分《ぶぶん》を
両方《りょうほう》刻《きざ》んでみました!

理科《りか》の知識《ちしき》を使《つか》って、このボケにツッコメ!

ツッコミ例《れい》

白《しろ》い部分《ぶぶん》も葉《は》！ くきじゃないよ！

解説《かいせつ》「ネギはほとんど全部《ぜんぶ》が葉《は》」

ふだん食《た》べているネギの緑色《みどりいろ》の部分《ぶぶん》と白《しろ》い部分《ぶぶん》は、どちらもネギの葉《は》です。植物《しょくぶつ》の葉《は》やくきが緑色《みどりいろ》に見《み》えるのはクロロフィル（葉緑素《ようりょくそ》）という緑色《みどりいろ》の色素《しきそ》があるためで、光《ひかり》が当《あ》たるとクロロフィルが合成《ごうせい》されます。

ネギの白《しろ》い部分《ぶぶん》は、土《つち》の中《なか》で育《そだ》つため光《ひかり》が当《あ》たらず、クロロフィルが合成《ごうせい》されないので白《しろ》いままになります。

これと同《おな》じように、モヤシは光《ひかり》を当《あ》てないようにして育《そだ》てるため、緑色《みどりいろ》にならず白《しろ》いまま成長《せいちょう》します。光《ひかり》を当《あ》てると葉《は》やくきは緑色《みどりいろ》になります。ちなみに、モヤシのふだん食《た》べているしゃきしゃきした白い部分《ぶぶん》はくきです。

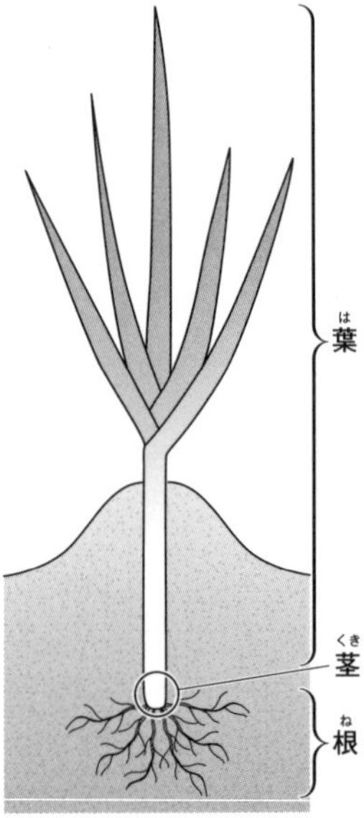

※クロロフィルは、植物《しょくぶつ》が光合成《こうごうせい》をするために必要《ひつよう》な葉緑体《ようりょくたい》の中《なか》にあります。
※モヤシの栽培《さいばい》に使《つか》う豆類《まめるい》は大豆《だいず》、緑豆《りょくとう》、ブラックマッペなどがあります。

大切ポイント

☆**植物《しょくぶつ》の葉《は》やくきは、光《ひかり》が当《あ》たるとクロロフィル（葉緑素《ようりょくそ》）が合成《ごうせい》されて緑色《みどりいろ》になる。**

☆**ネギの葉《は》の一部《いちぶ》やモヤシは、光《ひかり》が当《あ》たらないところで成長《せいちょう》するため白《しろ》い。** 差がつく！

過去問 入試問題《にゅうしもんだい》に挑戦《ちょうせん》！

聖光学院中

問　種子《しゅし》を発芽《はつが》させてしばらく育《そだ》ててから収穫《しゅうかく》する野菜《やさい》として、モヤシや豆苗《とうみょう》、カイワレ大根《だいこん》などがあります。豆苗《とうみょう》やカイワレ大根《だいこん》には緑色《みどりいろ》の葉《は》がついていますが、モヤシは葉《は》がついている場合《ばあい》も緑色《みどりいろ》になっていません。

　このような違《ちが》いが生《しょう》じるのは、モヤシの育《そだ》て方《かた》にどのような工夫《くふう》をしているからですか。簡単《かんたん》に答《こた》えなさい。

解答例《かいとうれい》
モヤシに光《ひかり》を当《あ》てないで育《そだ》てる。

できあがり〜
おいしそう。いただきまーす！
ガサ
ガサ
ブチ
ブチ
ファサッ
シンくんも笹《ささ》トッピングいります？
ブン
ブン

生物

6 水《すい》そうでマグロを飼《か》いたいな！

難易度《なんいど》 ★★

マグロのおすし、おいしいなあ～。
中《ちゅう》トロ、大《おお》トロ、赤身《あかみ》…
パク
パク
シンくんは、マグロが好《す》きですねえ。
ぼく、いつかあれより大《おお》きな水《すい》そうを買《か》って、マグロを飼《か》おうと思《おも》ってるんです。
ブク
ブク
そうしたら、いつでも好《す》きなときにマグロを食《た》べられるじゃないですか。
ハイ、できましたよ！
わ～い

ボケ問《もん》！

水《すい》そうに海水《かいすい》を入《い》れて、マグロを飼《か》うぞ！

理科《りか》の知識《ちしき》を使《つか》って、このボケにツッコメ！

ツッコミ例《れい》

水《すい》そうが小《ちい》さすぎるよ！

解《かい》説《せつ》「マグロは回遊魚《かいゆうぎょ》」

回遊魚《かいゆうぎょ》とは、マグロ、カツオ、アジ、サバ、サンマ、サケなど、広《ひろ》い海域《かいいき》を移動《いどう》する魚《さかな》のことです。その中《なか》でも、マグロやカツオ、サバは、えらぶたの開閉《かいへい》ができないため、水中《すいちゅう》の酸素《さんそ》をえらに送《おく》るのに、常《つね》に口《くち》を開《ひら》いて泳《およ》ぎ続《つづ》ける必要《ひつよう》があります。

このような魚《さかな》の筋肉《きんにく》には、ミオグロビンという物質《ぶっしつ》が多《おお》くふくまれています。えらから血液《けつえき》に取《と》りこまれた酸素《さんそ》は、赤血球《せっけっきゅう》の中《なか》のヘモグロビンによって体中《からだじゅう》に運《はこ》ばれ、このミオグロビンによって筋《きん》肉《にく》の中《なか》にたくわえられます。長時間筋肉《ちょうじかんきんにく》を動《うご》かし泳《およ》ぎ続《つづ》けるには、大量《たいりょう》の酸素《さんそ》が必要《ひつよう》で、酸素《さんそ》を効率的《こうりつてき》に体内《たいない》に吸収《きゅうしゅう》するために、ミオグロビンが多《おお》くふくまれているのです。魚肉《ぎょにく》100g中《ちゅう》にふくまれるミオグロビンが10mg以上《いじょう》ある魚《さかな》を赤身魚《あかみざかな》、それより少《すく》ない魚《さかな》を白身魚《しろみざかな》といいます。

ボケ問《もん》のように、マグロを飼《し》育《いく》するには、泳《およ》ぎ続《つづ》けることのできる巨大《きょだい》な水《すい》そうが必要《ひつよう》となり、一般《いっぱん》の家庭《かてい》で飼育《しいく》することは不可能《ふかのう》に近《ちか》いでしょう。

マグロ

大切ポイント

☆**回遊魚《かいゆうぎょ》** 生涯《しょうがい》にわたり広《ひろ》い海域《かいいき》を移動《いどう》する魚《さかな》。

☆**赤身魚《あかみざかな》** 魚肉《ぎょにく》100g中《ちゅう》のミオグロビンが10mg以上《いじょう》ある魚《さかな》。それより少《すく》ないのは白身魚《しろみざかな》。

過去問　入試問題《にゅうしもんだい》に挑戦《ちょうせん》！

海城中

Kさんは親《おや》と海《うみ》にアジを釣《つ》りに行《い》きました。アジだけでなくカワハギも釣《つ》ることができました。(略《りゃく》)

カワハギは親《おや》にさばいてもらいました。きれいな白身《しろみ》の魚《さかな》で、赤身《あかみ》のマグロとは対照的《たいしょうてき》でした。Kさんが「赤身《あかみ》と白身《しろみ》は何《なに》が違《ちが》うの?」と親《おや》に聞《き》くと、「違《ちが》いの一《ひと》つは、赤身《あかみ》の魚《さかな》は筋肉《きんにく》の中《なか》にミオグロビンとよばれる物質《ぶっしつ》を多《おお》く含《ふく》むこと。ミオグロビンは、血液成分《けつえきせいぶん》の中《なか》の赤血球《せっけっきゅう》に含《ふく》まれるヘモグロビンと同《おな》じように酸素《さんそ》とくっつくことができる物質《ぶっしつ》で、ヘモグロビンが運《はこ》んできた酸素《さんそ》を筋肉内《きんにくない》にたくわえるはたらきがあるんだよ。筋肉《きんにく》が縮《ちぢ》むためには酸素《さんそ》が重要《じゅうよう》な役割《やくわり》を果《は》たすんだけれど、ミオグロビンがたくさんあると筋肉内《きんにくない》の酸素《さんそ》の濃度《のうど》を維持《いじ》することができるんだ。ミオグロビンがたくさんあるからといって筋肉《きんにく》の縮《ちぢ》む力《ちから》が強《つよ》くなるわけではないけれどね。」と教《おし》えてくれました。

問　白身《しろみ》の魚《さかな》と比《くら》べ、赤身《あかみ》の魚《さかな》の泳《およ》ぐ能力《のうりょく》にはどのような特徴《とくちょう》があると考《かんが》えられますか。

解答例《かいとうれい》
長時間筋肉《ちょうじかんきんにく》を動《うご》かして泳《およ》ぎ続《つづ》けることができる。

生物

7 トウモロコシの収穫《しゅうかく》にレッツトライ！

難易度《なんいど》 ★

あ〜、早《はや》くゆでて食《た》べたいなあ。
新鮮《しんせん》なのは、生《なま》のままでも食《た》べられるよ！
バターじょう油《ゆ》で焼《や》いてもおいしいし、
とうもろこしご飯《はん》にしてもおいしいよ！
ぐぅ
早《はや》く食《た》べた〜い！
ボコッ

ボケ問《もん》!

トウモロコシの根《ね》は

こんなふうになっているよ!

理《り》科《か》の知《ち》識《しき》を使《つか》って、このボケにツッコメ!

ツッコミ例《れい》

ちがうよ！
トウモロコシはひげ根《ね》だよ！

解説《かいせつ》「単子葉類《たんしようるい》と双子葉類《そうしようるい》のちがい」

子葉《しよう》（最初《さいしょ》に出《で》る葉《は》）が１枚《まい》の植物《しょくぶつ》を単子葉類《たんしようるい》、２枚《まい》の植物《しょくぶつ》を双子葉類《そうしようるい》といいます。これらのちがいを見《み》てみましょう。

	子葉《しよう》	根《ね》	くきの維管束《いかんそく》	葉脈《ようみゃく》	植物名《しょくぶつめい》
単子葉類《たんしようるい》	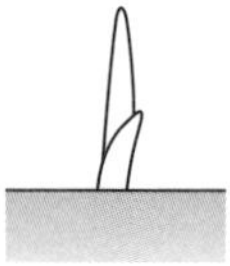 1枚《まい》	 ひげ根《ね》	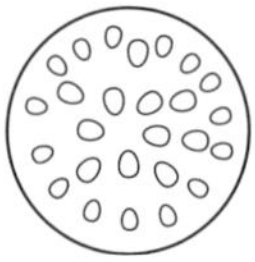 ばらばら	 平行脈《へいこうみゃく》	イネ、ムギ、トウモロコシ、ツユクサ、ユリ、チューリップ、タマネギ、ネギなど
双子葉類《そうしようるい》	 2枚《まい》	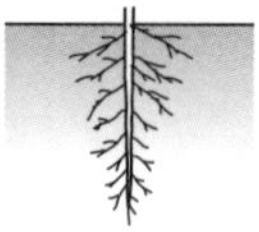 主根《しゅこん》と側根《そっこん》	 輪《わ》の形《かたち》	 網状脈《もうじょうみゃく》	エンドウ、アブラナ、アサガオ、サクラ、タンポポ、キク、ホウセンカ、キュウリ、ヘチマ、トマト、ナスなど

トウモロコシは単子葉類《たんしようるい》で、ひげ根《ね》が生《は》え、くきを支《ささ》える支柱根《しちゅうこん》があります。ガジュマルやマングローブなどにも支柱根《しちゅうこん》があります。

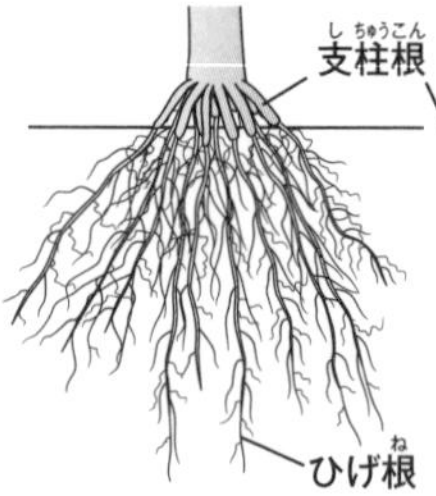

トウモロコシのひげ根《ね》と支柱根《しちゅうこん》

大切ポイント

☆**単子葉類《たんしようるい》 ひげ根《ね》**　☆**双子葉類《そうしようるい》 主根《しゅこん》と側根《そっこん》**

☆**トウモロコシには、くきを支《ささ》える支柱根《しちゅうこん》が生《は》える。**

差がつく！

過去問 入試問題《にゅうしもんだい》に挑戦《ちょうせん》！

海城中

K君《くん》は家族《かぞく》で家庭菜園《かていさいえん》をしています。今年《ことし》、K君《くん》は苗《なえ》を作《つく》ることにしました。3月下旬《がつげじゅん》、ポットに種《たね》まき用《よう》の土《つち》を入《い》れて、そこに種《たね》をまきました。トマト，ナス，ネギの種《たね》はとても小《ちい》さく1つずつまくのが難《むずか》しいので、ポットの中《なか》に複数《ふくすう》入《い》れました。ポットは縦《たて》に4つ、横《よこ》に4つのトレイにそれぞれ入《い》れました。トマトを4ポット、トウモロコシを4ポット、キュウリを4ポット、ナスを2ポット、ネギを2ポット作《つく》りました。

問　今回《こんかい》、苗《なえ》を作《つく》った作物《さくもつ》のうち根《ね》の形状《けいじょう》がひげ根《ね》になるものを次《つぎ》のア～オからすべて選《えら》び、記号《きごう》で答《こた》えなさい。

ア　トマト　　イ　トウモロコシ　　ウ　ナス

エ　キュウリ　　オ　ネギ

［解答《かいとう》　イ、オ］

根《ね》っこまでぬかないの！すぐに食《た》べさせてあげますから！
落《お》ちついて！
フガ～
フガ～
って、
どうやら暑《あつ》さで根《ね》を見《み》まちがえたようですね。
正《ただ》しくは、こう。
ハア…

生物

8 イモづる式《しき》には ご用心《ようじん》！

難易度《なんいど》 ★★

ドッサリ
あっ！！ ぼくが かくしてたおかし！
没収《ぼっしゅう》！
おかしの食《た》べすぎは ダメって言《い》ったでしょ！
ポテト
うまチョコ
いちごちゃん
Candy
どうやって 見《み》つけたんですか？
?
おかしの 食《た》べカスをたどって いったら……。
こんなふうに イモづる式《しき》に 見《み》つけたんですよ。
イモづる式《しき》？
食べカスかぁ…
イモづる式《しき》というのは、関係《かんけい》のある物事《ものごと》が次々《つぎつぎ》に明《あき》らかになっていくことです。サツマイモほりで一本《いっぽん》のつるを引《ひ》っ張《ぱ》ると次々《つぎつぎ》にイモが出《で》てくるでしょう？ これにたとえた言葉《ことば》なんですよ。

ボケ問《もん》！

そういえば、ジャガイモもこんなふうに
つるでつながっていたよね！

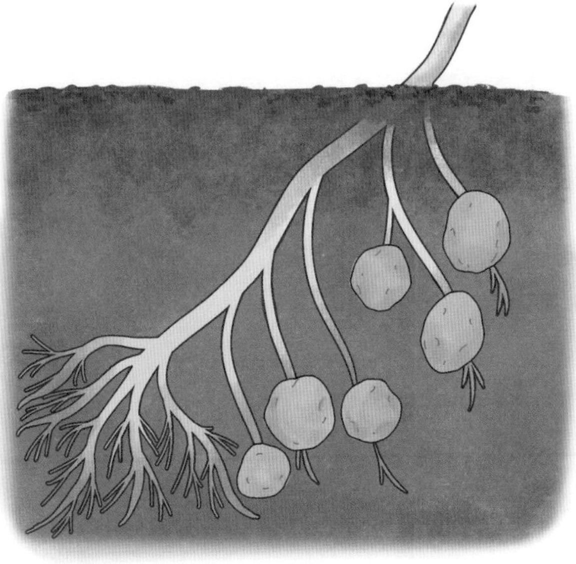

理《り》科《か》の知《ち》識《しき》を使《つか》って、このボケにツッコメ！

ツッコミ例《れい》

そのイモのつき方《かた》はサツマイモ！

解《かい》説《せつ》「イモのつき方《かた》のちがい」

ジャガイモは、たねいもからくきがのび、そこから何本《なんぼん》も横向《よこむ》きに出《で》た地下茎《ちかけい》（地下《ちか》にあるくき）の先端《せんたん》がふくらんでできたものです。サツマイモは、つる（くき）から出《で》た根《ね》が大《おお》きく成長《せいちょう》したもので、つるは複数《ふくすう》のイモとつながっています。

ジャガイモとサツマイモは、植《う》え方《かた》にもちがいがあります。ジャガイモはたねいもを植《う》えるのに対《たい》し、サツマイモはたねいもから育《そだ》てたなえを植《う》えます。

ジャガイモ

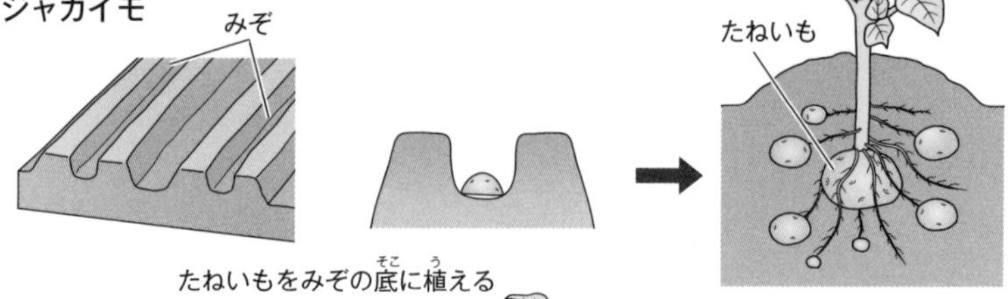

たねいもをみぞの底《そこ》に植《う》える

サツマイモ

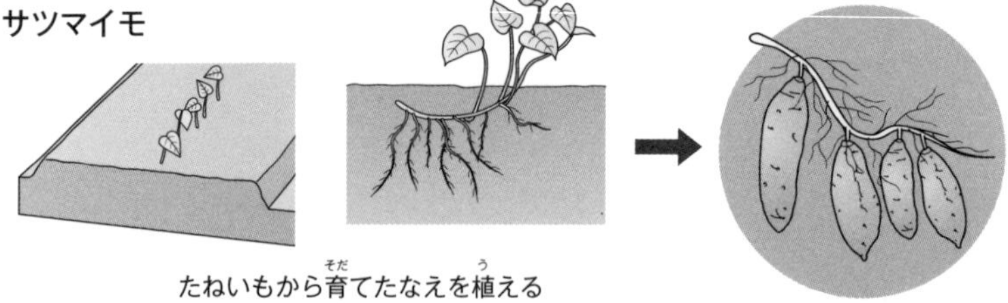

たねいもから育《そだ》てたなえを植《う》える

大切ポイント

☆**ジャガイモの食用部分《しょくようぶぶん》** 地下《ちか》にあるくき(地下茎《ちかけい》)。

☆**サツマイモの食用部分《しょくようぶぶん》** つるから出《で》ている根《ね》。

☆**ジャガイモはたねいも、サツマイモはなえを植《う》える。**

差がつく！

過去問　入試《にゅうし》問題《もんだい》に挑戦《ちょうせん》！

海城中（改題）

K君《くん》は家庭菜園《かていさいえん》でジャガイモとサツマイモも育《そだ》てています。イモという名《な》がつくのに、イモのつき方《かた》がそれぞれちがうことに興味《きょうみ》を持《も》ちました。調《しら》べてみたところ、ジャガイモのイモはくきの一部《いちぶ》が変化《へんか》したものであるのに対《たい》し、サツマイモのイモは根《ね》の一部《いちぶ》が変化《へんか》したものであることがわかりました。ジャガイモは南米《なんべい》アンデスの高山《こうざん》の原産《げんさん》であり、比較的寒《ひかくてきさむ》さに強《つよ》く、一方《いっぽう》、サツマイモは中央《ちゅうおう》アメリカの熱帯《ねったい》の原産《げんさん》であり、比較的寒《ひかくてきさむ》さに弱《よわ》いことがわかりました。K君《くん》は近所《きんじょ》の農家《のうか》の方《かた》にジャガイモとサツマイモの育《そだ》て方《かた》について聞《き》いてみたところ、「ジャガイモは溝《みぞ》をほった中《なか》に種《たね》イモを植《う》え、土《つち》を被《かぶ》せ、成長《せいちょう》したら根元《ねもと》に土《つち》を寄《よ》せるのが良《よ》い。そして、サツマイモは高《たか》めに土《つち》を盛《も》り、その上部《じょうぶ》に苗《なえ》を植《う》えるのが良《よ》い。こうやって植《う》えてうまく育《そだ》てると収穫量《しゅうかくりょう》が多《おお》くなるよ。」と教《おし》えてくれました。

問　下線部《かせんぶ》について、ジャガイモとサツマイモはどうして、収穫量《しゅうかくりょう》を増《ふ》やすための植《う》え方《かた》が異《こと》なるのでしょうか。成長《せいちょう》の仕方《しかた》をふまえて、異《こと》なる理由《りゆう》を説明《せつめい》しなさい。

解答例《かいとうれい》

ジャガイモは種《たね》イモの上《うえ》にくきが出《で》てそこから新《あたら》しいイモをつけるが、サツマイモは苗《なえ》から根《ね》が出《で》てそこから新《あたら》しいイモができるから。

サツマイモも
おいしいね！
ハフ
ハフ

生物

9 カマキリの赤《あか》ちゃん、こんにちは！

難易度《なんいど》 ★

カマキリのたまごを見《み》つけたので、育《そだ》ててみます！
せっかくなので、成長《せいちょう》の様子《ようす》を記録《きろく》してみたらどうでしょう？
楽《たの》しそう！やってみます！
今日《きょう》のたまごは…
まだ変化《へんか》なし…
一《いっ》か月《げつ》後《ご》
シンくん、カマキリはどうなりましたか？
ドキ
ババッ
成虫《せいちゅう》になりました！これが、成長《せいちょう》記録《きろく》です！
ずいっ
成長記録

ボケ問《もん》!

カマキリの成長《せいちょう》記録《きろく》をつけたよ!

理科《りか》の知識《ちしき》を使《つか》って、このボケにツッコメ!

ツッコミ例《れい》

カマキリは、さなぎにはならないよ！

解説《かいせつ》「完全変態《かんぜんへんたい》と不完全変態《ふかんぜんへんたい》」

こん虫《ちゅう》は幼虫《ようちゅう》から成虫《せいちゅう》へと変化《へんか》します。幼虫《ようちゅう》から成虫《せいちゅう》になる間《あいだ》にさなぎの時期《じき》がある育《そだ》ち方《かた》を完全変態《かんぜんへんたい》といい、さなぎの時《じ》期《き》がなく成虫《せいちゅう》になる育《そだ》ち方《かた》を不完全変態《ふかんぜんへんたい》といいます。**カマキリは不完全変態《ふかんぜんへんたい》で、卵《たまご》からふ化《か》した幼虫《ようちゅう》が脱皮《だっぴ》をくり返《かえ》して成虫《せいちゅう》となります。ボケ問《もん》では、さなぎになっているのでまちがいですね。**

完全変態《かんぜんへんたい》

チョウの仲間《なかま》	モンシロチョウ、アゲハ、カイコガ
甲虫《こうちゅう》の仲間《なかま》	カブトムシ、コガネムシ、テントウムシ、ホタル
ハチの仲間《なかま》	ミツバチ、クロオオアリ
ハエの仲間《なかま》	イエバエ、アブ、カ

不完全変態《ふかんぜんへんたい》

バッタの仲間《なかま》	トノサマバッタ、コオロギ、スズムシ、キリギリス
トンボの仲間《なかま》	シオカラトンボ、オニヤンマ、アキアカネ
カメムシの仲間《なかま》	アブラゼミ、タガメ、アメンボ、アブラムシ

アゲハのさなぎ

ヤンマの幼虫《ようちゅう》（ヤゴ）

ヤンマの成虫《せいちゅう》

アゲハの成虫《せいちゅう》

大切ポイント

☆完全変態《かんぜんへんたい》 チョウ、甲虫《こうちゅう》、ハチ、ハエの仲間《なかま》。

☆不完全変態《ふかんぜんへんたい》 バッタ、トンボ、カメムシの仲間《なかま》。

過去問 入試《にゅうし》問題《もんだい》に挑戦《ちょうせん》！

雙葉中

昆虫《こんちゅう》には、完全変態《かんぜんへんたい》で成長《せいちょう》する仲間《なかま》と不完全変態《ふかんぜんへんたい》で成長《せいちょう》する仲間《なかま》がいます。また、昆虫《こんちゅう》のからだは、頭《あたま》、胸《むね》、腹《はら》から構成《こうせい》されており．頭《あたま》には触角《しょっかく》が2本《ほん》あります。胸《むね》や腹《はら》には気門《きもん》とよばれる、空気《くうき》の出入《でい》りを行《おこな》う小《ちい》さな穴《あな》があります。気門《きもん》は体中《からだじゅう》にはりめぐらされた気管《きかん》とよばれる細《ほそ》い管《くだ》につながっており、気門《きもん》からとりこまれた空気《くうき》は全身《ぜんしん》に運《はこ》ばれます。

下線部《かせんぶ》に関《かん》する以下《いか》の問《と》いに答《こた》えなさい。

問1　完全変態《かんぜんへんたい》とはどういうことか説明《せつめい》しなさい。

問2　完全変態《かんぜんへんたい》をする昆虫《こんちゅう》を次《つぎ》の①～⑥の中《なか》からすべて選《えら》び，番号《ばんごう》で答《こた》えなさい。

①アキアカネ　②アブラゼミ　③アゲハ　④クモ

⑤ダンゴムシ　⑥カブトムシ

［**解答例**《かいとうれい》　問1：幼虫《ようちゅう》から成虫《せいちゅう》になる間《あいだ》にさなぎの時期《じき》がある育《そだ》ち方《かた》　問2：③、⑥］

はぁ……。たったの1週間《しゅうかん》でやめていたとは、先生《せんせい》は残念《ざんねん》です。
でも、パン師範《しはん》！ぼく、ちゃんと記録《きろく》をつけ続《つづ》けてるやつ、ほかにあります！
バッ
パタン
走《はし》りこみの最中《さいちゅう》、10分《ぷん》？突《つ》きの練習中《れんしゅうちゅう》、5分《ふん》？
何《なん》です、これ？
パン師範《しはん》がぼくの修行中《しゅぎょうちゅう》にいねむりをした記録《きろく》です！
……そんなものはつけなくてよろしい。

生物

10 全国《ぜんこく》津《つ》々《つ》浦《うら》々《うら》シカ大集合《だいしゅうごう》！

難易度《なんいど》 ★★★

たあーっ!!
パ
やあー!!
ガサ ガサ
?
師範《しはん》、シカです！
ヒソ ヒソ
日本《にほん》には、いろいろなシカがいるんですよ。北海道《ほっかいどう》のエゾシカ。北海道《ほっかいどう》は昔《むかし》、「蝦夷《えぞ》」と呼《よ》ばれていましたからね。本州《ほんしゅう》のホンシュウジカ、沖縄《おきなわ》のケラマジカ。すんでいる場所《ばしょ》によって大《おお》きさがちがうんです。
へえ〜。北海道《ほっかいどう》のシカは雪《ゆき》の上《うえ》を歩《ある》くんだよね。体重《たいじゅう》が軽《かる》くないと雪《ゆき》にうもれちゃいそうだから……。

ボケ問《もん》！

エゾシカは、ホンシュウジカより
小《ちい》さくて軽《かる》いんじゃないかな！

理科《りか》の知識《ちしき》を使《つか》って、このボケにツッコメ！

ツッコミ例《れい》

逆《ぎゃく》！　ホンシュウジカより大《おお》きいよ。

解説《かいせつ》「ベルクマンの法則《ほうそく》」

気温《きおん》に関係《かんけい》なく体温《たいおん》を一定《いってい》に保《たも》てる動物《どうぶつ》を恒温動物《こうおんどうぶつ》といいます。同《おな》じ種類《しゅるい》の恒温動物《こうおんどうぶつ》であれば、暑《あつ》い地域《ちいき》よりも寒《さむ》い地域《ちいき》で生活《せいかつ》するもののほうが体《からだ》が大《おお》きいという特徴《とくちょう》があり、これをベルクマンの法則《ほうそく》といいます。**ボケ問《もん》では、本州《ほんしゅう》より寒《さむ》い地域《ちいき》にいるエゾシカのほうが大《おお》きいのが正解《せいかい》です。**体《からだ》の熱《ねつ》を作《つく》るのは体積《たいせき》に、体《からだ》の熱《ねつ》を外《そと》へにがすのは面積《めんせき》に関係《かんけい》し、体《からだ》が大《おお》きいほど熱《ねつ》を外《そと》へにがすより、熱《ねつ》を体内《たいない》で作《つく》る割合《わりあい》のほうが大《おお》きくなるので体温《たいおん》を保《たも》ちやすくなります。

※体《からだ》の大《おお》きさが２倍《ばい》の場合《ばあい》、面積《めんせき》は２×２＝４倍《ばい》、体積《たいせき》は２×２×２＝８倍《ばい》になり、「熱《ねつ》をにがす（面積《めんせき》）」より、「熱《ねつ》を作《つく》る（体積《たいせき》）」の割合《わりあい》が大《おお》きくなります。

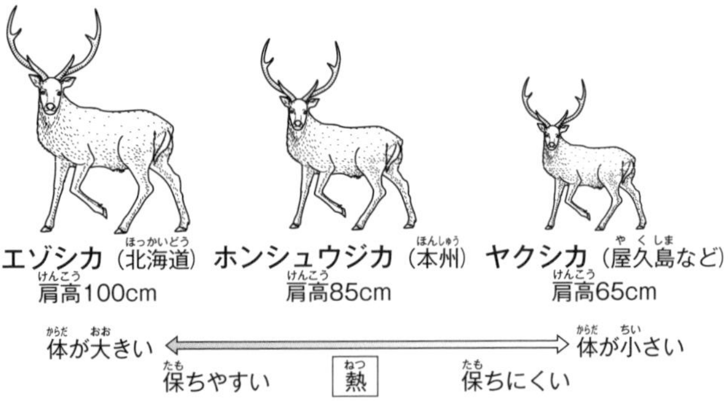

大切ポイント

☆同《おな》じ種類《しゅるい》の恒温動物《こうおんどうぶつ》では、寒《さむ》い地域《ちいき》で生活《せいかつ》するものほど体《からだ》が大《おお》きい。 差がつく！

☆体《からだ》が大《おお》きいと、体温《たいおん》を保《たも》ちやすい。 差がつく！

過去問　入試《にゅうし》問題《もんだい》に挑戦《ちょうせん》！

浦和明の星女子中

問　クマの仲間《なかま》の体《からだ》の大《おお》きさ（体長《たいちょう》）は、生活《せいかつ》する地域《ちいき》によって違《ちが》います。どのような適応上《てきおうじょう》の理由《りゆう》が考《かんが》えられますか。もっとも適当《てきとう》なものを選《えら》び、ア〜カで答《こた》えなさい。

さまざまな環境《かんきょう》で見《み》ることができるクマ

ア　寒《さむ》い地域《ちいき》で生活《せいかつ》しているクマほど体《からだ》が大《おお》きいのは、大《おお》きい方《ほう》が外《そと》の太陽《たいよう》の熱《ねつ》をたくさん受《う》けて体温《たいおん》を上昇《じょうしょう》させることができるためである。

イ　寒《さむ》い地域《ちいき》で生活《せいかつ》しているクマほど体《からだ》が大《おお》きいのは、大《おお》きい方《ほう》が体温《たいおん》を保《たも》つことができるためである。

ウ　寒《さむ》い地域《ちいき》で生活《せいかつ》しているクマほど体《からだ》が大《おお》きいのは、大《おお》きい方《ほう》が外敵《がいてき》におそわれにくいためである。

エ　暑《あつ》い地域《ちいき》で生活《せいかつ》しているクマほど体《からだ》が小《ちい》さいのは、一度《いちど》の出産《しゅっさん》でたくさん子《こ》どもを産《う》むためである。

オ　暑《あつ》い地域《ちいき》で生活《せいかつ》しているクマほど体《からだ》が小《ちい》さいのは、太陽《たいよう》の熱《ねつ》を受《う》けることで体温《たいおん》が上昇《じょうしょう》しないようにするためである。

カ　暑《あつ》い地域《ちいき》で生活《せいかつ》しているクマほど体《からだ》が小《らい》さいのは、小《ちい》さい方《ほう》が外敵《がいてき》に見《み》つかりにくいためである。

［解答《かいとう》　イ］

生物

11 フェネックは耳《みみ》でプロポーズ？

難易度《なんいど》 ★★★

ZOO
ワクワク動物園
バッサー
うわあ～！クジャクの羽《はね》、キレイ！
シンくんに求愛《きゅうあい》のアピールをしてますね。
オスは羽《はね》を広《ひろ》げて、メスにプロポーズするんですよ。
ぼく、男《おとこ》の子《こ》だけど、まいったなあ～。へへっ。
フェネックは、キツネの仲間《なかま》です。
耳《みみ》が大《おお》きくてかわいいなあ。
じっと見《み》てくる……。もしかして、またプロポーズされてる？
……。
ジィ…

ボケ問《もん》!

フェネックは、大《おお》きな耳《みみ》を見《み》せつけて、
求愛《きゅうあい》のアピールをするんだよね!

理科《りか》の知識《ちしき》を使《つか》って、このボケにツッコメ!

ツッコミ例《れい》

耳《みみ》が大《おお》きいのは、体《からだ》の熱《ねつ》をにがすためだよ！

解説《かいせつ》「アレンの法則《ほうそく》」

同《おな》じ種類《しゅるい》の恒温動物《こうおんどうぶつ》では、暑《あつ》い地域《ちいき》より寒《さむ》い地域《ちいき》で生活《せいかつ》するもののほうが、耳《みみ》や尾《お》などのでっぱりが短《みじか》くなるという特徴《とくちょう》があり、これをアレンの法則《ほうそく》といいます。

サハラ砂漠《さばく》のような暑《あつ》い地域《ちいき》で生活《せいかつ》するフェネックは、寒《さむ》い地《ち》域《いき》のホッキョクギツネと比《くら》べると耳《みみ》が大《おお》きいことがわかります。これは、**体《からだ》の表面積《ひょうめんせき》を大《おお》きくして熱《ねつ》を外《そと》へにがし、体《からだ》を冷《ひ》やすためです。ボケ問《もん》のようにプロポーズ（求愛行動《きゅうあいこうどう》）のためではありません。**逆《ぎゃく》にホッキョクギツネの耳《みみ》が小《ちい》さいのは、寒《さむ》い地域《ちいき》で熱《ねつ》をにがさないようにし、体温《たいおん》を保《たも》ちやすくするためです。

大切ポイント

☆同《おな》じ種類《しゅるい》の恒温動物《こうおんどうぶつ》では、寒《さむ》い地域《ちいき》で生活《せいかつ》するものほど耳《みみ》や尾《お》が小《ちい》さい。 差がつく！

☆耳《みみ》や尾《お》が小《ちい》さいと、熱《ねつ》をにがしにくいので体温《たいおん》を保《たも》ちやすい。 差がつく！

過去問　入試問題《にゅうしもんだい》に挑戦《ちょうせん》！

浦和明の星女子中（改題）

問　下図《かず》は、一年《いちねん》を通《とお》してとても寒《さむ》く年間降水量《ねんかんこうすいりょう》が少《すく》ない地域《ちいき》（①）、一年《いちねん》を通《とお》して比《ひ》かく的《てき》あたたかく年間降水量《ねんかんこうすいりょう》が多《おお》い地域《ちいき》（②）、一年《いちねん》を通《とお》してとても暑《あつ》く年間降水量《ねんかんこうすいりょう》が少《すく》ない地域《ちいき》（③）のような環境《かんきょう》でみることができるウサギです。地域《ちいき》③のような環境《かんきょう》でみられるウサギよりも地域《ちいき》①のような環境《かんきょう》でみられるウサギの耳《みみ》の大《おお》きさが小《ちい》さい理由《りゆう》は何《なに》ですか。空《くう》らんに10字以内《じいない》で言葉《ことば》を入《い》れ，文章《ぶんしょう》を完成《かんせい》させなさい。

地域《ちいき》①のような環境《かんきょう》	地域《ちいき》②のような環境《かんきょう》	地域《ちいき》③のような環境《かんきょう》
ホッキョクノウサギ	ニホンノウサギ	アンテロープジャックウサギ

さまざまな環境《かんきょう》で見《み》ることができるウサギ

耳《みみ》などの体《からだ》の飛《と》び出《で》ている部分《ぶぶん》が小《ちい》さいほど、

□□□□□□□□□□ ため。

［解答例《かいとうれい》　体温《たいおん》がにげにくい］

カァ〜
カァ〜
ムリだよぉ。
ぼくは
修行《しゅぎょう》をして
強《つよ》くな……。
ムニャ
ムニャ
シンく〜ん！結婚《けっこん》して〜!!
まだ
結婚《けっこん》なんて
できないよぉ〜
スー
スー
どんな夢《ゆめ》を
見ているのやら…

生物

12 この木《き》、何《なん》の木《き》？ 気《き》になる気《き》になる……

難易度《なんいど》 ★★

キャッ
わ〜!!
キャッ
ねえ、あの大《おお》きな木《き》まで競走《きょうそう》しない？
コロ
コロ
楽《たの》しそう、やろう！
じゃあ、1着《ちゃく》の人《ひと》には、ごうか賞品《しょうひん》！
よ〜い……、
ドン!!
だっ
だっ

ボケ問《もん》！

あの、大《おお》きなスギの木《き》まで競走《きょうそう》しよう！

理科《りか》の知識《ちしき》を使《つか》って、このボケにツッコメ！

ツッコミ例《れい》

その木《き》はケヤキだよ！

解説《かいせつ》「樹形《じゅけい》と葉《は》の形《かたち》で見分《みわ》ける」

樹木《じゅもく》の形《かたち》を樹形《じゅけい》といいます。代表的《だいひょうてき》な樹形《じゅけい》には、さかずき形《がた》、円《えん》すい形《がた》、ドーム形《がた》などがあります。樹形《じゅけい》のほかに、葉《は》や実《み》などにも特徴《とくちょう》があります。ふだんから街路樹《がいろじゅ》や身近《みぢか》な草花《くさばな》をよく見《み》て、図鑑《ずかん》などで調《しら》べる習慣《しゅうかん》をつけておきましょう。**ボケ問《もん》の木《き》は、さかずき形《がた》のケヤキで、円《えん》すい形《がた》のスギではありません。**

さかずき形《がた》  ・ケヤキ ・トチノキ ・サクラ	 	つるが支柱《しちゅう》に巻《ま》きつく 
円《えん》すい形《がた》 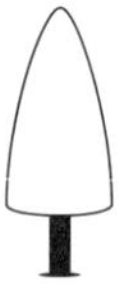 ・スギ ・イチョウ	 	幹《みき》や枝《えだ》が不均一《ふきんいつ》に出《で》る 
ドーム形《がた》  ・カシワ ・プラタナス	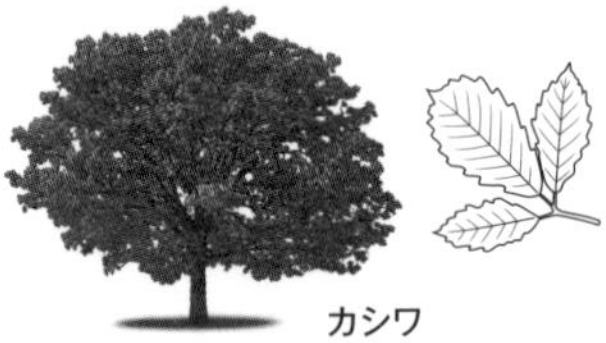 	

大切ポイント

☆**さかずき形《がた》** ケヤキ、トチノキ、サクラなどの木。差がつく！

☆**円《えん》すい形《がた》** スギ、イチョウなどの木。差がつく！

過去問 入試問題《にゅうしもんだい》に挑戦《ちょうせん》！

慶應義塾中等部

問1　カシワ、スギ、トチ、フジ、マツのそれぞれの葉《は》を次《つぎ》の中《なか》から選《えら》びなさい。

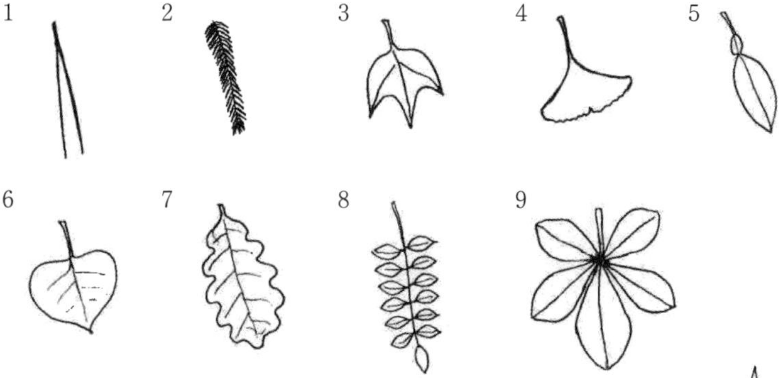

問2　樹木《じゅもく》どうしの間隔《かんかく》が十分開《じゅうぶんひら》いているとき、右《みぎ》の図《ず》のような姿《すがた》になる樹木《じゅもく》を次《つぎ》の中《なか》から選《えら》び、記号《きごう》で答《こた》えなさい。

1　カシワ　　2　スギ　　3　トチ
4　フジ　　5　マツ

解答《かいとう》
問1：カシワ 7、スギ 2、トチ 9、フジ 8、マツ 1、問2：2

生物

13 カブトムシがぽっかぽか!?

難易度《なんいど》 ★★

カブトムシの幼虫《ようちゅう》を育《そだ》てているんです。
パン師範《しはん》！おがくずがとっても温《あたた》かいんですが、どうしてですか？
ふふふ……。なぜか考《かんが》えてみましょう。
えっと……。
あっ
ホカ
ホカ
ホカ
布団《ふとん》から出たくないよ～

ボケ問《もん》！

おがくずが温《あたた》かいのは……、
幼虫《ようちゅう》の体温《たいおん》で温《あたた》まっているから！

理科《りか》の知識《ちしき》を使《つか》って、このボケにツッコメ！

ツッコミ例《れい》

カブトムシは変温動物《へんおんどうぶつ》だよ！

解説《かいせつ》

「おがくずの温《あたた》かさは、発酵熱《はっこうねつ》によるもの」

こん虫《ちゅう》は、気温《きおん》によって体温《たいおん》が変化《へんか》する変温動物《へんおんどうぶつ》なので、ボケ問《もん》のように、カブトムシが自《みずか》ら熱《ねつ》を出《だ》すことはありません。**おがくずが温《あたた》かかったのは、おがくずが発酵《はっこう》（腐敗《ふはい》）するときに出《だ》す熱《ねつ》が原因《げんいん》です。**「発酵《はっこう》」とは、微生物《びせいぶつ》が物質《ぶっしつ》を分解《ぶんかい》して別《べつ》の物質《ぶっしつ》に変化《へんか》させることで、このときに発酵熱《はっこうねつ》が発生《はっせい》します。落《お》ち葉《ば》が集《あつ》まっているところでは、土《つち》の中《なか》の微生物《びせいぶつ》が落《お》ち葉《ば》を発酵《はっこう》させ、条件《じょうけん》が合《あ》えば70℃くらいまで温度《おんど》が上《あ》がります。このため、米《こめ》ぬかや木《き》くずなどの発酵熱《はっこうねつ》は、農業《のうぎょう》にも利用《りよう》されています。

また、発酵食品《はっこうしょくひん》のヨーグルトは乳酸菌《にゅうさんきん》、しょう油《ゆ》や日本酒《にほんしゅ》は麹《こうじ》菌《きん》などの微生物《びせいぶつ》が、それぞれでんぷんを糖《とう》に、たんぱく質《しつ》をアミノ酸《さん》に変化《へんか》させています。発酵《はっこう》が進《すす》むと甘《あま》み成分《せいぶん》やうま味成分《みせいぶん》が増《ふ》えるのでおいしく感《かん》じるようになるのです。

一方《いっぽう》、腐敗《ふはい》は発酵《はっこう》と同《おな》じように微生物《びせいぶつ》が物質《ぶっしつ》を分解《ぶんかい》するのですが、分解《ぶんかい》した物質《ぶっしつ》が人体《じんたい》に有害《ゆうがい》なものに変化《へんか》し腐《くさ》ることをいいます。

大切ポイント

☆**こん虫《ちゅう》** 変温動物《へんおんどうぶつ》（気温《きおん》によって体温《たいおん》が変化《へんか》する。）

☆**発酵《はっこう》** 微生物《びせいぶつ》が物質《ぶっしつ》を分解《ぶんかい》して、別《べつ》の物質《ぶっしつ》に変化《へんか》させること。差がつく！

☆**発酵熱《はっこうねつ》** 微生物《びせいぶつ》が物質《ぶっしつ》を分解《ぶんかい》するときに発生《はっせい》する熱《ねつ》のこと。差がつく！

過去問　入試問題《にゅうしもんだい》に挑戦《ちょうせん》！

青山学院中等部

問　青山学院中等部《あおやまがくいんちゅうとうぶ》では庭《にわ》でカブトムシを飼《か》っています。カブトムシはおがくずの中《なか》に卵《たまご》を産《う》み、幼虫《ようちゅう》はおがくずの中《なか》で成長《せいちょう》します。おがくずの中《なか》に手《て》を入《い》れると、内部《ないぶ》がわずかに暖《あたた》かいときがあります。おがくずが暖《あたた》かい理由《りゆう》として正《ただ》しいものを選《えら》びなさい。

ア　おがくずは日《ひ》の光《ひかり》を集《あつ》めやすいから
イ　おがくずがくさるときに熱《ねつ》を出《だ》すから
ウ　おがくずには保温作用《ほおんさよう》があり暖《あたた》かい日《ひ》の熱《ねつ》を保温《ほおん》しているから
エ　おがくずは水《みず》にぬれると熱《ねつ》を出《だ》すから
オ　カブトムシの幼虫《ようちゅう》が熱《ねつ》を出《だ》すから

［解答《かいとう》　イ］

ヒュー
ヒュー
シンくん、何《なに》をしてるんです？
ズボッ
あっ、師範《しはん》！
カブトムシの幼虫《ようちゅう》の気持《きも》ちになってみようと思《おも》って、落《お》ち葉《ば》でためしてるんです。
ヒュー
それは勉強熱心《べんきょうねっしん》ですね。でも、寒《さむ》いのでほどほどに。
次の日
師範《しはん》、カゼひいちゃいました……。
ずびっ
言《い》わんこっちゃない。

14 森《もり》の木《こ》かげで休《きゅう》けい中《ちゅう》

難易度《なんいど》 ★★

たあー!!
やあー!!
シンくん！ 少《すこ》し休《きゅう》けいしましょう。
ハアアア〜、生《い》き返《かえ》った！ 森《もり》の中《なか》はすずしいですね。
森林《しんりん》が日《ひ》の光《ひかり》をさえぎってくれますからね。それに、葉《は》っぱにある気孔《きこう》からは水蒸気《すいじょうき》が出《で》ていますしね。
顕微鏡《けんびきょう》を使《つか》えば、気孔《きこう》を観察《かんさつ》できますよ。
わあ〜
見《み》てみたいです！

ボケ問《もん》！

葉《は》っぱの気孔《きこう》の絵《え》をかいたよ。
緑《みどり》のつぶつぶがまわりにいっぱいあるね！

理科《りか》の知識《ちしき》を使《つか》って、このボケにツッコメ！

ツッコミ例《れい》

表皮《ひょうひ》に緑《みどり》のつぶつぶはないよ！

解説《かいせつ》

「葉緑体《ようりょくたい》は、孔辺細胞《こうへんさいぼう》と葉《は》の内部《ないぶ》の細胞《さいぼう》にある」

緑《みどり》のつぶつぶは葉緑体《ようりょくたい》で、孔辺細胞《こうへんさいぼう》や葉《は》の内部《ないぶ》の細胞《さいぼう》にありますが、表皮《ひょうひ》にはありません。ボケ問《もん》のように孔辺細胞《こうへんさいぼう》のまわりの表皮《ひょうひ》に葉緑体《ようりょくたい》があるのはまちがいです。

葉《は》は表側《おもてがわ》と裏側《うらがわ》にある表皮《ひょうひ》で内部《ないぶ》を守《まも》っています。葉《は》に日光《にっこう》が当《あ》たると細胞内部《さいぼうないぶ》の葉緑体《ようりょくたい》で光合成《こうごうせい》が行《おこな》われ、二酸化炭素《にさんかたんそ》と水《みず》を利用《りよう》して酸素《さんそ》とでんぷんを作《つく》ります。気孔《きこう》が開閉《かいへい》することで、植物《しょくぶつ》と大気《たいき》の間《あいだ》で二酸化炭素《にさんかたんそ》や酸素《さんそ》、水《みず》などの交換《こうかん》が行《おこな》われます。

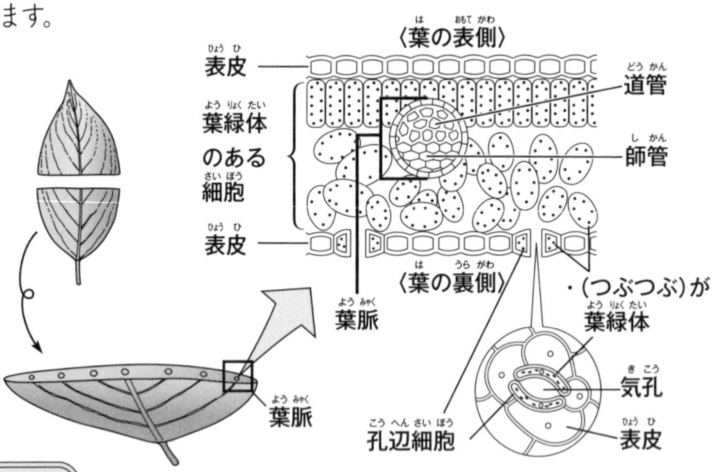

大切ポイント

☆葉緑体《ようりょくたい》 孔辺細胞《こうへんさいぼう》にある。表皮《ひょうひ》にはない。差がつく！

☆葉脈《ようみゃく》 表側《おもてがわ》に道管《どうかん》。裏側《うらがわ》に師管《しかん》。

過去問　入《にゅう》試《し》問題《もんだい》に挑戦《ちょうせん》！

巣鴨中

図《ず》は葉《は》の断面《だんめん》を示《しめ》したものです。次《つぎ》の問《と》いに答《こた》えなさい。

問1　図《ず》のAとBの細胞《さいぼう》には、緑色《みどりいろ》の粒《つぶ》があります。この緑色《みどりいろ》の粒《つぶ》で行《おこな》われているはたらきを何《なん》といいますか。漢字《かんじ》で書《か》きなさい。

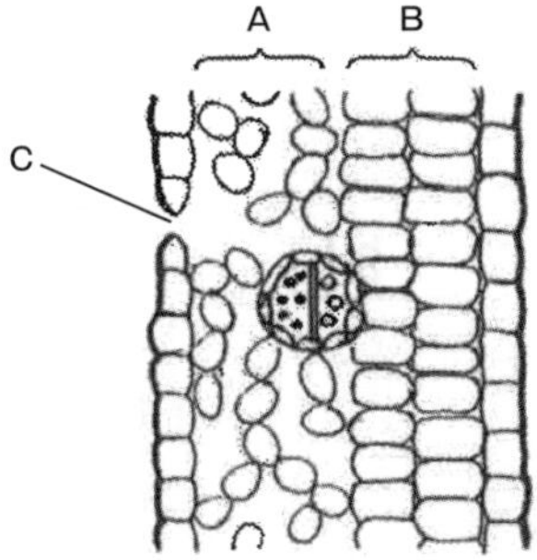

問2　問《とい》1の緑色《みどりいろ》の粒《つぶ》を「・」で表《あらわ》すと，図《ず》のCのまわりでは，どのように分布《ぶんぷ》していますか。次《つぎ》のア〜エから1つ選《えら》びなさい。

ア

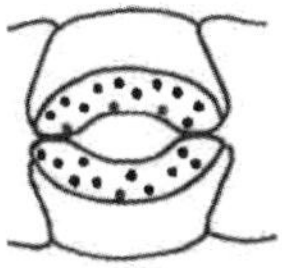

イ

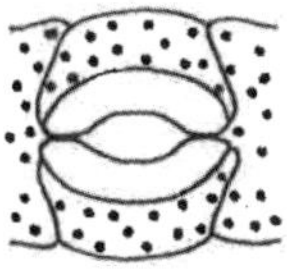

ウ

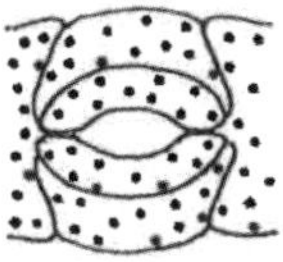

エ

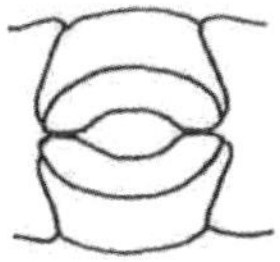

解答《かいとう》
問1：光合成《こうごうせい》　問2：ア

生物

15

アサガオを育《そだ》てよう

難易度《なんいど》 ★★

去年《きょねん》は失敗《しっぱい》しちゃったから、
今年《ことし》こそ花《はな》をさかせるぞ！
アサガオ タネ
土《つち》が かわいて ないかな？
1週間後《しゅうかんご》
芽《め》が出《で》たぞ！
ピョコ
シンくん、ハロー！
子葉《しよう》が開《ひら》いた！
まん中《なか》がへこんでるね。
ココ
シンくん、見《み》て見《み》て！
さらに 1週間後《しゅうかんご》
アサガオは育《そだ》ってますか？
師範《しはん》！ 子葉《しよう》の間《あいだ》から本葉《ほんば》が
出《で》てきてぐんぐん育《そだ》ってますよ。
もうすぐさくって花《はな》も言《い》ってます！
さくよ〜。
もうすぐ！

ボケ問《もん》！

ほら！　アサガオがこんなに育《そだ》ったよ。

理科《りか》の知識《ちしき》を使《つか》って、このボケにツッコメ！

ツッコミ例《れい》

その本葉《ほんば》は、アサガオじゃない！

解説《かいせつ》「子葉《しよう》と本葉《ほんば》は形《かたち》がちがう」

　子葉《しよう》とは、種子《しゅし》が発芽《はつが》して最初《さいしょ》に出《で》てくる葉《は》のことです。子葉《しよう》以外《いがい》の葉《は》は本葉《ほんば》といいます（「ほんよう」ともいう）。

　子葉《しよう》は種子《しゅし》の中《なか》で作《つく》られ、発芽《はつが》するための栄養《えいよう》をたくわえたり、土《つち》をおしわけて地上《ちじょう》に出《で》たり、本葉《ほんば》が出《で》てくるまで光合成《こうごうせい》をして栄養分《えいようぶん》を作《つく》ったりします。植物《しょくぶつ》によってちがいますが、子葉《しよう》には発芽《はつが》に関《かか》わるさまざまな役割《やくわり》があるので、本葉《ほんば》と形《かたち》が大《おお》きくちがうのです。**ボケ問《もん》は、アサガオの本葉《ほんば》がヘチマの本葉《ほんば》になっているのでまちがいです。**

	アサガオ	ヘチマ	ホウセンカ	アブラナ
子葉《しよう》	真《ま》ん中《なか》が大《おお》きくへこんだ形《かたち》	だ円形《えんけい》	だ円形《えんけい》で先《さき》に少《すこ》し切《き》れこみがある	ハート形《がた》
本葉《ほんば》	先《さき》がつんととがった葉《は》が、三方向《さんほうこう》に出《で》たような形《かたち》	七角形《ななかっけい》に複数《ふくすう》の切《き》れこみを入《い》れたような形《かたち》	ぎざぎざの細長《ほそなが》い形《かたち》	だ円形《えんけい》に複数《ふくすう》の切《き》れこみを入《い》れたような形《かたち》

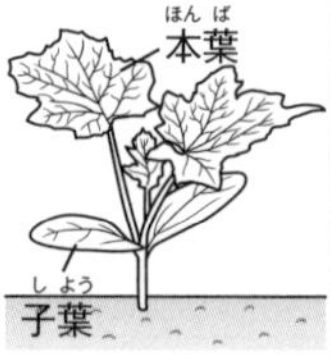

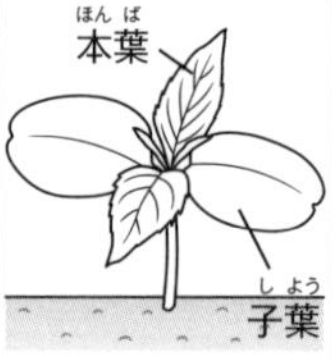

大切ポイント

☆**子葉《しよう》　種子《しゅし》が発芽《はつが》して最初《さいしょ》に出《で》てくる葉《は》。**

☆**子葉《しよう》と本葉《ほんば》の形《かたち》の特徴《とくちょう》をとらえる。** 差がつく！

過去問　入試《にゅうし》問題《もんだい》に挑戦《ちょうせん》！

開成中

アサガオ、ホウセンカ、ヘチマの種《たね》をまいて育《そだ》てたところ、数日後《すうじつご》にいずれも2枚《まい》の葉《は》（子葉《しよう》）が広《ひろ》がりました。その後《ご》、3枚目《まいめ》の葉《は》が出《で》ましたが、その葉《は》は最初《さいしょ》に出《で》た2枚《まい》の葉《は》とは形《かたち》が異《こと》なっていました。また、それぞれの花《はな》を咲《さ》かせたところ、花《はな》の構造《こうぞう》にも違《ちが》いがみられました。

問　下線部《かせんぶ》について、以下《いか》の図《ず》は（1）アサガオ、（2）ホウセンカ、（3）ヘチマの子葉《しよう》をスケッチしたものです。（1）～（3）に対応《たいおう》する「3枚目《まいめ》の葉《は》」はどれですか。当《あ》てはまるものを下《した》のア～エからそれぞれ1つずつ選《えら》び、記号《きごう》で答《こた》えなさい。

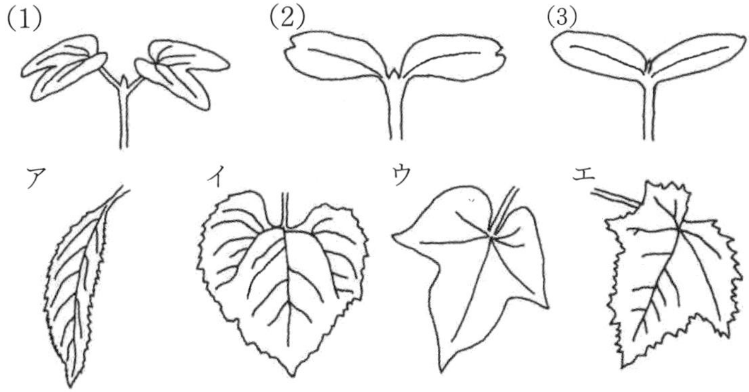

［解答《かいとう》　(1) ウ　(2) ア　(3) エ］

生物

16 ウーパールーパーはみんなの人気者《にんきもの》！

難易度《なんいど》 ★★

シンくん！
この生《い》き物《もの》を知《し》って
いますか？
あっ、ウーパールーパーだ！
そうです。正《ただ》しくは、
アホロートル、
メキシコサラマンダー、
メキシコサンショウウオと
いうんですよ。
へぇ、
たくさん呼《よ》び名《な》が
あるんだなあ。
実《じつ》は、ウーパールーパーは日本人《にほんじん》がつけた
ニックネームのようなものなんです。
かわいさのポイントは、やはりこの愛《あい》くるしい
お顔《かお》とお顔《かお》のまわりにヒラヒラしている……。
あっ！！　この子《こ》、今《いま》ニッコリ
しませんでした！？　ハァ〜、
なんてかわいいんでしょう！
あっ、また！
……。

ボケ問《もん》！

ウーパールーパーの赤《あか》いヒラヒラは、触角《しょっかく》だよ！

触角《しょっかく》で、
水流《すいりゅう》を感《かん》じているんだよね。

理科《りか》の知識《ちしき》を使《つか》って、このボケにツッコメ！

ツッコミ例《れい》

外《がい》さいだよ！呼吸《こきゅう》するためのえら！

解説《かいせつ》

「外鰓《がいさい》は体外《たいがい》にある鰓《えら》、内鰓《ないさい》は体内《たいない》にある鰓《えら》」

ウーパールーパーは、サンショウウオの仲間《なかま》の両生類《りょうせいるい》です。**頭《あたま》の左右《さゆう》にある赤《あか》いヒラヒラした部分《ぶぶん》は、体《からだ》の外《そと》につき出《で》したえらで、外《がい》さいといいます**。これに対《たい》して、魚類《ぎょるい》や両生類《りょうせいるい》の体《からだ》の中《なか》にあるえらを内《ない》さいといい、どちらも呼吸《こきゅう》するための器官《きかん》です。

多《おお》くの両生類《りょうせいるい》は、幼生《ようせい》（子《こ》）の時《じ》期《き》には外《がい》さいがありますが、成長《せいちょう》するうちに小《ちい》さくなり消《き》えてしまうことがほとんどです。ウーパールーパーは、幼《よう》生《せい》のまま成長《せいちょう》するめずらしい生《い》き物《もの》で、水位《すいい》や水温《すいおん》などの環境《かんきょう》が整《ととの》えば外《がい》さいをもったまま10年以上《ねんいじょう》生《い》きることができます。水温上昇《すいおんじょうしょう》などで水中《すいちゅう》の酸素濃度《さんそのうど》が低《ひく》くなると、より多《おお》くの酸素《さんそ》を取《と》り入《い》れようと、ひだ状《じょう》になっている外《がい》さいを広《ひろ》げて表面積《ひょうめんせき》を大《おお》きくするので、外《がい》さいがフサフサしているように見《み》えます。

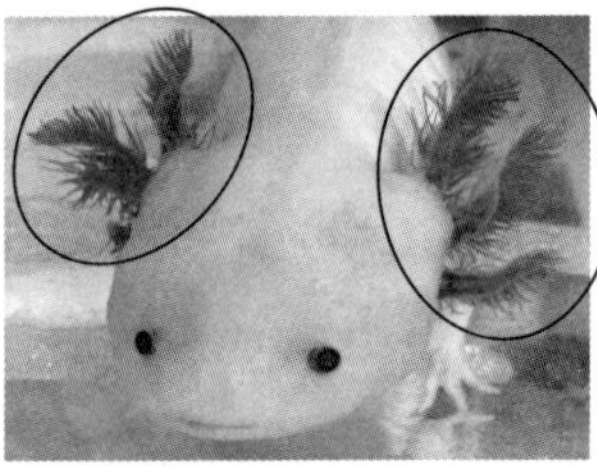

ウーパールーパーの外《がい》さい

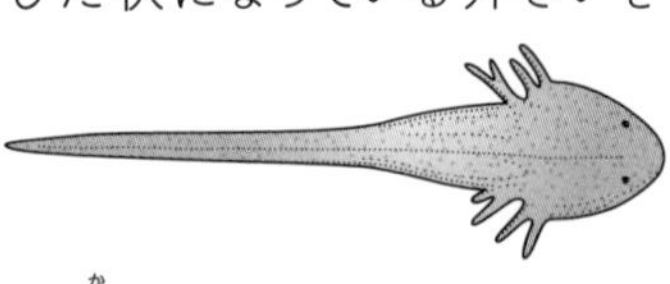

ふ化《か》したばかりのオタマジャクシにも外《がい》さいがあるが、数日《すうじつ》で消《き》える。

大切ポイント

☆**両性類《りょうせいるい》の幼生《ようせい》** 外《がい》さいがある。

☆ひだ状《じょう》の外《がい》さいは、表面積《ひょうめんせき》を大《おお》きくして水中《すいちゅう》の酸素《さんそ》を効率的《こうりつてき》に取《と》り入《い》れるため。

過去問 入試問題《にゅうしもんだい》に挑戦《ちょうせん》！

桜蔭中

図《ず》1は、産卵《さんらん》しているメダカのスケッチです。図《ず》2はウーパールーパーの成体《せいたい》の写真《しゃしん》です。ウーパールーパーはからだの中《なか》に骨《ほね》を持《も》つ生《い》き物《もの》です。ウーパールーパーに近《ちか》いなかまの多《おお》くは変態《へんたい》しますが、ウーパールーパーは幼生《ようせい》（子供《こども》の時《とき》の姿《すがた》）の特《とく》ちょうを残《のこ》したまま成体《せいたい》になります。

図1

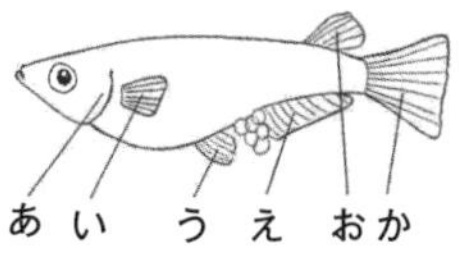
あ
い
う
え
お
か

図2

き

問1　ウーパールーパーの**き**の部分《ぶぶん》はメダカの**あ**の内部《ないぶ》にある構造《こうぞう》が外側《そとがわ》に出《で》ているものです。この部分《ぶぶん》を何《なん》というか、答《こた》えなさい。

問2　ウーパールーパーの**き**の部分《ぶぶん》はひだ状《じょう》になっています。この利点《りてん》は何《なん》ですか。つぎのア〜エから１つ選《えら》び、記号《きごう》で答《こた》えなさい。

ア　エサをつかまえて、取《と》りこみやすい

イ　表面積《ひょうめんせき》が大《おお》きくなり、酸素《さんそ》を取《と》り入《い》れやすい

ウ　水草《みずくさ》に姿《すがた》が似《に》ていて、敵《てき》に見《み》つかりにくい

エ　見《み》た目《め》が派手《はで》になり、メスをひきつけやすい

［解答《かいとう》　問1：えら　問2：イ］

ハア〜、かわいい！
師範《しはん》〜！
ぼくは、ぼくは！？
かわいくない？
もちろん大好《だいす》きですよ〜！！
ぎゅっ
カワイイ〜♡

Column 1

下《した》を向《む》いて歩《ある》いてみれば……

下《した》を向《む》いて歩《ある》いてみると、さまざまな草花《くさばな》との出会《であ》いがあって笑顔《えがお》になります。もともと近所《きんじょ》を散歩《さんぽ》するときに、花《か》だんや空《あ》き地《ち》に生《は》えている雑草《ざっそう》を見《み》つけては植物名《しょくぶつめい》を調《しら》べて楽《たの》しんでいましたが、最近《さいきん》は「こんなところに!?」と思《おも》ってしまうようなせまいすき間《ま》に生《い》きる植物《しょくぶつ》たちとの出会《であ》いが楽《たの》しみになっています。

すき間《ま》に生《は》える植物《しょくぶつ》を見《み》ていると、「いい場所《ばしょ》見《み》つけた! 水《すい》分《ぶん》もひとりじめで快適《かいてき》!」という声《こえ》が聞《き》こえるような気《き》がします。私《わたし》たちから見《み》たら「なにもそんなところに生《は》えなくても……」と思《おも》う場所《ばしょ》でも、植物《しょくぶつ》にとっては快適《かいてき》な場所《ばしょ》なのかもしれません。きっと自分《じぶん》のペースで成長《せいちょう》して、のびのび暮《く》らしているのでしょう。

ぜひこんなふうに、植物《しょくぶつ》たちの声《こえ》を想像《そうぞう》してみてください。

江上先生《えがみせんせい》のすき間《ま》植物《しょくぶつ》コレクション

①アスファルトのすき間《ま》

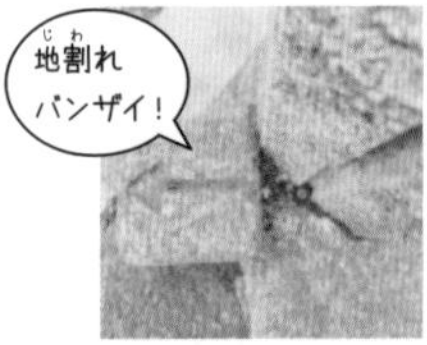
地割《じわ》れ
バンザイ!

植物《しょくぶつ》たちの喜《よろこ》ぶ声《こえ》が聞《き》こえてきそうです。

②水《みず》ぬき穴《あな》

安心《あんしん》!

水切《みずぎ》れの心配《しんぱい》がありません。たとえ水《みず》が通《とお》っていない穴《あな》でも、直射日光《ちょくしゃにっこう》がさけられるので湿《しめ》っている確率《かくりつ》が高《たか》いです。

③マンホールの周囲《しゅうい》

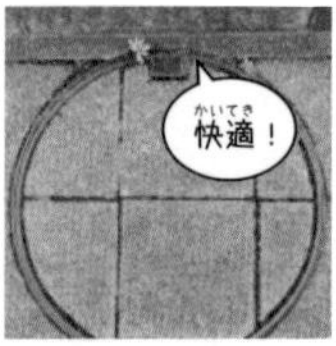
快適《かいてき》!

みぞがあるので、土《つち》と水分《すいぶん》がたっぷりあります。

④平《たい》らに見《み》える目地《めじ》と目地《めじ》の間《あいだ》

雨《あめ》の日《ひ》は
水《みず》がたまって
サイコー!

「どうしてこんな場所《ばしょ》に生《は》えてるの?」と思《おも》うかもしれませんが、雨《あめ》が降《ふ》ると水《みず》がたまることから少《すこ》しくぼんでいることがわかります。

第2章

伊《い》集《じゅう》院《いん》教《きょう》授《じゅ》

レッパン

物理《ぶつり》

物理

1 富士山《ふじさん》のベストショットをとるには？

難易度《なんいど》 ★★

プーン
すごくかたいアイスをサクッと？
サクッ
あっ
富士山《ふじさん》だ！
おお、立派《りっぱ》だ。
日本一《にほんいち》!!
パシャ
早《はや》くとらなきゃ！
パシャ
教授見《きょうじゅみ》て！どれがいいかな？
どれどれ

ボケ問《もん》！

新幹線《しんかんせん》の中《なか》から富士山《ふじさん》を連写《れんしゃ》したよ。
いい写真《しゃしん》がとれたでしょ？

1枚《まい》目《め》

2枚《まい》目《め》

3枚《まい》目《め》

理科《りか》の知識《ちしき》を使《つか》って、このボケにツッコメ！

ツッコミ例《れい》

富士山《ふじさん》が、家《いえ》といっしょに動《うご》いているように見《み》えるわけないよ！

解説《かいせつ》

「立体視《りったいし》によって、物体《ぶったい》を立体的《りったいてき》に見《み》ることができる」

立体視《りったいし》とは、①運動視差《うんどうしさ》や②両《りょう》目視差《めしさ》などの視覚的《しかくてき》な差《さ》で立体的《りったいてき》な感覚《かんかく》を得《え》る方法《ほうほう》のことです。

同《おな》じ視野《しや》の中《なか》では、遠《とお》い景色《けしき》は近《ちか》い景色《けしき》に比《くら》べて見《み》える範囲《はんい》が広《ひろ》く、見《み》えなくなるまでに時間《じかん》がかかるので、おそく動《うご》いているように見《み》えます(①)。つまりボケ問《もん》では、**遠《とお》くの富《ふ》士山《じさん》は1枚目《まいめ》の写真《しゃしん》の位置《いち》からほとんど動《うご》かず、手前《てまえ》の家《いえ》だけが動《うご》いて写真《しゃしん》に写《うつ》るのが正解《せいかい》**です。

また、○□△の紙《かみ》を図《ず》のように置《お》いて左目《ひだりめ》のみ、右目《みぎめ》のみでそれぞれ見《み》ると目《め》の位置《いち》から遠《とお》くのものほど、近《ちか》くのものとのずれが大《おお》きく見《み》えます(②)。

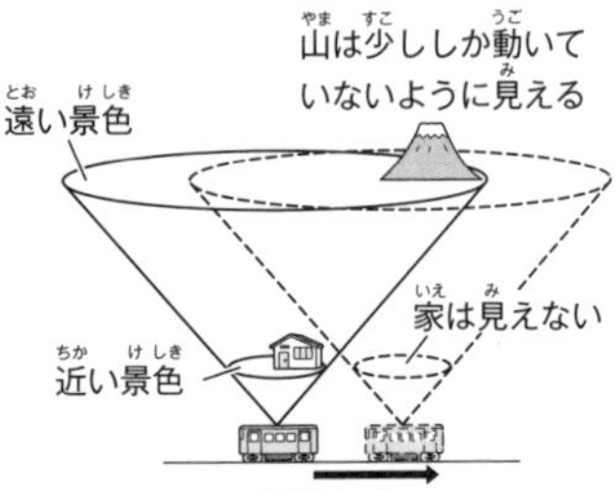

①運動視差《うんどうしさ》

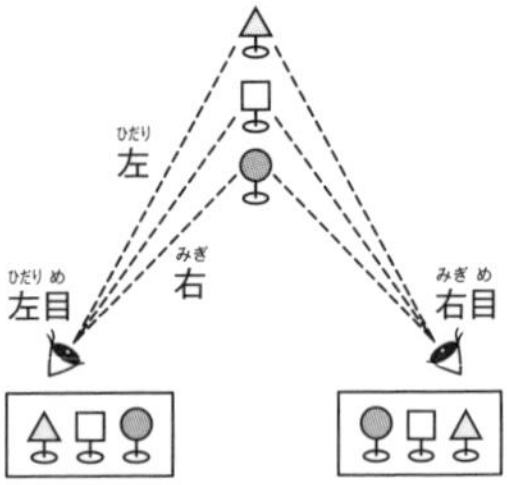

②両目視差《りょうめしさ》

大切ポイント

☆**運動視差《うんどうしさ》** 遠《とお》い景色《けしき》は、近《ちか》い景色《けしき》に比《くら》べておそく動《うご》いているように見《み》える。

☆**両目視差《りょうめしさ》** 片目《かため》ずつ見《み》ると、遠《とお》くのものほど近《ちか》くのものとのずれが大《おお》きく見《み》える。

過去問　入試問題《にゅうしもんだい》に挑戦《ちょうせん》!

灘中

普通《ふつう》の写真《しゃしん》は平面的《へいめんてき》ですが、立体的《りったいてき》に見《み》える「立体写真《りったいしゃしん》」というものがあります。2台《だい》のカメラを左右《さゆう》に並《なら》べ、同時《どうじ》に撮影《さつえい》すると、立体写真《りったいしゃしん》を作《つく》ることができます。左《ひだり》のカメラの写真《しゃしん》を左目《ひだりめ》で、右《みぎ》のカメラの写真《しゃしん》を右目《みぎめ》で見《み》ると、近《ちか》くにあった物《もの》は近《ちか》くに、遠《とお》くにあった物《もの》は遠《とお》くにあるように見《み》えます。これを「立体視《りったいし》する」と言《い》います。(図《ず》1、図《ず》2)

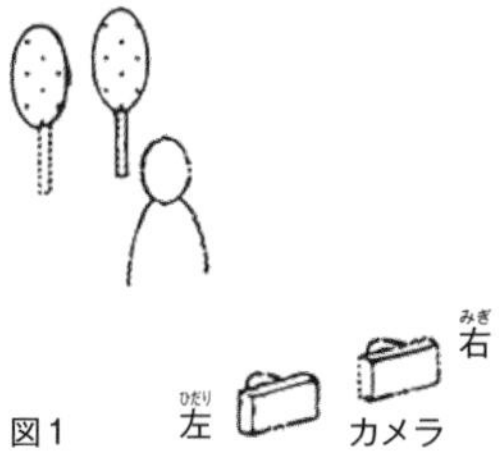
右《みぎ》
左《ひだり》
カメラ

図1

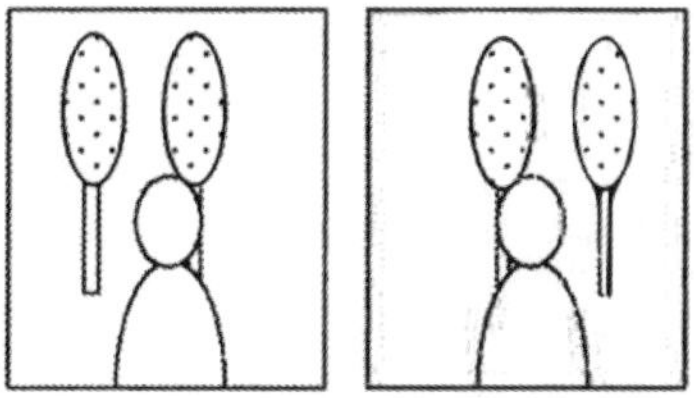

図2

問　上記《じょうき》の方法《ほうほう》で作《つく》った立体写真《りったいしゃしん》が図《ず》3のようになりました。3つの図形《ずけい》を近《ちか》くにあるものから順《じゅん》に並《なら》べたものを下《した》のア〜カから選《えら》び、記号《きごう》で答《こた》えなさい。

ア　○□△　イ　○△□

ウ　□○△　エ　□△○

オ　△○□　カ　△□○

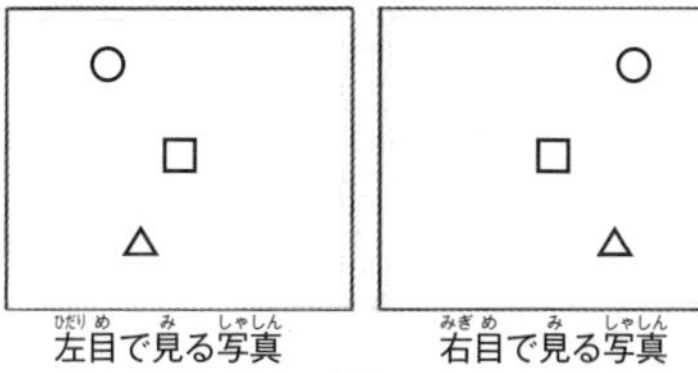
左目《ひだりめ》で見《み》る写真《しゃしん》
右目《みぎめ》で見《み》る写真《しゃしん》

図3

[解答《かいとう》　エ]

きれいにとれているね!
上手《じょうず》!
ぱぁぁぁ
よーし!　もっと
いいのをとるぞー!!
パシャ
パシャ
バキッ
怪力《かいりき》になっているん
だから気《き》をつけないと!
うう～～!
ボロ…

物理 2

メトロノームのテンポが速《はや》すぎる!

難易度《なんいど》★★

カチ
カチ
カチ
ガチ
ブボ〜
ふけない!
テンポが速すぎる!!
ガッ
教授《きょうじゅ》は初心者《しょしんしゃ》なんだから、ゆっくりから始《はじ》めないと。
うむ、そうだな。
テンポをおそくしてくれ。
はあい!
とことこ

ボケ問《もん》!

おもりを下《した》にずらしたから、
テンポはおそくなるよね!

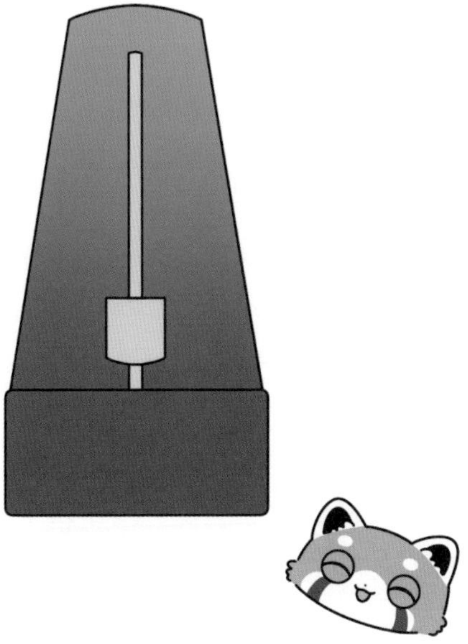

理科《りか》の知識《ちしき》を使《つか》って、このボケにツッコメ!

ツッコミ例《れい》

下《した》じゃなくて上《うえ》にずらすの！

解説《かいせつ》

「支点《してん》から重心《じゅうしん》までの長《なが》さを変《か》える」

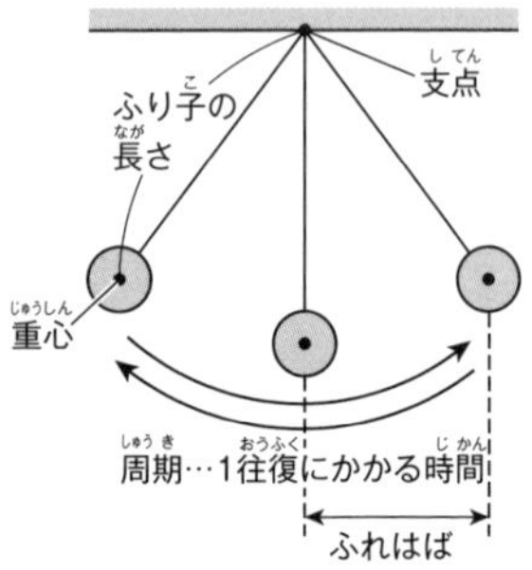

　ふりこが１往復《おうふく》するのにかかる時間《じかん》（ふりこの周期《しゅうき》）は、おもりの重《おも》さやふれはばを変《か》えても変《か》わらず、ふりこの長《なが》さ（支点《してん》から重心《じゅうしん》までの長《なが》さ）を変《か》えたときにだけ変化《へんか》します。一般的《いっぱんてき》にふりこの周期《しゅうき》が２倍《ばい》になると、ふりこの長《なが》さは４倍《ばい》（２×２倍《ばい》）に、ふりこの周期《しゅうき》が３倍《ばい》になると、ふりこの長《なが》さは９倍《ばい》（３×３倍《ばい》）になります。つまり、ふりこの周期《しゅうき》がａ倍《ばい》のときは、ふりこの長《なが》さはａ×ａ倍《ばい》になります。

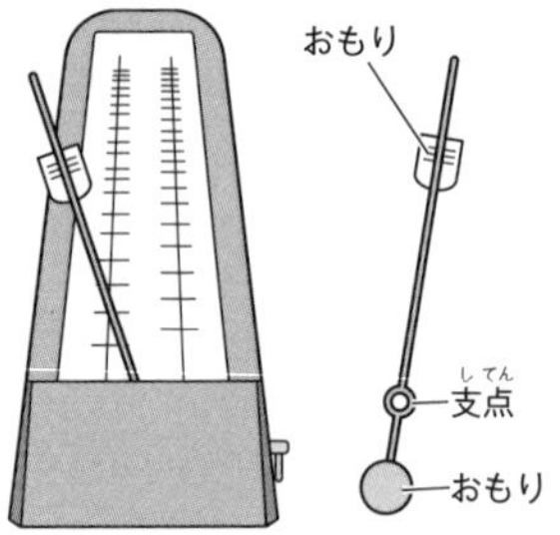

メトロノームのつくり

　メトロノームにはおもりが２つあり、下《した》のおもりは動《うご》かせませんが、上《うえ》のおもりは動《うご》かせます。**上《うえ》のおもりを下《した》にずらすとふりこの長《なが》さが短《みじか》くなり周期《しゅうき》が短《みじか》くなります。ボケ問《もん》では、テンポをおそくしたいのでおもりを上《うえ》にずらせばよかったということですね。**

大切ポイント

☆ふりこの周期《しゅうき》　ふりこの長《なが》さによって変化《へんか》する。
おもりの重《おも》さやふれはばは、関係《かんけい》ない。 差がつく！
☆ふりこの周期《しゅうき》がａ倍《ばい》のとき、ふりこの長《なが》さはａ×ａ倍《ばい》。
差がつく！

過去問　入試問題《にゅうしもんだい》に挑戦《ちょうせん》！

早稲田中

図《ず》のように重《おも》さの無視《むし》できる糸《いと》に鉄球《てっきゅう》をつけ、もう一方《いっぽう》の端《はじ》を天井《てんじょう》に固定《こてい》して作《つく》った振《ふ》り子《こ》で実験《じっけん》をしました。振《ふ》り子《こ》が1往復《おうふく》する時間《じかん》を「周期《しゅうき》」といいます。振《ふ》り子《こ》のふれはばが変《か》わっても、振《ふ》り子《こ》の周期《しゅうき》が変《か》わらないことを「振《ふ》り子《こ》の等時性《とうじせい》」といいます。ふれはば、鉄球《てっきゅう》の重《おも》さ、振《ふ》り子《こ》の長《なが》さについて条件《じょうけん》を変《か》え、1周期《しゅうき》を測定《そくてい》する実験《じっけん》A～Cを行《おこな》いました。

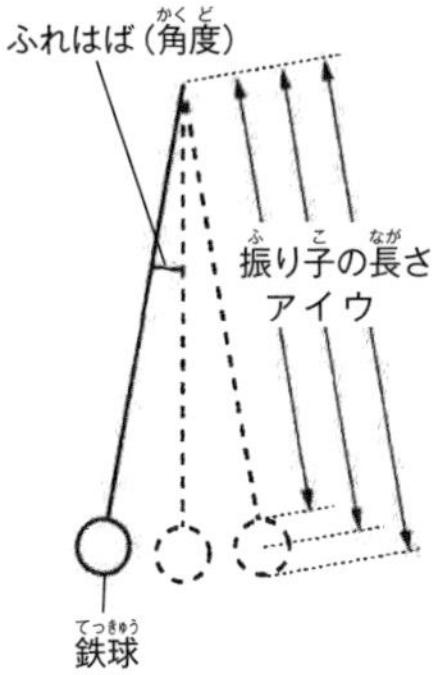

【実験《じっけん》A】ふれはばを変《か》える実験《じっけん》（振《ふ》り子《こ》の長《なが》さ50cm、鉄球《てっきゅう》の重《おも》さ50g）

ふれはば	2°	4°	6°	8°	10°
1周期《しゅうき》	1.42秒《びょう》	1.43秒《びょう》	1.42秒《びょう》	1.41秒《びょう》	1.42秒《びょう》

【実験《じっけん》B】鉄球《てっきゅう》の重《おも》さを変《か》える実験《じっけん》（振《ふ》り子《こ》の長《なが》さ50cm、ふれはば10°）

鉄球《てっきゅう》の重《おも》さ	25g	50g	75g	100g	125g
1周期《しゅうき》	1.43秒《びょう》	1.42秒《びょう》	1.41秒《びょう》	1.42秒《びょう》	1.42秒《びょう》

【実験《じっけん》C】振《ふ》り子《こ》の長《なが》さを変《か》える実験《じっけん》（鉄球《てっきゅう》の重《おも》さ50g、ふれはば10°）

振《ふ》り子《こ》の長《なが》さ	25cm	50cm	75cm	100cm	200cm
1周期《しゅうき》	1.01秒《びょう》	1.42秒《びょう》	1.74秒《びょう》	2.02秒《びょう》	2.84秒《びょう》

問1　振《ふ》り子《こ》の長《なが》さとしてふさわしいものを図《ず》のア～ウから選《えら》び、記号《きごう》で答《こた》えなさい。

問2　実験《じっけん》Cで、振《ふ》り子《こ》の長《なが》さが10cmのとき10周期《しゅうき》が6.35秒《びょう》ならば、160cmのときの1周期《しゅうき》は何秒《なんびょう》ですか。

問2の考《かんが》え方《かた》　振《ふ》り子《こ》の長《なが》さは160cm÷10cm＝16倍《ばい》＝4×4倍《ばい》。よって周期《しゅうき》は4倍《ばい》。1周期《しゅうき》＝6.35秒《びょう》÷10周期《しゅうき》×4倍《ばい》＝2.54秒《びょう》となる。

［**解答《かいとう》**　問1：イ　問2：2.54秒《びょう》］

物理

3

リニアモーターカーがうき上《あ》がるのはなぜ？

難易度《なんいど》 ★★★

教授《きょうじゅ》～！ 新幹線《しんかんせん》より速《はや》くてうき上《あ》がる乗《の》り物《もの》、な～んだ！
?
飛行機《ひこうき》！
リニアモーターカーです！
ブッ
ブー
乗《の》ってみたいな！
うき上《あ》がるってどんな感《かん》じなのかなぁ。
わく わく
どうしてうき上《あ》がるか、知《し》っているかい？

車体側《しゃたいがわ》の磁石《じしゃく》とガイドウェーの側面《そくめん》の壁《かべ》にあるコイルの力《ちから》を利用《りよう》して、重《おも》い車体《しゃたい》をうき上《あ》がらせるしくみなんだ。
へぇ～

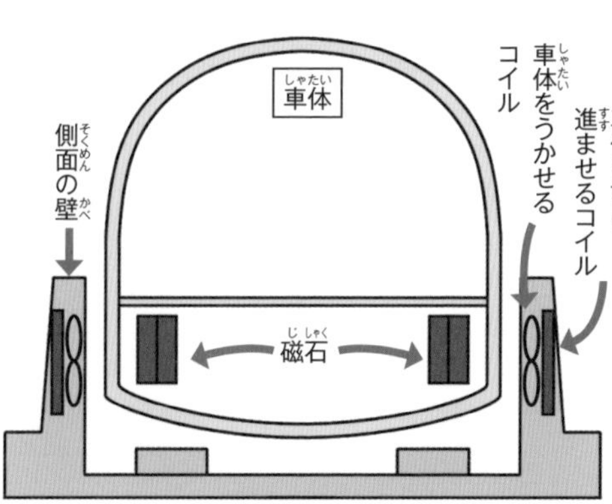
車体《しゃたい》
側面《そくめん》の壁《かべ》
車体《しゃたい》をうかせるコイル
車体《しゃたい》を前《まえ》に進《すす》ませるコイル
磁石《じしゃく》
ガイドウェー

ボケ問《もん》！

この８の字《じ》型《がた》コイルで、リニアモーターカーを
うき上《あ》がらせているんだよ。

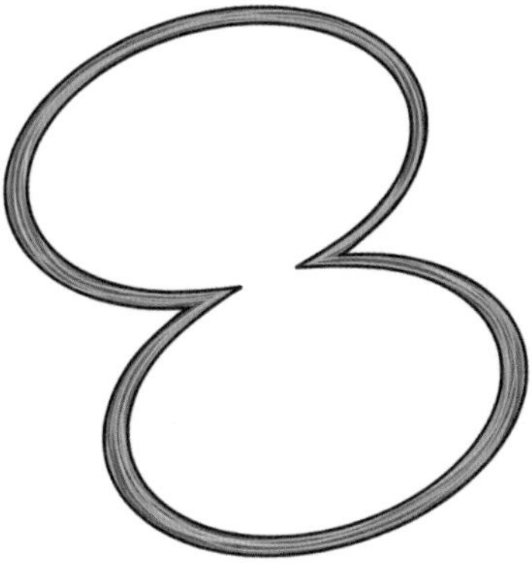

理《り》科《か》の知《ち》識《しき》を使《つか》って、このボケにツッコメ！

ツッコミ例《れい》

コイルをひねらないと意味《いみ》がないよ！

解説《かいせつ》「電磁石《でんじしゃく》とリニアモーターカー」

①右手《みぎて》の法則《ほうそく》

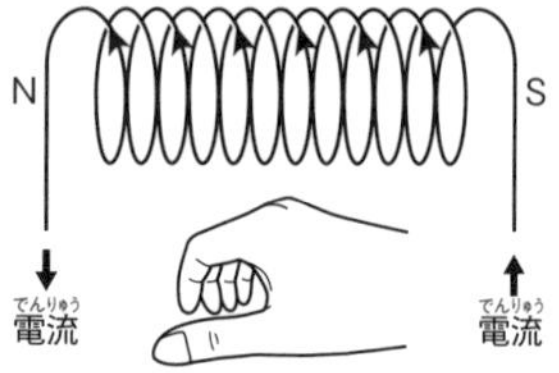

コイル（導線《どうせん》を何回《なんかい》も巻《ま》いたもの）に電流《でんりゅう》を流《なが》し、N極《きょく》・S極《きょく》が発生《はっせい》したものを電磁石《でんじしゃく》といいます。N極《きょく》・S極《きょく》は、コイルに流《なが》れる電流《でんりゅう》の向《む》きによって決《き》まり、右手《みぎて》の4本指《ほんゆび》を電流《でんりゅう》の向《む》きと考《かんが》えた場合《ばあい》、親指《おやゆび》の指《さ》す方向《ほうこう》が電磁石《でんじしゃく》のN極《きょく》になります（①）。

リニアモーターカーが移動《いどう》するとき、側面《そくめん》の壁《かべ》にあるコイルに電流《でんりゅう》が流《なが》れて電磁石《でんじしゃく》となります（②）。コイルを8の字《じ》にひねることで、上側《うえがわ》のコイルには車《しゃ》体《たい》を引《ひ》き寄《よ》せる力《ちから》、下側《したがわ》のコイルには車《しゃ》体《たい》をおし上《あ》げる力《ちから》が生《う》まれ、車体《しゃたい》が浮《ふ》上《じょう》します。②では車体側《しゃたいがわ》がN極《きょく》、側面《そくめん》の壁《かべ》のコイル上側《うえがわ》がS極《きょく》になって引《ひ》き寄《よ》せ、下側《したがわ》がN極《きょく》になって反発《はんぱつ》し、おし上《あ》げています。**ボケ問《もん》のコイルは、ひねっていないので、一《ひと》つの電磁石《でんじしゃく》となり、反発《はんぱつ》するだけ、または引《ひ》き寄《よ》せるだけになってしまい浮上《ふじょう》できません。**

②リニアモーターカーの浮力《ふりょく》

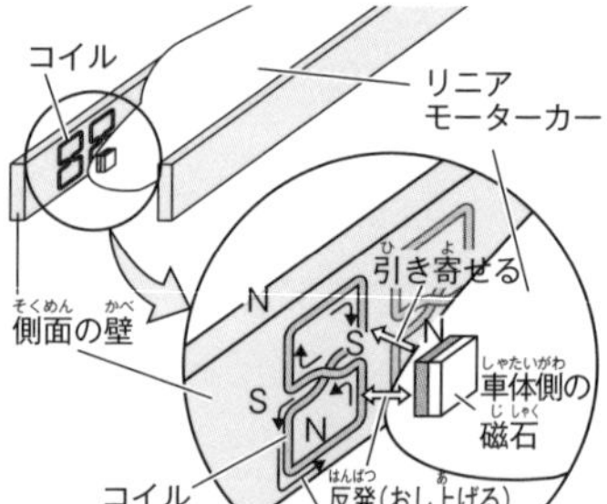

大切ポイント

☆右手《みぎて》の法則《ほうそく》　右手《みぎて》の4本指《ほんゆび》が電流《でんりゅう》の向《む》き、親指《おやゆび》の指《さ》す方向《ほうこう》が電磁石《でんじしゃく》のN極《きょく》になる。

☆リニアモーターカーは、8の字型《じがた》コイルの上側《うえがわ》と下側《したがわ》の磁極《じきょく》を変《か》えてうき上《あ》がる。 差がつく！

過去問

入試問題《にゅうしもんだい》に挑戦《ちょうせん》!

聖光学院中

リニア新幹線《しんかんせん》を走《はし》る車両《しゃりょう》(リニアモーターカー)は、電磁石《でんじしゃく》の性質《せいしつ》を応用《おうよう》して進《すす》む力《ちから》と地面《じめん》から浮上《ふじょう》する力《ちから》を得《え》ています。図《ず》1は、その車体《しゃたい》を正面《しょうめん》から見《み》たときの断面図《だんめんず》を模式的《もしきてき》に表《あらわ》したものです。

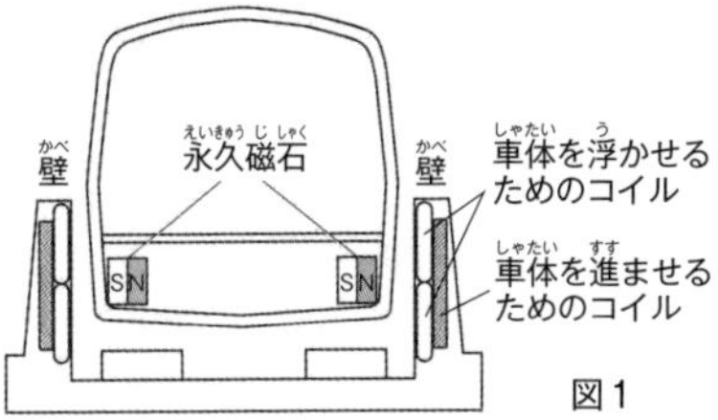

図1

車体《しゃたい》の両側《りょうがわ》には壁《かべ》があり、その壁《かべ》の中《なか》には車体《しゃたい》を進《すす》ませるためのコイルと、浮《う》かせるためのコイルが取《と》りつけられています。

問 次《つぎ》の文章《ぶんしょう》は、車体《しゃたい》を浮上《ふじょう》させる原理《げんり》を説明《せつめい》したものです。(あ)〜(え)にあてはまる言葉《ことば》を、それぞれ1つ選《えら》びなさい。また、(お)にあてはまる言葉《ことば》を書《か》きなさい。

図《ず》2は、車体《しゃたい》を浮《う》かせるためのコイルの近《ちか》くを、車体《しゃたい》に取《と》りつけられた永久磁石《えいきゅうじしゃく》のN極《きょく》が通過《つうか》しようとしているようすを模式的《もしきてき》に表《あらわ》したものです。車体《しゃたい》を浮《う》かせるためのコイルには、図《ず》2のような8の字型《じがた》のコイルが用《もち》いられています。

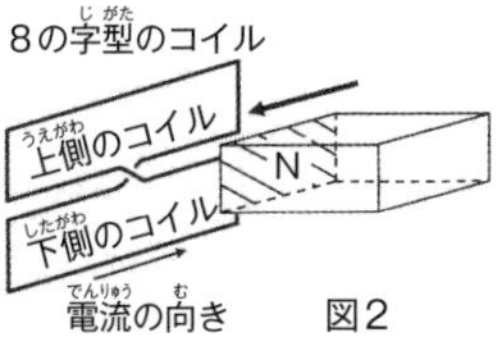

図2

8の字型《じがた》のコイルは、1本《ぽん》の導線《どうせん》をひねったもので上側《うえがわ》も下側《したがわ》もそれぞれがコイルになります。図《ず》2のように、車体《しゃたい》の永久磁石《えいきゅうじしゃく》のN極《きょく》が8の字型《じがた》のコイルの下側《したがわ》に近《ちか》づいてくるとき、8の字型《じがた》のコイルには、電流《でんりゅう》が流《なが》れてコイルは電磁石《でんじしゃく》となります。すると、この電磁石《でんじしゃく》の永久磁石《えいきゅうじしゃく》に近《ちか》い面《めん》は(あ)(N・S)極《きょく》となるので、8の字型《じがた》のコイルの下側《したがわ》と永久磁石《えいきゅうじしゃく》は(い)(反発《はんぱつ》し・引《ひ》き合《あ》い)ます。また、8の字型《じがた》の上側《うえがわ》のコイルにも電流《でんりゅう》が流《なが》れて電磁石《でんじしゃく》となります。この電磁石《でんじしゃく》の永久磁石《えいきゅうじしゃく》に近《ちか》い面《めん》は(う)(N・S)極《きょく》になるので、8の字型《じがた》のコイルの上側《うえがわ》と永久磁石《えいきゅうじしゃく》は(え)(反発《はんぱつ》し・引《ひ》き合《あ》い)ます。これによって、車体《しゃたい》を浮上《ふじょう》させることができ、地面《じめん》からの(　お　)の影響《えいきょう》を受《う》けることなく効率《こうりつ》よく車体《しゃたい》を加速《かそく》させることができるのです。

[**解答《かいとう》** (あ):N　(い):反発《はんぱつ》し　(う):S　(え):引《ひ》き合《あ》い　(お):まさつ]

物理

4 見《み》っけ！カバー付《つ》き LED《エルイーディー》信号機《しんごうき》

難易度《なんいど》★★

さむ〜〜
教授《きょうじゅ》、信号機《しんごうき》にとう明《めい》のカバーがついてます！
雪《ゆき》が積《つ》もってる〜。
LED信号機《しんごうき》だね。どうしてカバーがついているかわかるかい？
う〜ん
う〜〜〜ん、LEDが寒《さむ》くないようにですか？
いやいや、LEDは寒《さむ》さを感《かん》じないよ。
う〜んじゃあ、懐中電灯《かいちゅうでんとう》の上《うえ》にペットボトルを置《お》くと光《ひかり》が広《ひろ》がるみたいな？
あっ！

ボケ問《もん》！

とう明《めい》のカバーがレンズの役《やく》わりをして、
LED の光《ひかり》が広《ひろ》がるようになっているんだ！

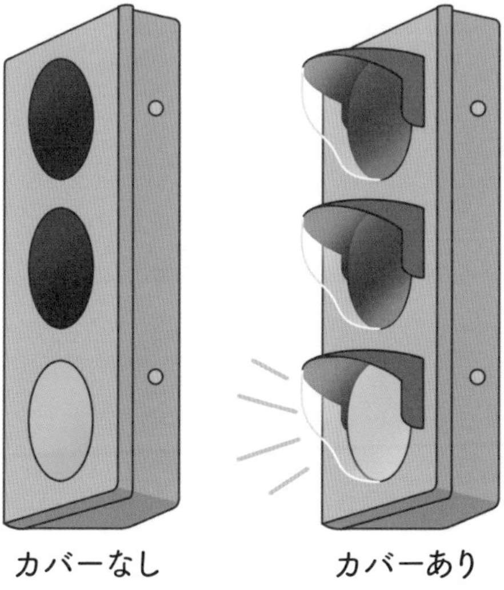

理科《りか》の知識《ちしき》を使《つか》って、このボケにツッコメ！

ツッコミ例《れい》

カバーは積雪対策用《せきせつたいさくよう》だよ！

解説《かいせつ》

「LEDのメリットが、雪国《ゆきぐに》ではデメリットになる」

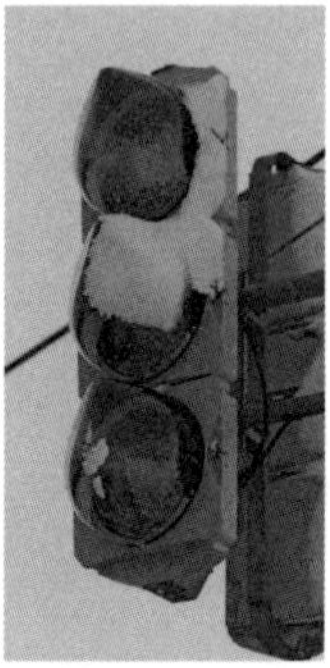

雪《ゆき》が積《つ》もったLED《エルイーディー》信号機《しんごうき》

LED電球《でんきゅう》には、消費電力《しょうひでんりょく》が少《すく》なく、寿命《じゅみょう》が長《なが》いという特長《とくちょう》があります。その一方《いっぽう》で、発熱量《はつねつりょう》が低《ひく》いため、雪国《ゆきぐに》ではLED信号機《しんごうき》に積《つ》もった雪《ゆき》がとけずに、信号《しんごう》が見《み》えにくくなるという問題《もんだい》が発生《はっせい》しました。そこで、**信号機《しんごうき》にカプセル型《がた》のフードやヒーターなどをつけて、積雪問題《せきせつもんだい》を解決《かいけつ》する試《こころ》みが行《おこな》われています。**

LED電球《でんきゅう》は、白熱電球《はくねつでんきゅう》と比較《ひかく》すると発熱量《はつねつりょう》が低《ひく》く、消費電力《しょうひでんりょく》も20～25%程度《ていど》です。これは、白熱電球《はくねつでんきゅう》が電気《でんき》でフィラメントの温度《おんど》を上《あ》げて、そこから出《で》る光《ひかり》を利用《りよう》するのに対《たい》して、LED電球《でんきゅう》は電気《でんき》を直接《ちょくせつ》光《ひかり》に変《か》えるためです。また、白熱電球《はくねつでんきゅう》は寿命《じゅみょう》が1,000～2,000時間程度《じかんていど》であるのに対《たい》して、LED電球《でんきゅう》は40,000～50,000時《じ》間程度《かんていど》です。これは、1日《にち》10時間使用《じかんしよう》したとしても約《やく》10年間《ねんかん》使《つか》えるほどの長《なが》さです。

大切ポイント

- ☆**LED電球《でんきゅう》** 消費電力《しょうひでんりょく》と発熱量《はつねつりょう》が低《ひく》く、寿命《じゅみょう》が長《なが》い。
- ☆**LED信号機《しんごうき》** 発熱量《はつねつりょう》が低《ひく》いため、雪国《ゆきぐに》では工夫《くふう》が必要《ひつよう》。

過去問　入試問題《にゅうしもんだい》に挑戦《ちょうせん》!

雙葉中

問1　次《つぎ》の文中《ぶんちゅう》の(　　)にあてはまることばを選《えら》び記号《きごう》で答《こた》えなさい。

同《おな》じ電気《でんき》の量《りょう》を消費《しょうひ》するのに、電流《でんりゅう》の大《おお》きさが(ア　小《ちい》さい　イ　大《おお》きい)ほどより早《はや》く消費《しょうひ》する。豆電球《まめでんきゅう》とLEDではLEDの方《ほう》が(ア　小《ちい》さな　イ　大《おお》きな)電流《でんりゅう》で明《あ》かりがつくので、同《おな》じ電気《でんき》の量《りょう》であれば、(ア　豆電球《まめでんきゅう》　イ　LED)の方《ほう》が長《なが》くつく。また、同《おな》じ時間使《じかんし》用《よう》したときには(ア　豆電球《まめでんきゅう》　イ　LED)の方《ほう》が使《つか》う電気《でんき》が少《すく》なくてすむ。

問2　雪国《ゆきぐに》では、信号《しんごう》の電球《でんきゅう》をLEDに変《か》えることによって、ある不都《ふつ》合《ごう》が起《お》こることがあります。どのような不都合《ふつごう》が考《かんが》えられますか。

解答《かいとう》　問1:イ、ア、イ、イ
問2:(例《れい》)発熱《はつねつ》しにくいので、信号《しんごう》の表面《ひょうめん》についた雪《ゆき》がとけずに信号《しんごう》が見《み》えにくくなってしまう。

私《わたし》もメガネにカバーを付《つ》けてみたぞ!!
これでレンズに雪《ゆき》が付《つ》かずに歩《ある》け……。
えいっ
パシュ
ククク…
ヒドイ……それは、かなわん……。
しゅん…
顔《かお》に当《あ》てるつもりはなかったんです〜!

物理

5 コンデンサーに電気《でんき》をためろ！

難易度《なんいど》 ★★★

ぽかぽか
助手《じょしゅ》クン、
すまんが実験用《じっけんよう》に
これをくるくる回《まわ》しといて。
手回《てまわ》し発電機《はつでんき》で、
コンデンサーに電気《でんき》を
ためるんですね。
コンデンサー
手回《てまわ》し
発電機《はつでんき》
くる
くる

教授《きょうじゅ》、ねむくなってきました……。
もう、やめてもいいですか……。
よしよし、ごくろうさん。
手《て》をはなしていいぞ。
うと
うと

ボケ問《もん》！

手回《てまわ》し発電機《はつでんき》から手《て》をはなしたら、
ハンドルが逆回転《ぎゃくかいてん》し始《はじ》めたよ！

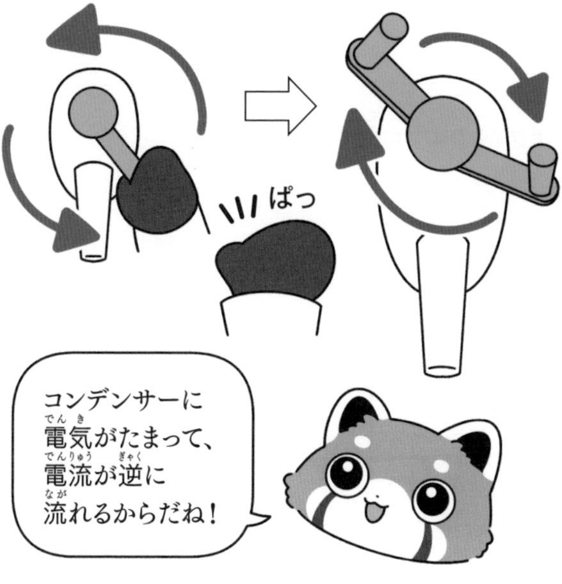
ぱっ
コンデンサーに
電気《でんき》がたまって、
電流《でんりゅう》が逆《ぎゃく》に
流《なが》れるからだね！

理科《りか》の知識《ちしき》を使《つか》って、このボケにツッコメ！

ツッコミ例《れい》

手《て》をはなしたら同《おな》じ方向《ほうこう》に回転《かいてん》するよ！

解説《かいせつ》「手《て》回《まわ》し発電機《はつでんき》とコンデンサー」

手《て》回《まわ》し発電機《はつでんき》のハンドルを回《まわ》してコンデンサーに電気《でんき》をためた後《あと》、ハンドルから手《て》をはなすと、**ハンドルは同《おな》じ方向《ほうこう》に回転《かいてん》を続《つづ》けます。ボケ問《もん》のように逆回転《ぎゃくかいてん》はしません。**

〈ハンドルを左《ひだり》に回《まわ》したとき〉

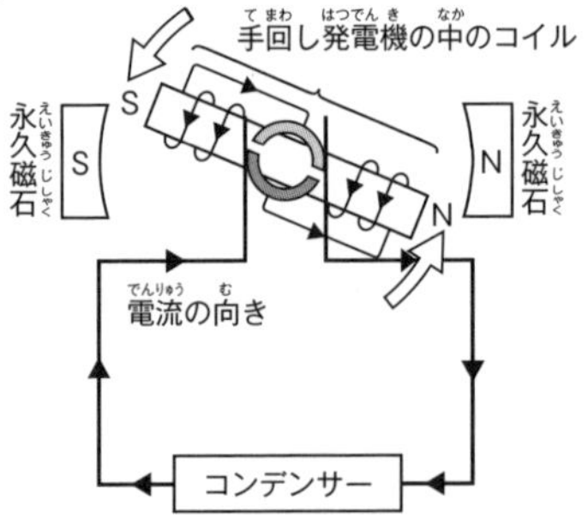

①ハンドルを左《ひだり》に回《まわ》すと、中《なか》のコイルが左《ひだり》に回《かい》転《てん》する。
②コイルが永久磁石《えいきゅうじしゃく》に近《ちか》づく→コイルの左側《ひだりがわ》がS極《きょく》になる（永久磁石《えいきゅうじしゃく》に反発《はんぱつ》するようにコイルに磁極《じきょく》ができるため）。
③電流《でんりゅう》が図《ず》の矢印《やじるし》の向《む》きに流《なが》れ（右手《みぎて》の法則《ほうそく》→p92）、コンデンサーに電気《でんき》がたまる。

〈ハンドルから手《て》をはなしたとき〉

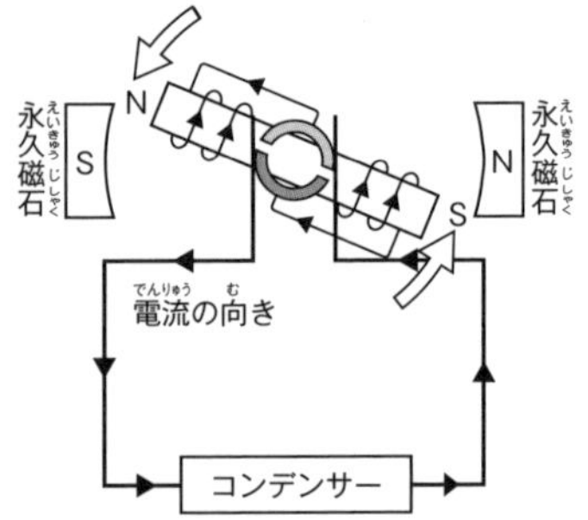

④ハンドルから手《て》をはなすと、コンデンサーにたまった電流《でんりゅう》が③と逆向《ぎゃくむ》きに流《なが》れる。
⑤コイルの左側《ひだりがわ》がN極《きょく》になる（右手《みぎて》の法則《ほうそく》）。
⑥左側《ひだりがわ》のS極《きょく》の永久磁石《えいきゅうじしゃく》に引《ひ》き寄《よ》せられ、コイルが左《ひだり》に回転《かいてん》する。
つまり、ハンドルをはなしても同《おな》じ方向《ほうこう》に回《かい》転《てん》する。

大切ポイント

☆手《て》回《まわ》し発電機《はつでんき》をコンデンサーにつなぎ、回転後《かいてんご》に手《て》をはなすと、ハンドルはそのまま同《おな》じ方向《ほうこう》に回転《かいてん》する。差がつく！

☆コイルが永久磁石《えいきゅうじしゃく》に近《ちか》づくと磁極《じきょく》が発生《はっせい》し、コイルに電流《でんりゅう》が流《なが》れる。差がつく！

過去問　入試問題《にゅうしもんだい》に挑戦《ちょうせん》！

雙葉中

電池《でんち》にはプラス極《きょく》から出《で》て、マイナス極《きょく》にもどってくる向《む》きに電流《でんりゅう》を流《なが》そうとするはたらきがあります。電池《でんち》と豆電球《まめでんきゅう》、発光《はっこう》ダイオード(LED) などを使《つか》って、実験《じっけん》を行《おこな》いました。LED には図《ず》1のように2本《ほん》のちがう長《なが》さの端子《たんし》があります。

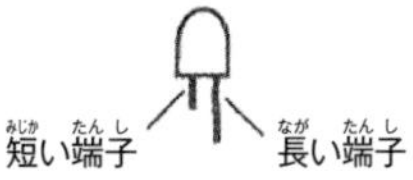

図1

【実験《じっけん》】　図《ず》2のように手回《てまわ》し発電機《はつでんき》とコンデンサーをつなぎ、手回《てまわ》し発電機《はつでんき》のハンドルを時計回《とけいまわ》りに回転《かいてん》させてコンデンサーを充電《じゅうでん》し、その後《あと》、手回《てまわ》し発電機《はつでんき》を外《はず》して、コンデンサーとLED をつないだところ、A は点灯《てんとう》し、B は点灯《てんとう》しなかった。ただし、コンデンサーの2つの端子《たんし》は区別《くべつ》するために、それぞれ‖と▌で表《あらわ》している。

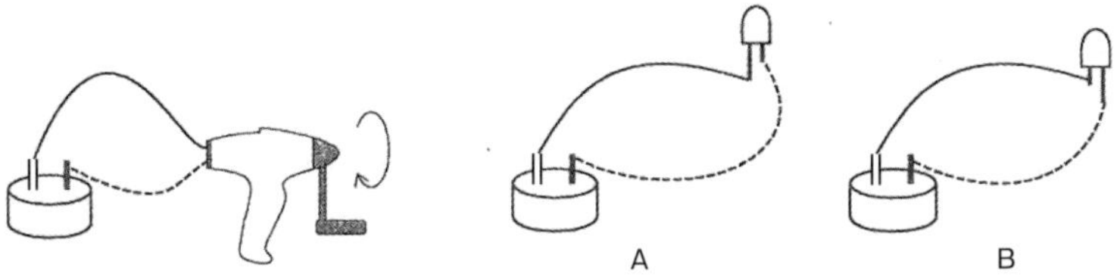

図2

問　手回《てまわ》し発電機《はつでんき》でコンデンサーを充電《じゅうでん》したあと回転《かいてん》させるのをやめ、コンデンサーにつないだままにすると、手回《てまわ》し発電機《はつでんき》はどうなりますか。次《つぎ》の文章《ぶんしょう》の(ア) はⓐ、ⓘのどちらかを、(イ) ～(エ) は番号《ばんごう》を選《えら》んで答《こた》えなさい。

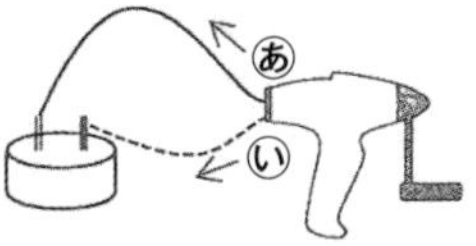

図3

手回《てまわ》し発電機《はつでんき》を時計回《とけいまわ》りに回転《かいてん》すると手回《てまわ》し発電機《はつでんき》が電池《でんち》の役割《やくわり》をして、図《ず》の(　ア　) の向《む》きに電流《でんりゅう》が流《なが》れ、コンデンサーが充電《じゅうでん》される。手回《てまわ》し発《はっ》電機《でんき》の回転《かいてん》をやめると(イ:①手回《てまわ》し発電機《はつでんき》　②コンデンサー) が電池《でんち》の役割《やくわり》をして、(ウ：①ⓐの向《む》きに電流《でんりゅう》が流《なが》れる　②ⓘの向《む》きに電流《でんりゅう》が流《なが》れる　③電流《でんりゅう》は流《なが》れない)。このとき、手回《てまわ》し発電機《はつでんき》は(エ：①ハンドルが時計回《とけいまわ》りに回転《かいてん》する　②ハンドルが反時計回《はんとけいまわ》りに回転《かいてん》する　③ハンドルが回転《かいてん》しないままとなる)。

［解答《かいとう》　ア:ⓐ　イ:2　ウ:2　エ:1］

物理

6

シーソーで遊《あそ》ぼう！

難易度《なんいど》 ★

ギッタン
バッコンッ
キャキャ
そのシーソーがぴったりつり合《あ》ったら、アイスクリームをごちそうしてやるぞ！
やったぁ！カンタンカンタン！
アイスクリーム!?

ボケ問《もん》！

シーソーは、真《ま》ん中《なか》から同《おな》じだけはなれた
ところに座《すわ》れば、つり合《あ》うよ！

理科《りか》の知識《ちしき》を使《つか》って、このボケにツッコメ！

ツッコミ例《れい》

体重《たいじゅう》がちがうんだから、
つり合《あ》うわけないよ！

解説《かいせつ》

「シーソーのつり合《あ》いは、
てこのつり合《あ》いと同《おな》じ」

シーソーのつり合《あ》いは、てこのつり合《あ》いで考《かんが》えることができます。支点《してん》を中心《ちゅうしん》にてこをかたむけるはたらきをモーメントといい、その大《おお》きさは「力《ちから》の大《おお》きさ × 支点《してん》からのきょり」で表《あらわ》します。左右《さゆう》のモーメントの大《おお》きさが同《おな》じときに、シーソーはつり合《あ》います。たとえば下《した》のシーソーでは、Aさんは支点《してん》から５目《め》もり、Bさんは支《し》点《てん》から２目《め》もりのところでつり合《あ》っています。Aさんの体重《たいじゅう》× ５目《め》もり＝Bさんの体重《たいじゅう》 × ２目《め》もりと考《かんが》えると、Aさんの体重《たいじゅう》とBさんの体重《たいじゅう》の比《ひ》は２：５となります。

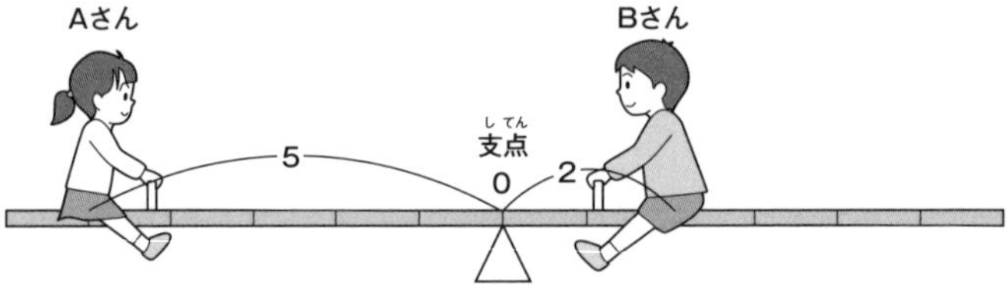

ボケ問《もん》では、レッパンが 8kg、レミーが 20kg で体重《たいじゅう》の比《ひ》が、上《うえ》のＡさんＢさんと同様《どうよう》に２：５になります。つまり、**レッパンは支点《してん》から５目《め》もり、レミーは支点《してん》から２目《め》もりのところに座《すわ》ればシーソーがつり合《あ》う**ということですね。

大切ポイント

差がつく！

☆モーメント＝力《ちから》の大《おお》きさ × 支点《してん》からのきょり

☆シーソーのつり合《あ》いは、左右《さゆう》のモーメントの大《おお》きさで考《かんが》える。

過去問　入試問題《にゅうしもんだい》に挑戦《ちょうせん》！

慶應義塾湘南藤沢中等部

図《ず》のように等間隔《とうかんかく》に線《せん》が並《なら》んだシーソーの運動《うんどう》について考《かんが》えることにします。同《おな》じ体重《たいじゅう》の子《こ》どもが中心《ちゅうしん》Oから互《たが》いに反対方向《はんたいほうこう》に同《おな》じ距離《きょり》の位置《いち》にまたがって座《すわ》ると、シーソーは水平《すいへい》につりあいます。子《こ》どもの体《たい》重《じゅう》が違《ちが》う場合《ばあい》、座《すわ》る位置《いち》を変《か》えると同《おな》じように水平《すいへい》につりあわせることができます。

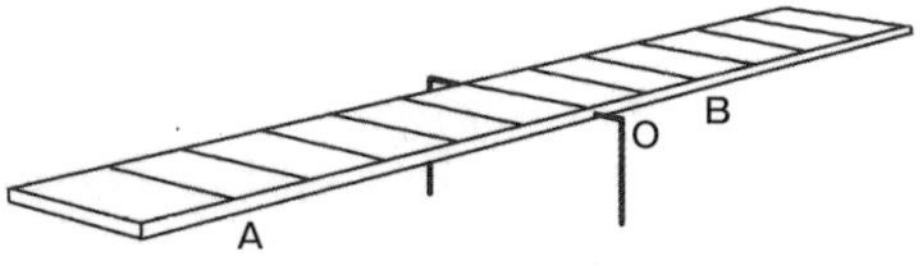
B
O
A

問1　慶子《けいこ》さんが図《ず》のAの線上《せんじょう》に座《すわ》り、慶太郎君《けいたろうくん》がBの線上《せんじょう》に座《すわ》るとシーソーは水平《すいへい》につり合《あ》いました。慶太郎君《けいたろうくん》の体重《たいじゅう》は慶子《けいこ》さんの体重《たいじゅう》の何倍《なんばい》ですか。

問2　慶太郎君《けいたろうくん》がおりて、慶子《けいこ》さんの1.5倍《ばい》の体重《たいじゅう》の慶次郎君《けいじろうくん》がBの線上《せんじょう》に座《すわ》りました。シーソーをつり合《あ》わせるには慶子《けいこ》さんはどこの線上《せんじょう》に座《すわ》ればよいですか。シーソーの中心《ちゅうしん》Oから A までの距離《きょり》の何倍《なんばい》かで答《こた》えなさい。ただし、このシーソーでつり合《あ》わせることができない場合《ばあい》には、解答《かいとう》らんに「×」を記入《きにゅう》しなさい。

［**解答《かいとう》**　問1：2.5倍《ばい》　問2：0.6倍《ばい》］

問2の考《かんが》え方《かた》　慶子《けいこ》さんが座《すわ》るところをCとする。慶子《けいこ》さんと慶次郎君《けいじろうくん》の体重比《たいじゅうひ》は、慶子《けいこ》さん：慶《けい》次郎君《じろうくん》＝1：1.5＝2：3になる。2×CO＝3×BOのときシーソーがつり合《あ》うので、中心《ちゅうしん》Oから C と、中心《ちゅうしん》OからBまでのきょりの比《ひ》は、CO：BO＝3：2となる。よって、CO、BO、AOはそれぞれ3、2、5となり、COはAOの3÷5＝0.6倍《ばい》になる。

教授《きょうじゅ》ありがとう！
アイス２個《こ》食《ぐ》いサイコー！
１人《ひとり》１個《こ》でしょー！数《かず》がつり合《あ》ってない！
ずるーい!
知《し》ら〜ん

物理
7

体重測定《たいじゅうそくてい》の結果《けっか》は？

難易度《なんいど》 ★★★

あっ!!
14kg増《ふ》えてる！
昨日《きのう》の焼肉《やきにく》食《た》べ放題《ほうだい》、おいしかったな～。
はい。つい、食《た》べ過《す》ぎちゃいました。
大満足《だいまんぞく》！
助手《じょしゅ》クン～、それはさすがに食《た》べ過《す》ぎだ！次《つぎ》は私《わたし》の番《ばん》。
ガーン
ハッ!!
ドーン
ボヤ～～～!!
ん？ 目《め》もりがよく見《み》えないぞ。
私《わたし》はこれから体重計《たいじゅうけい》の上《うえ》でしゃがむぞ！しゃがみ始《はじ》めた瞬間《しゅんかん》に体重計《たいじゅうけい》の目《め》もりがどうなるかを答《こた》えるんだ!!
助手クン!!
?

ボケ問《もん》！

体重計《たいじゅうけい》の目《め》もりは、
今《いま》より重《おも》い値《あたい》を示《しめ》すんじゃない？

しゃがみ始《はじ》めを
見《み》るんだぞ！
ハーイ！
せ〜の

理科《りか》の知識《ちしき》を使《つか》って、このボケにツッコメ！

ツッコミ例《れい》

逆《ぎゃく》！ しゃがみ始《はじ》めた瞬間《しゅんかん》は、軽《かる》くなるんだよ！

解説《かいせつ》「重力《じゅうりょく》と抗力《こうりょく》のしくみ」

体重計《たいじゅうけい》の上《うえ》で人《ひと》が静止《せいし》しているとき、重力《じゅうりょく》と抗力《こうりょく》という2つの力《ちから》がつり合《あ》っています。重力《じゅうりょく》とは、地球《ちきゅう》がその中心《ちゅうしん》に向《む》かって物体《ぶったい》を引《ひ》く力《ちから》で、抗力《こうりょく》とは体重計《たいじゅうけい》が人《ひと》をおし返《かえ》す力《ちから》のことです。人《ひと》が体重計《たいじゅうけい》の上《うえ》で静止《せいし》しているとき、重力《じゅうりょく》と抗力《こうりょく》が等《ひと》しくなり、体重計《たいじゅうけい》はその人《ひと》の体重《たいじゅう》を示《しめ》します。(①)。

①

静止状態《せいしじょうたい》
重力《じゅうりょく》＝抗力《こうりょく》

しゃがみ始《はじ》めるとき、人《ひと》の重心《じゅうしん》は下《した》に向《む》かって加速《かそく》します。このとき、重力《じゅうりょく》を抗力《こうりょく》より大《おお》きくして下向《したむ》きに力《ちから》をはたらかせる必要《ひつよう》がありますが、人《ひと》に加《くわ》わる重力《じゅうりょく》は常《つね》に変《か》わらないので、抗力《こうりょく》を小《ち》さくする必要《ひつよう》があります(②)。つまり、**しゃがみ始《はじ》めは、抗力《こうりょく》を小《ち》さくする動《うご》きをしているので、体重計《たいじゅうけい》は実際《じっさい》の体重《たいじゅう》よりも小《ち》さい値《あたい》を示《しめ》す瞬間《しゅんかん》がある**ということです。逆《ぎゃく》に、しゃがむ動作《どうさ》が終《お》わるころには、減速《げんそく》する必要《ひつよう》があるので抗力《こうりょく》は大《おお》きくなり、体重計《たいじゅうけい》は実際《じっさい》の体重《たいじゅう》よりも大《おお》きい値《あたい》を示《しめ》す瞬間《しゅんかん》があります。その後静止《あとせいし》すると、再《ふたた》びその人《ひと》の体重《たいじゅう》を示《しめ》します。

②

しゃがみ始《はじ》め
重力《じゅうりょく》>抗力《こうりょく》

大切ポイント

☆立《た》っている人《ひと》がすばやくしゃがむ瞬間《しゅんかん》、体重計《たいじゅうけい》の値《あたい》は実際《じっさい》の体重《たいじゅう》より小《ち》さくなる。 差がつく！

過去問 入試問題《にゅうしもんだい》に挑戦《ちょうせん》！

渋谷教育学園渋谷中

S先生《せんせい》：ここに体重計《たいじゅうけい》があります。M君《くん》、この上《うえ》にのってください。

M君《くん》：45kgです。

S先生《せんせい》：M君《くん》が体重計《たいじゅうけい》の上《うえ》で素早《すばや》くしゃがむ動作《どうさ》をした瞬間《しゅんかん》（図《ず》1-1から図《ず》1-2）、体重計《たいじゅうけい》の目盛《めも》りはどうなると思《おも》いますか？　ヒントを与《あた》えておきましょう。図《ず》2を参考《さんこう》にして、体重計《たいじゅうけい》が何《なに》をはかっているのかを考《かんが》えることです。

M君《くん》：しゃがむんですよね？

S先生《せんせい》：では、確《たし》かめてみてください。

M君《くん》：あっ！…

図1-1

図1-2

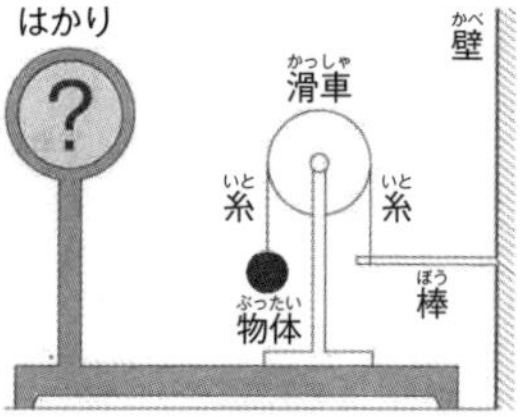

滑車《かっしゃ》に糸《いと》で物体《ぶったい》をぶら下《さ》げ、反対側《はんたいがわ》の糸《いと》は壁《かべ》に固定《こてい》した棒《ぼう》にくくりつけているとします。

図2

問　下線部《かせんぶ》について、ア〜ウから一《ひと》つ選《えら》びなさい。

ア　45kgより小《ちい》さな値《あたい》を示《しめ》す　　イ　45kgのまま

ウ　45kgより大《おお》きな値《あたい》を示《しめ》す

［解答《かいとう》　ア］

物理

8 クリップモーターを作《つく》ろう！

難易度《なんいど》 ★★★

クリップモーターを
制作中《せいさくちゅう》
エナメルくるくる巻《ま》いて〜、
おひげを１本《ぼん》ずつのばしたら〜、
ピー
ーン
先《さき》っちょのエナメルをはがして〜、
エナメルは
電気《でんき》を通《とお》さないからね〜。
台《だい》に設置《せっち》して〜〜〜〜完成《かんせい》！
クリップモーター
エナメルをくるくる巻《ま》いて〜、
おひげを１本《ぼん》ずつのばしたら〜。
ぼくも！

物理

ボケ問《もん》！

クリップにふれる部分《ぶぶん》のエナメルを
全部《ぜんぶ》はがしたから、ずっと回《まわ》り続《つづ》けるぞ！

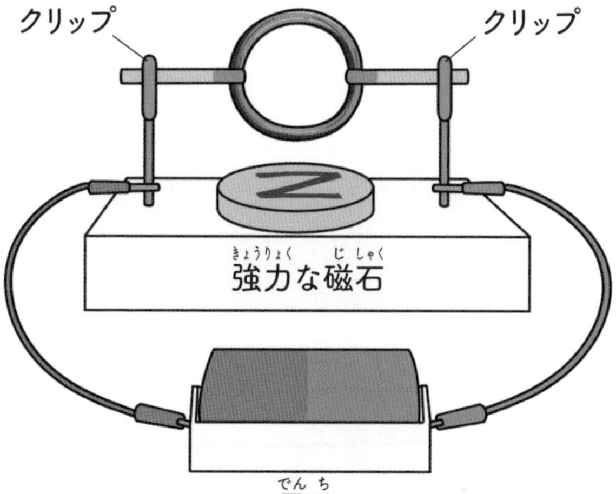

理科《りか》の知識《ちしき》を使《つか》って、このボケにツッコメ！

ツッコミ例《れい》

エナメルを全部《ぜんぶ》はがしたら、途中《とちゅう》で止《と》まっちゃうよ！

解説《かいせつ》

「クリップモーターのエナメルは、片側《かたがわ》を半分《はんぶん》だけはがす」

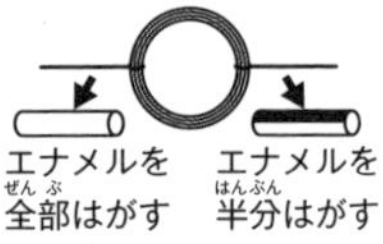

電磁石《でんじしゃく》の性質《せいしつ》を利用《りよう》して、コイル、クリップ、磁石《じしゃく》で作《つく》ったモーターをクリップモーターといいます。右《みぎ》の図《ず》のように**クリップに接《せっ》するエナメル線《せん》の片側《かたがわ》を半分《はんぶん》だけはがすことにより、回転《かいてん》が続《つづ》くように工夫《くふう》されています。**

〈回転《かいてん》するしくみ〉

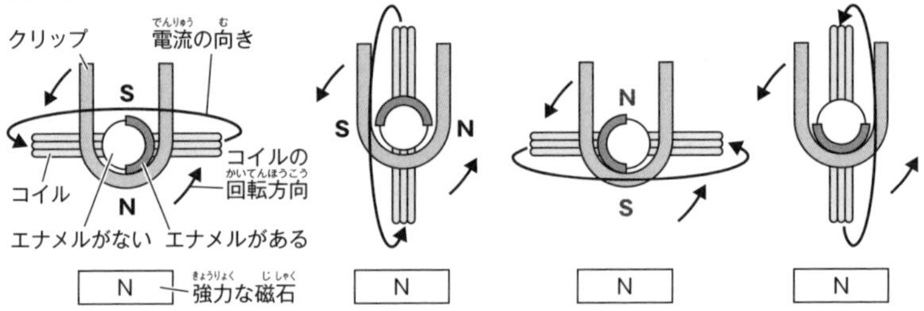

①エナメルをはがした部分《ぶぶん》とクリップがふれて電流《でんりゅう》が流《なが》れる。コイルの上側《うえがわ》がS極《きょく》、下側《したがわ》がN極《きょく》になり、磁石《じしゃく》のN極《きょく》と反発《はんぱつ》する。

②コイルのS極《きょく》が磁石《じしゃく》のN極《きょく》に引《ひ》き寄《よ》せられ、同《おな》じ方向《ほうこう》に回転《かいてん》を続《つづ》ける。

③②のままだとS極《きょく》が下《した》になったときに磁石《じしゃく》のN極《きょく》に引《ひ》き寄《よ》せられて止《と》まってしまう。しかし、エナメルが半分残《はんぶんのこ》っているので電流《でんりゅう》が流《なが》れず、コイルの極《きょく》がなくなる。よって、コイルは止《と》まらずそのままの勢《いきお》いで回転《かいてん》を続《つづ》け、①にもどる。これらをくり返《かえ》し、クリップモーターが回転《かいてん》し続《つづ》ける。

大切ポイント

☆**クリップモーターは、クリップに接《せっ》するエナメル線《せん》の片側《かたがわ》を半分《はんぶん》だけはがす。** 差がつく！

☆**半分《はんぶん》だけはがすのは、コイルの極《きょく》が磁石《じしゃく》に引《ひ》き寄《よ》せられて止《と》まる直前《ちょくぜん》に電流《でんりゅう》が流《なが》れなくなるようにするため。** 差がつく！

過去問　入試問題《にゅうしもんだい》に挑戦《ちょうせん》！

広尾学園中

図《ず》1のようにエナメル線《せん》を巻《ま》いて、a → b → c → d の向《む》きに電流《でんりゅう》が流《なが》れる正方形《せいほうけい》のコイルを作《つく》ります。そして図《ず》2のように、板《いた》にさした2つのクリップでコイルの軸《じく》PとQを支《ささ》え、P側《がわ》のクリップに電源《でんげん》の＋端子《プラスたんし》を、Q側《がわ》のクリップに－端子《マイナスたんし》を接続《せつぞく》しました。これを磁石《じしゃく》のN極《きょく》の上《うえ》に配置《はいち》した図《ず》2の装置《そうち》（簡易《かんい》モーター）を作《つく》りました。

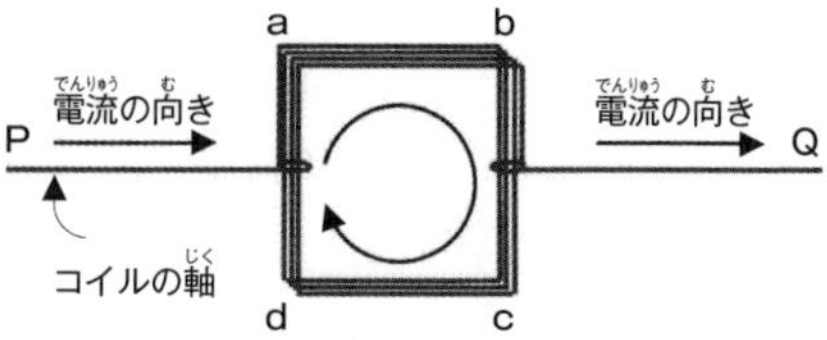

図1

問　コイルを反時計回《はんとけいまわ》りに回転《かいてん》させ続《つづ》けるためには、P側《がわ》の軸《じく》のどの部分《ぶぶん》のエナメルをはがせばよいですか、もっとも適当《てきとう》なものを次《つぎ》のア～カから1つ選《えら》び、記号《きごう》で答《こた》えなさい。ただし、図《ず》3のように、P側《がわ》から見《み》てコイルの ab 部分《ぶぶん》が右《みぎ》になるよう地面《じめん》に水平《すいへい》にした状態《じょうたい》で考《かんが》えるものとします。

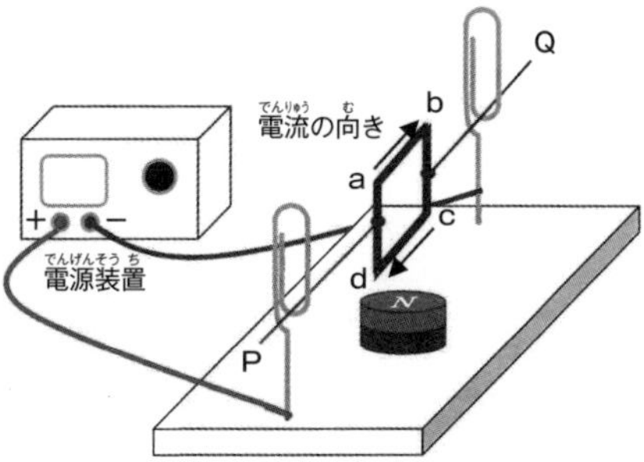

図2

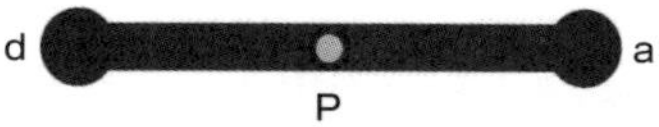

図3

ア　右半分《みぎはんぶん》だけはがす。 　イ　左半分《ひだりはんぶん》だけはがす。 

ウ　右半分《みぎはんぶん》または左半分《ひだりはんぶん》だけはがす。 　または 

エ　上半分《うえはんぶん》だけはがす。 　オ　下半分《したはんぶん》だけはがす。 

カ　上半分《うえはんぶん》または下半分《したはんぶん》だけはがす。 　または 

〔解答《かいとう》　ア〕

物理

9 真《ま》夏《なつ》の巨《きょ》大《だい》レインボー！

難易度《なんいど》 ★

雨《あめ》上《あ》がりの夏《なつ》の日《ひ》。
ミーン
ミーン
ミーン
ミーン
ミーン
あー！
にじだー！
!?

ボケ問《もん》！

晴《は》れた空《そら》に、太陽《たいよう》と
とってもきれいなにじが見《み》えるね！

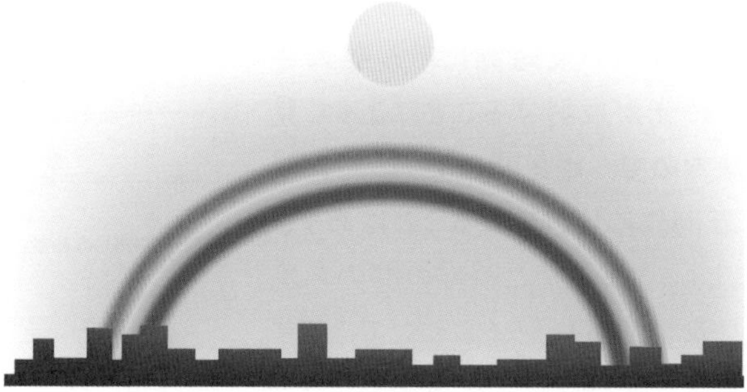

理科《りか》の知識《ちしき》を使《つか》って、このボケにツッコメ！

ツッコミ例《れい》

にじが太陽《たいよう》と同《おな》じ方向《ほうこう》に見《み》えるわけないよ！

解説《かいせつ》 「にじは太陽《たいよう》と反対側《はんたいがわ》の空《そら》に出《で》る」

にじは、太陽《たいよう》の反対側《はんたいがわ》にある空気中《くうきちゅう》の水《みず》てきに光《ひかり》が反射《はんしゃ》することによって見《み》える現象《げんしょう》なので、ボケ問《もん》のように、太陽《たいよう》と同《おな》じ方向《ほうこう》ににじが見《み》えることはありません。にじは、太陽光《たいようこう》と視線《しせん》の間《あいだ》の角度《かくど》が 42° になる位置《いち》に見《み》ることができます(①)。一方《いっぽう》、太陽《たいよう》の高度《こうど》が 42° より高《たか》くなるとにじを見《み》ることはできません(②)。東京《とうきょう》（北緯《ほくい》36°）では、夏至《げし》に近《ちか》いほど昼《ひる》の時間帯《じかんたい》は太陽高度《たいようこうど》が高《たか》くなり、にじが見《み》えにくくなります。

また、にじの色《いろ》の配置《はいち》は光《ひかり》の曲《ま》がりやすさによって決《き》まっています。赤色《あかいろ》の光《ひかり》は曲《ま》がりにくいのでいちばん外側《そとがわ》に見《み》え、紫色《むらさきいろ》の光《ひかり》は曲《ま》がりやすいのでいちばん内側《うちがわ》に見《み》えます(③)。

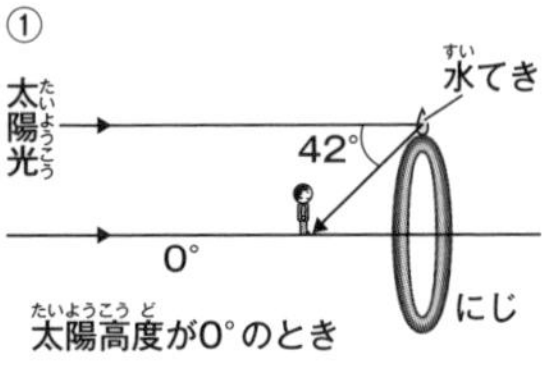

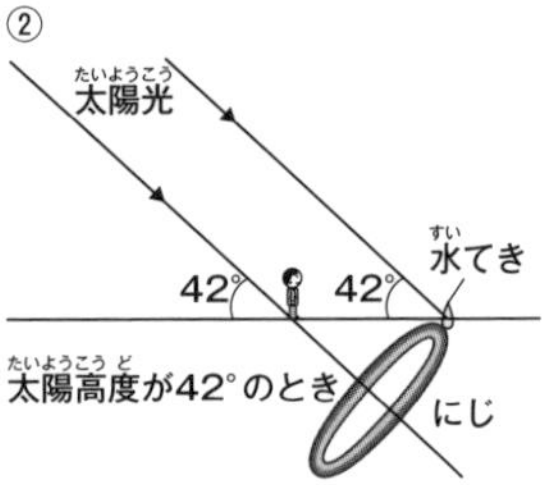

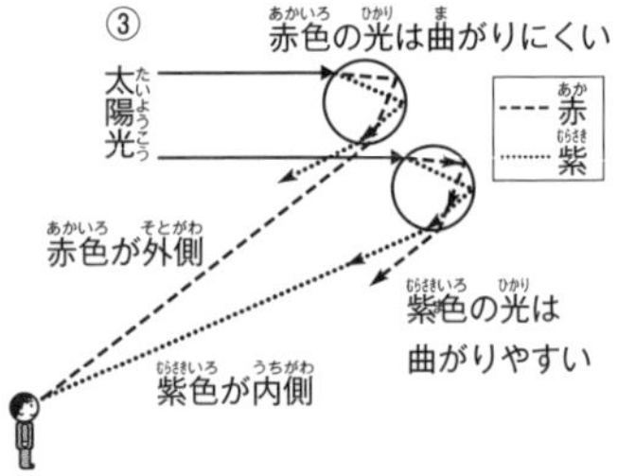

大切ポイント

☆にじは太陽《たいよう》の反対側《はんたいがわ》に見《み》える。 差がつく！

☆赤色《あかいろ》の光《ひかり》 曲《ま》がりにくく、にじのいちばん外側《そとがわ》。 差がつく！

☆紫色《むらさきいろ》の光《ひかり》 曲《ま》がりやすく、にじのいちばん内側《うちがわ》。 差がつく！

☆太陽高度《たいようこうど》が高《たか》すぎると、にじは見《み》えにくい。

過去問 入試問題《にゅうしもんだい》に挑戦《ちょうせん》！

浅野中

虹《にじ》は図《ず》のように、太陽光《たいようこう》と視線《しせん》のなす角度《かくど》が約《やく》42°の方向《ほうこう》に見《み》られます。図《ず》では色《いろ》による屈折角《くっせつかく》の違《ちが》いを表《あらわ》していませんが、実際《じっさい》は水滴《すいてき》に入《はい》った太陽光《たいようこう》が反射《はんしゃ》と屈折《くっせつ》を経《へ》ることで、光《ひかり》の色《いろ》に角度《かくど》の差《さ》ができ、空《そら》が色《いろ》づいて見《み》えます。

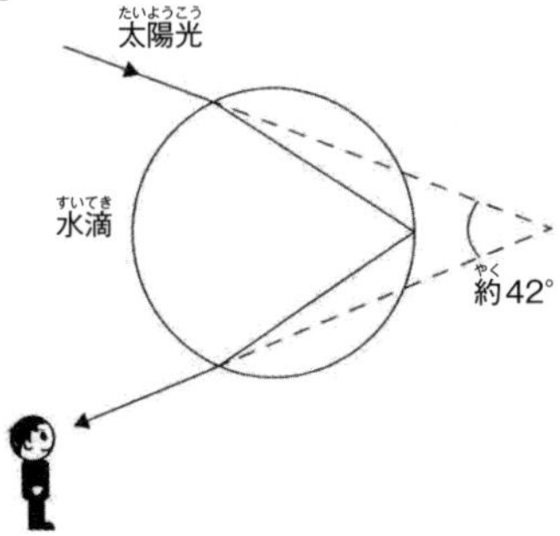

問1　下線部《かせんぶ》について、水滴中《すいてきちゅう》の赤色《あかいろ》の光《ひかり》と紫色《むらさきいろ》の光《ひかり》の進路《しんろ》の組《く》み合《あ》わせとしてもっとも適切《てきせつ》なものを、次《つぎ》のア～エの中《なか》から1つ選《えら》び、記号《きごう》で答《こた》えなさい。ただし、赤色《あかいろ》の光《ひかり》を実線《じっせん》で、紫色《むらさきいろ》の光《ひかり》を点線《てんせん》で表《あらわ》しています。

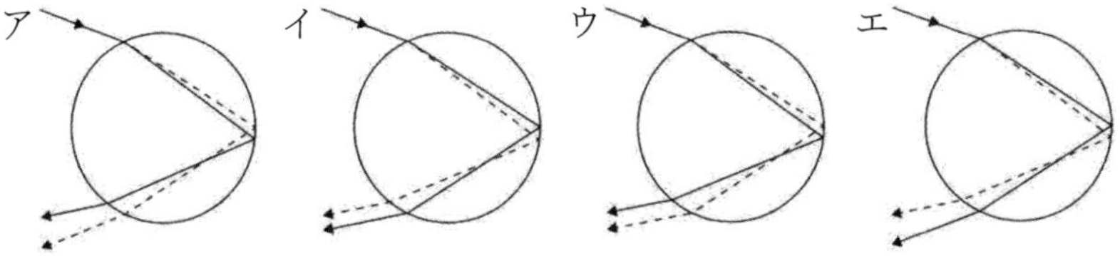

問2　虹《にじ》に関《かん》して適切《てきせつ》でないものを、次《つぎ》のア～エの中《なか》から1つ選《えら》び、記号《きごう》で答《こた》えなさい。

ア　朝方《あさがた》は西《にし》の空《そら》に虹《にじ》を見《み》ることができる。

イ　南中高度《なんちゅうこうど》の高《たか》い夏《なつ》の正午付近《しょうごふきん》は大《おお》きな虹《にじ》が見《み》える。

ウ　滝《たき》の近《ちか》くでは雨上《あめあ》がりでなくても虹《にじ》を見《み》ることができる。

エ　日本《にほん》では正午付近《しょうごふきん》の南《みなみ》の空《そら》に虹《にじ》を見《み》ることはできない。

［解答《かいとう》　問1：エ　問2：イ］

物理

10 S字《じ》フックはとっても便利《べんり》♪

難易度《なんいど》 ★★

いらっしゃいませ!
カラ〜ン
カフェ
教授《きょうじゅ》、おしゃれなカフェですね。
かばんをどこに置《お》こうかな?
きょろ
きょろ
トス
こらこら! テーブルの上《うえ》に置《お》くんじゃない!
買《か》ったばかりだから、床《ゆか》に置《お》くとよごれちゃうし……。
ええ…
だって…
しょうがないな〜。こんなときはS字《じ》フックだ!
S字《じ》フックがあれば、かばんの置《お》き場所《ばしょ》にも困《こま》らなくなるぞ!

ボケ問《もん》!

S字《じ》フックを使《つか》えば、こんなふうに
テーブルにかばんを引《ひ》っかけておける!

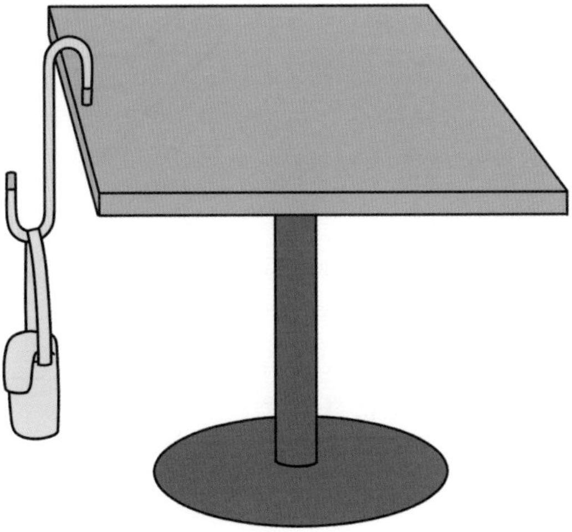

↓

理科《りか》の知識《ちしき》を使《つか》って、このボケにツッコメ!

ツッコミ例《れい》

S字《じ》フックが、もっと かたむくはずだよ！

解説《かいせつ》「支点《してん》と重心《じゅうしん》」

S字《じ》フックをテーブルに引っかけた場合《ばあい》、テーブルに接《せっ》しているところが支点《してん》になります。S字《じ》フックの重心《じゅうしん》は、フックの中心《ちゅうしん》にあるので、支点《してん》の真下《ました》に重心《じゅうしん》がくるようにかたむきます（①）。

ボケ問《もん》のように、S字《じ》フックに荷物《にもつ》をかけた場合《ばあい》は、荷物《にもつ》に比《くら》べてS字《じ》フックがかなり軽《かる》いので、**荷物《にもつ》の重心《じゅうしん》が支点《してん》のほぼ真下《ました》になるところで安定《あんてい》し、②のようにかたむく**と考《かんが》えられます。

このように、一点《てん》で支《ささ》えた物体《ぶったい》がふりこ運動《うんどう》のようにゆれるとき、物体《ぶったい》には、重力《じゅうりょく》によって常《つね》に真《ま》下《した》に向《む》かう力《ちから》がはたらき、いずれ支点《してん》の真下《ました》に重心《じゅうしん》がある状態《じょうたい》で安定《あんてい》します。

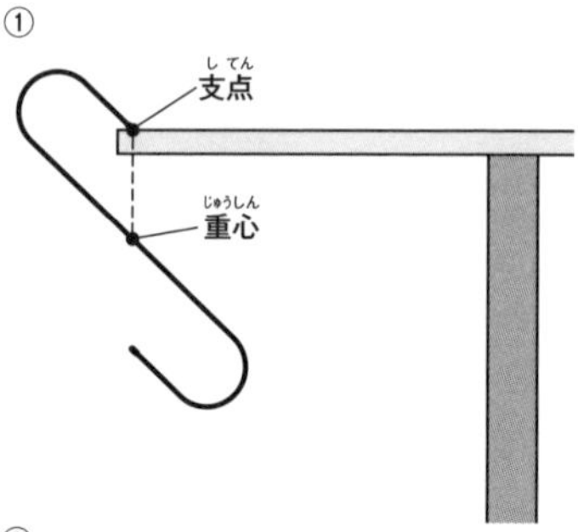

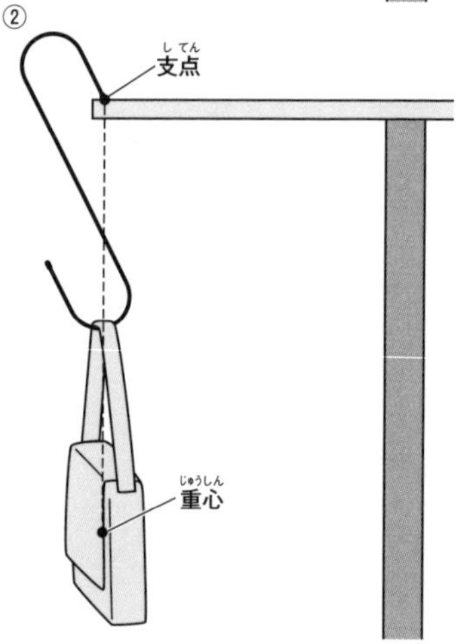

大切ポイント

☆物体《ぶったい》を一点《いってん》で支《ささ》えると、支点《してん》の真下《ました》に重心《じゅうしん》がある状態《じょうたい》で安定《あんてい》する。 差がつく！

過去問　入試《にゅうし》問題《もんだい》に挑戦《ちょうせん》！

武蔵中（改題）

　右図《みぎず》のように針金《はりがね》の先端《せんたん》を指先《ゆびさき》で支《ささ》えて吊《つる》し、止《と》まったときの様子《ようす》について考《かんが》えてみましょう。

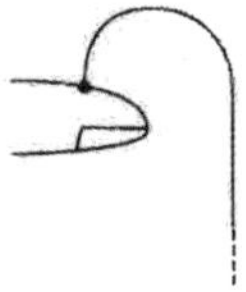

問　Aで示《しめ》す形《かたち》に曲《ま》げた針金《はりがね》を、●の部分《ぶぶん》を指先《ゆびさき》で支《ささ》えて吊《つる》します。針金《はりがね》が止《と》まったときの様子《ようす》を、上《うえ》の図《ず》を参考《さんこう》にして、下《した》の解答欄《かいとうらん》の中《なか》に指先《ゆびさき》とともに描《えが》きなさい。解答欄《かいとうらん》の中《なか》の●は、針金《はりがね》の先端《せんたん》の位置《いち》を表《あらわ》しています。指《ゆび》の向《む》きは左右《さゆう》どちらでも構《かま》いません。

A

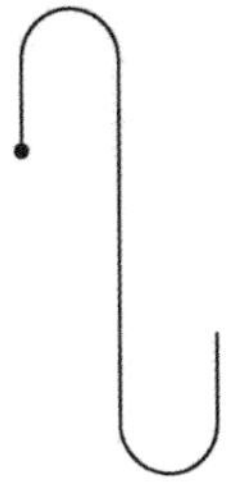

A

解答例《かいとうれい》

バックハンガーは、
いろいろな形《かたち》のものがあるぞ。
ホントだ！
おもしろいですね。
キョロ
キョロ
って、そんなに買《か》っても
持《も》ち歩《ある》くカバンは
1つでしょ……。
き、気分《きぶん》で
ハンガーを使《つか》い
分《わ》けるんです！

物理
11
コップのストローが曲《ま》がって見《み》えるナゾ

難易度《なんいど》 ★★

ストローが
曲《ま》がってる……。
どにーーい
あれ?
……。
ピーッ!!
スッ
ぐにーーい
あれれ?
助手《じょしゅ》クンさわがしいなあ。
静《しず》かになさい、どうしたの?
このストロー変《へん》です!
だって、まっすぐなのに
コップに入《い》れると
曲《ま》がるんですよ!
でも、出《だ》すとまたまっすぐに……。
変《へん》です変《へん》です変《へん》です!
それは「光《ひかり》のくっ折《せつ》」で
曲《ま》がっているように
見《み》えるんだよ。
まあ、落《お》ち着《つ》きなさい。

ボケ問《もん》！

これも、光《ひかり》のくっ折《せつ》だよ。
水《すい》そうの向《む》こうのえん筆《ぴつ》がずれて見《み》えるよね？

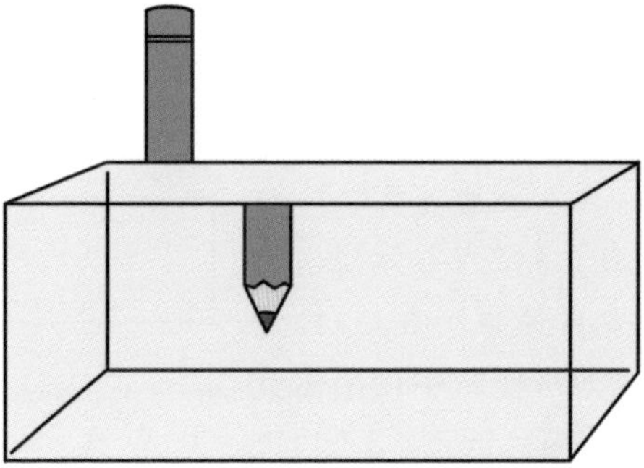

理《り》科《か》の知《ち》識《しき》を使《つか》って、このボケにツッコメ！

ツッコミ例《れい》

光《ひかり》が逆向《ぎゃくむ》きに屈折《くっせつ》してしまっているよ！

解説《かいせつ》

「空気中《くうきちゅう》→水中《すいちゅう》→空気中《くうきちゅう》と進《すす》むときの光《ひかり》の曲《ま》がり方《かた》」

光《ひかり》が水《みず》やガラスなどの中《なか》を境界面《きょうかいめん》に対《たい》してななめに通《とお》りぬけるとき、光《ひかり》は屈折《くっせつ》します。光《ひかり》が屈折《くっせつ》するとき、空気中《くうきちゅう》から水《みず》やガラスに入《はい》る光《ひかり》は、水面《すいめん》やガラス面《めん》から遠《とお》ざかるように進《すす》み、水《みず》やガラスから空気中《くうきちゅう》に出《で》る光《ひかり》は、水面《すいめん》やガラス面《めん》に近《ちか》づくように進《すす》みます（①）。

図中《ずちゅう》のAの位置《いち》にある物体《ぶったい》からの光《ひかり》は、水《すい》そうを通《とお》り抜《ぬ》けて屈折《くっせつ》したあと目《め》に入《はい》るので、人《ひと》には物体《ぶったい》がBの位置《いち》にあるように見《み》えます（②）。

ボケ問《もん》では、**水《すい》そうを通《とお》った光《ひかり》が逆向《ぎゃくむ》きに屈折《くっせつ》したことになってしまいますね。正《ただ》しくは、右《みぎ》のようになります。**

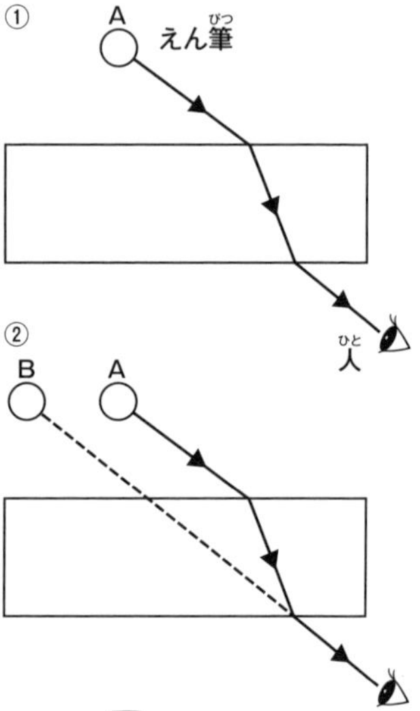

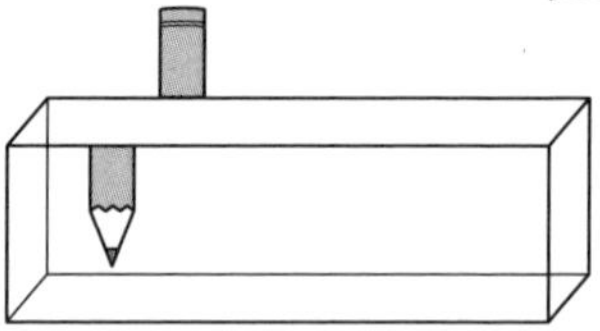

大切ポイント

☆**空気中《くうきちゅう》→水中《すいちゅう》　光《ひかり》は水面《すいめん》から遠《とお》ざかるように屈折《くっせつ》。**

☆**水中《すいちゅう》→空気中《くうきちゅう》　光《ひかり》は水面《すいめん》に近《ちか》づくように屈折《くっせつ》。**

過去問　入試問題《にゅうしもんだい》に挑戦《ちょうせん》！

青山学院中等部

問　図《ず》のように、ガラスごしに鉛筆《えんぴつ》を見《み》ました。どのように見《み》えますか。

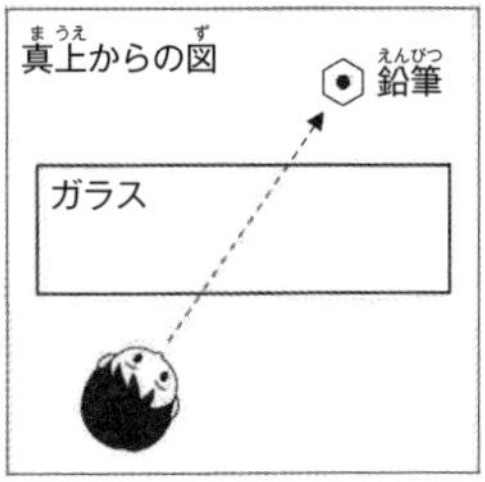

真上《まうえ》からの図《ず》
鉛筆《えんぴつ》
ガラス

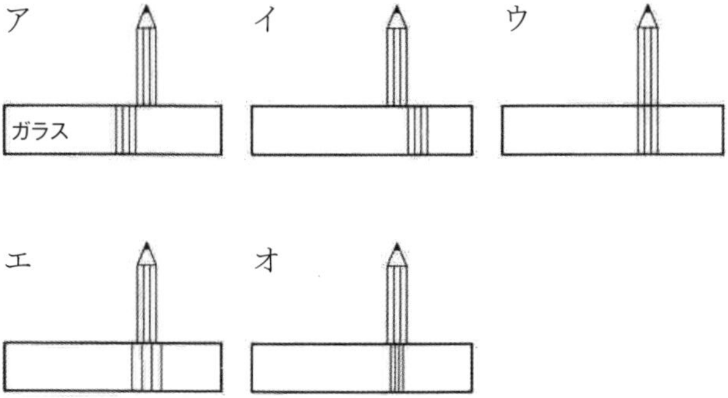

ア
イ
ウ
ガラス
エ
オ

〔解答《かいとう》　イ〕

光《ひかり》の屈折《くっせつ》を利用《りよう》した、光学迷彩《こうがくめいさい》シートなどの研究《けんきゅう》も進《すす》んでいるんだぞ。
光学迷彩《こうがくめいさい》？
ズッ
シートを広《ひろ》げるとそこにいないかのように見《み》せることができるのだ！！
消《き》えた！
どうだ、私《わたし》もこのくらい発明《はつめい》……
ぼくもやりたい！
あっ、怪力《かいりき》……。
えへっ

物理

12 さおばかりを使《つか》ってみよう!

難易度《なんいど》 ★★

はかりがない〜。バターの重《おも》さが量《はか》れないよ〜。
クッキー作《づく》り中《ちゅう》
これを使《つか》ってみよ!
なんですか、これは?
昔《むかし》、物《もの》の重《おも》さを量《はか》るのに使《つか》われていた道具《どうぐ》だ。その名《な》も、さおばかり!
皿《さら》に量《はか》りたい物《もの》をのせて、つり合《あ》うところへおもりを移動《いどう》させるのだ。
おもり
皿《さら》
へぇ〜、おもしろそう!
クククク…

ボケ問《もん》！

このさおばかりで、バターを 60 g分《ぶん》量《はか》るぞ！

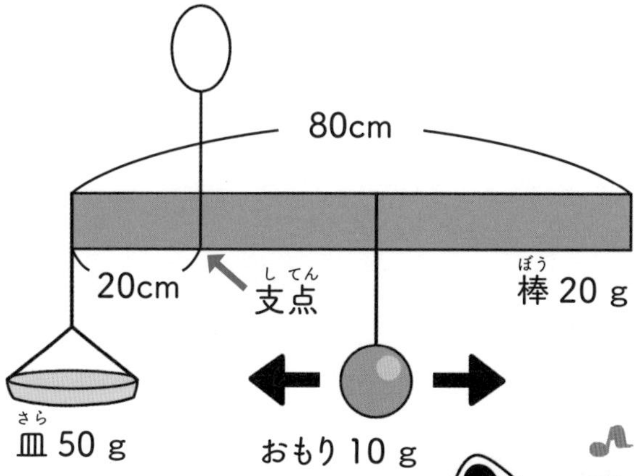

理科《りか》の知識《ちしき》を使《つか》って、このボケにツッコメ！

ツッコミ例《れい》

このさおばかりじゃあ、何《なに》も量《はか》れないよ！

解説《かいせつ》

「おもりを右《みぎ》はじにしたとき、左《さ》右《ゆう》がつり合《あ》っていることに注目《ちゅうもく》」

①

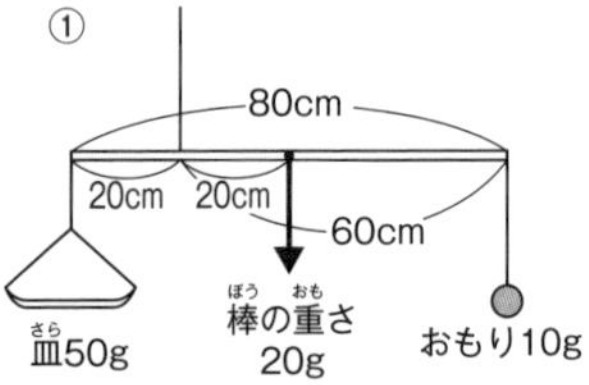

ボケ問《もん》のさおばかり（①）は、左《ひだり》のモーメントが1000（＝皿《さら》50g×支点《してん》からのきょり20cm）、おもりが右《みぎ》はじにあるときの右《みぎ》のモーメントが1000（＝棒《ぼう》20g×支点《してん》からのきょり20cm＋おもり10g×支点《してん》からのきょり60cm）で、皿《さら》に何《なに》ものせていない状態《じょうたい》で左右《さゆう》がつり合《あ》っています。さおばかりは、皿《さら》に物体《ぶったい》をのせて、左右《さゆう》をつり合《あ》わせることで重《おも》さがわかる道具《どうぐ》です。そのため、**ボケ問《もん》のさおばかりは、おもりの重《おも》さを変《か》える、皿《さら》を軽《かる》くする、支点《してん》を右《みぎ》にずらすなどして左右《さゆう》がつり合《あ》わない状態《じょうたい》にしないと、物体《ぶったい》の重《おも》さを量《はか》ることができません。**

②

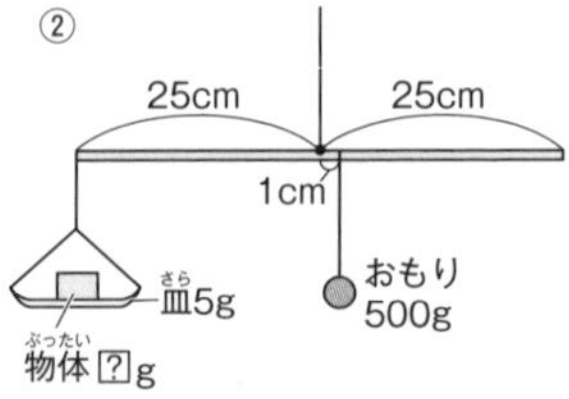

②のさおばかりをつり合《あ》わせるには、右《みぎ》のモーメントが500（＝おもり500g×1cm）なので、左《ひだり》のモーメントも500｛＝（皿《さら》5g＋物体《ぶったい》?g）×25cm｝になればよいわけです。つまり、?は15gになります。

大切ポイント

☆さおばかりのつり合《あ》いは、左右《さゆう》のモーメントで考《かんが》える。

☆モーメント＝力《ちから》の大《おお》きさ × 支点《してん》からのきょり

過去問 入試問題《にゅうしもんだい》に挑戦《ちょうせん》！

駒場東邦中

下《した》の図《ず》のように、長《なが》さ50cmの棒《ぼう》が、点《てん》Aでつるされています。棒《ぼう》の右端《みぎはし》の点《てん》Bには重《おも》さ5gの皿《さら》が固定《こてい》されており、そこに物体《ぶったい》をのせることができます。また、点《てん》Aより左《ひだり》には500gのおもりがあり、点《てん》Aから左《ひだり》へ1cmの点《てん》Cから点《てん》D（棒《ぼう》の左端《ひだりはし》）までの範囲《はんい》で、その位置《いち》を変《か》えることができます。このとき、皿《さら》に物体《ぶったい》をのせて、棒《ぼう》が水平《すいへい》につり合《あ》うようにおもりの位置《いち》を変《か》えれば、物《ぶっ》体《たい》の重《おも》さをはかることができます。棒《ぼう》と糸《いと》の重《おも》さは無視《むし》できるものとします。次《つぎ》の問《と》いに答《こた》えなさい。

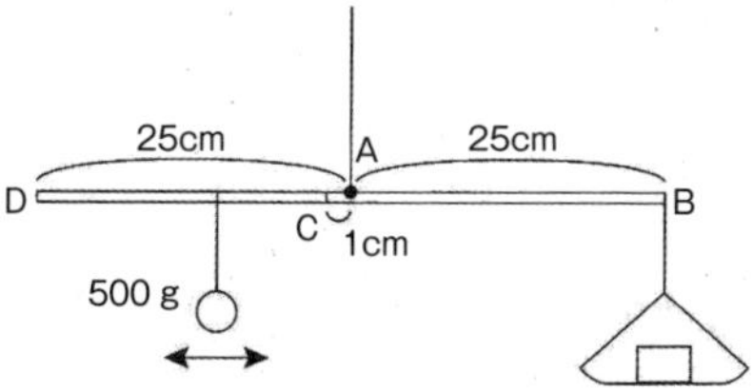
25cm
A
25cm
D
B
C
1cm
500 g

問1　このはかりでは、最小何《さいしょうなん》gから最大何《さいだいなん》gまでの物体《ぶったい》の重《おも》さをはかることができますか。

問2　問《とい》1の範囲《はんい》よりも軽《かる》い物体《ぶったい》の重《おも》さをはかることができるようにするためには、次《つぎ》のア〜ウのどれを変《か》えればよいですか。あてはまるものをすべて選《えら》び、記号《きごう》で答《こた》えなさい。

ア　おもりの重《おも》さ　　イ　皿《さら》の重《おも》さ　　ウ　点《てん》Aの位置《いち》

［解答《かいとう》　問1：15gから495gまで　問2：ア、イ、ウ］

次《つぎ》はさとう！
このくらいかなぁ。
あまいほうが好《す》きだから、もっと入《い》れちゃおっと。
サ〜
それじゃ、量《はか》る意味《いみ》ないぞ……。

物理

13 水《みず》と油《あぶら》と氷《こおり》の実験《じっけん》ショー！

難易度《なんいど》 ★

コウモリ博士《はかせ》と
ぼっちゃまの実験《じっけん》ショー
わぁ、ワクワクするなぁ。
何《なん》の実験《じっけん》をするのかな？
ウキウキ♪
ここに水《みず》と油《あぶら》と氷《こおり》があります。
これを全部《ぜんぶ》コップに入《い》れるとどうなるでしょうか？
水
油
氷
えーと、
はい！

ボケ問《もん》!

水《みず》と油《あぶら》が分《わ》かれて、
氷《こおり》がぷかぷかうく!

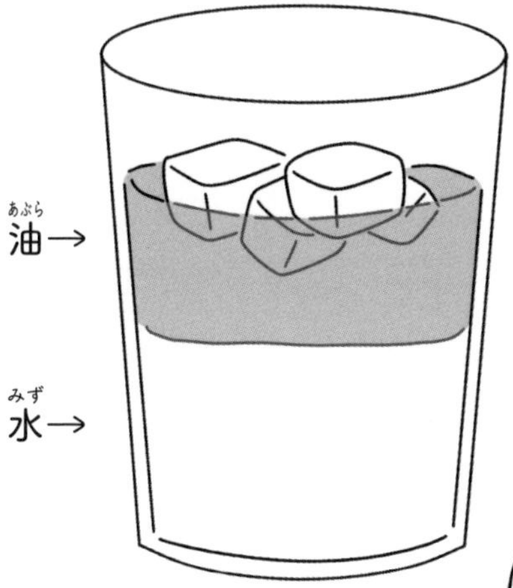

※油《あぶら》は、オリーブオイルとします。

理科《りか》の知識《ちしき》を使《つか》って、このボケにツッコメ!

ツッコミ例《れい》

氷《こおり》は、そんな上《うえ》にうかばないよ！

解説《かいせつ》「氷《こおり》は、水《みず》と油《あぶら》の境目《さかいめ》でうく」

ボケ問《もん》のような実験《じっけん》では、右《みぎ》の図《ず》のように水《みず》と油《あぶら》は上下《じょうげ》に分離《ぶんり》し、氷《こおり》は水《みず》と油《あぶら》の境目《さかいめ》で静止《せいし》します。これは、ある液《えき》体《たい》に別《べつ》の物体《ぶったい》を入《い》れると、その液体《えきたい》より密度《みつど》の大《おお》きいものはしずみ、密度《みつど》の小《ちい》さいものはうくという性質《せいしつ》があるからです。

水《みず》100 gの体積《たいせき》は、100㎤です。この水《みず》が氷《こおり》になると重《おも》さは変《か》わらず、体積《たいせき》は約《やく》109㎤になります。つまり、水《みず》の密度《みつど》は1g/㎤、氷《こおり》の密度《みつど》は約《やく》0.917g/㎤となるため、氷《こおり》は水《みず》にうきます。油《あぶら》の密度《みつど》は種類《しゅるい》によってちがいますが、オリーブオイルは0.907~0.913g/㎤で氷《こおり》より密度《みつど》が小《ちい》さいので、氷《こおり》はオリーブオイルの中《なか》でしずみます。

また、同《おな》じ形《かたち》のものが液体《えきたい》にしずむときには、おもに密度《みつど》が大《おお》きいものほどしずむスピードが速《はや》くなります。たとえば、油《あぶら》より密《みつ》度《ど》が大《おお》きい水《みず》と食塩水《しょくえんすい》を1てきずつ油《あぶら》の中《なか》にたらすと、食塩水《しょくえんすい》のほうが水《みず》よりも密度《みつど》が大《おお》きいので、速《はや》くしずみます。

大切ポイント

☆液体《えきたい》に物体《ぶったい》を入《い》れると、液体《えきたい》より密度《みつど》の小《ちい》さいものはうき、大《おお》きいものはしずむ。

☆液体《えきたい》に同《おな》じ形《かたち》のものがしずむとき、密度《みつど》が大《おお》きいものが速《はや》くしずむ。

過去問

入試《にゅうし》問題《もんだい》に挑戦《ちょうせん》！

慶應義塾湘南藤沢中等部

次《つぎ》の表《ひょう》に示《しめ》す割合《わりあい》で水《みず》に食塩《しょくえん》をすべて溶《と》かし、食塩水《しょくえんすい》A～Dを作《つく》りました。次《つぎ》の問《と》いに答《こた》えなさい。

	食塩水《しょくえんすい》A	食塩水《しょくえんすい》B	食塩水《しょくえんすい》C	食塩水《しょくえんすい》D
食塩《しょくえん》(g)	10	5	30	5
水《みず》(g)	50	115	90	55

問　サラダ油《あぶら》の入《はい》ったコップに、食塩水《しょくえんすい》Cと水《みず》をそれぞれ1滴《てき》ずつ落《お》とすと、それらはどうなりますか。次《つぎ》の中《なか》から正《ただ》しいものを1つ選《えら》び、番《ばん》号《ごう》で答《こた》えなさい。

1　食塩水《しょくえんすい》も水《みず》もサラダ油《あぶら》に溶《と》けて、見《み》えなくなる。

2　食塩水《しょくえんすい》は溶《と》けて見《み》えなくなるが、水《みず》は丸《まる》い玉《たま》となって浮《う》かんだままでいる。

3　食塩水《しょくえんすい》は溶《と》けて見《み》えなくなるが、水《みず》は丸《まる》い玉《たま》となってゆっくり落《お》ちていく。

4　水《みず》は溶《と》けて見《み》えなくなるが、食塩水《しょくえんすい》は丸《まる》い玉《たま》となってゆっくり落《お》ちていく。

5　水《みず》も食塩水《しょくえんすい》も丸《まる》い玉《たま》となってゆっくり落《お》ちていくが、水《みず》の方《ほう》が食塩《しょくえん》水《すい》よりゆっくり落《お》ちていく。

6　水《みず》も食塩水《しょくえんすい》も丸《まる》い玉《たま》となってゆっくり落《お》ちていくが、食塩水《しょくえんすい》の方《ほう》が水《みず》よりゆっくり落《お》ちていく。

7　水《みず》は丸《まる》い玉《たま》となり浮《う》かんだままでいるが、食塩水《しょくえんすい》は丸《まる》い玉《たま》となってゆっくり落《お》ちていく。

［解答《かいとう》 5］

物理

14 ビスケットがピンホールカメラに!?

難易度《なんいど》 ★★★

日食観察中《にっしょくかんさつちゅう》
日食《にっしょく》、見《み》えた！
はい交代《こうたい》、私《わたし》の番《ばん》。
しーんっ
おいっ。
日食《にっしょく》グラスなんてなくても、ビスケットで見《み》えるもんね！
!
助手クンのいじわるっ
ススッ
ええっ〜！！！
ビスケットで見《み》えるの〜！？
ぼくもやってみたい！
ビスケットの穴《あな》に日《ひ》の光《ひかり》を通《とお》せば、地面《じめん》に日食《にっしょく》の形《かたち》が現《あらわ》れるんですよ。
スッ

ボケ問《もん》！

あっ、日食《にっしょく》グラスで見《み》たのと同《おな》じ形《かたち》だ！

理科《りか》の知識《ちしき》を使《つか》って、このボケにツッコメ！

ツッコミ例《れい》

穴《あな》を通《とお》して見《み》たら、同《おな》じ形《かたち》だけど向《む》きが変《か》わるよ！

解説《かいせつ》

「ピンホールを通《とお》った光《ひかり》は、上下左右《じょうげさゆう》が逆《ぎゃく》の像《ぞう》をつくる」

日食《にっしょく》の観察方法《かんさつほうほう》の一《ひと》つに、厚紙《あつがみ》に開《あ》けた小《ちい》さな穴《あな》（ピンホール）を利用《りよう》する投影法《とうえいほう》があります。穴《あな》を通過《つうか》する光《ひかり》は直進《ちょくしん》するため、上下《じょうげ》左右《さゆう》が逆《ぎゃく》になった光《ひかり》が、厚紙《あつがみ》のかげの中《なか》の像《ぞう》として現《あらわ》れます（②）。ただし、上下左右逆《じょうげさゆうぎゃく》というのはあくまで像《ぞう》を太陽《たいよう》と同《おな》じ方向《ほうこう》に見《み》た場合《ばあい》です。ふつうは、太《たい》陽《よう》を背《せ》にして像《ぞう》を見《み》るので、左右《さゆう》がもとにもどり、上下《じょうげ》のみが逆《ぎゃく》の像《ぞう》になります（①）。ボケ問《もん》では、**ビスケットの複数《ふくすう》の穴《あな》を利用《りよう》しているので、それぞれの穴《あな》に対応《たいおう》した位置《いち》に穴《あな》の数《かず》だけ、上下《じょうげ》が逆《ぎゃく》になった右《みぎ》のような像《ぞう》ができます。**

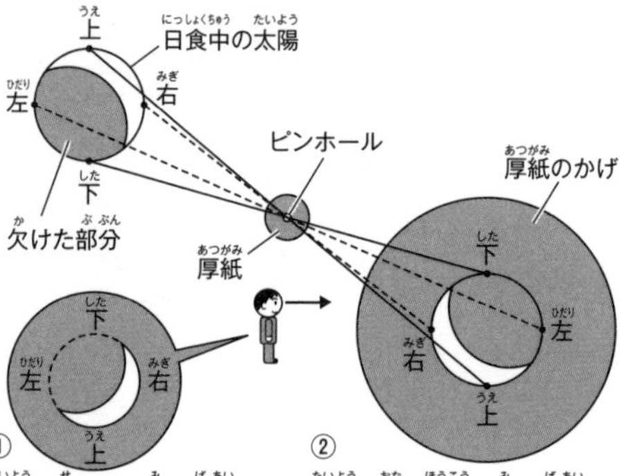

① 太陽《たいよう》を背《せ》にして見《み》た場合《ばあい》は、上下《じょうげ》のみ逆《ぎゃく》になる。

② 太陽《たいよう》と同《おな》じ方向《ほうこう》に見《み》た場合《ばあい》は、上下左右《じょうげさゆう》が逆《ぎゃく》になる。

ボケ問《もん》の正《ただ》しい図《ず》は、上下《じょうげ》が逆《ぎゃく》になる。

大切ポイント

☆ピンホールを通《とお》った光《ひかり》は、上下左右《じょうげさゆう》が逆《ぎゃく》の像《ぞう》をつくる。 差がつく！

☆光源《こうげん》と同《おな》じ方向《ほうこう》から像《ぞう》を見《み》ると、左右《さゆう》がもとにもどり、上下《じょうげ》のみ逆《ぎゃく》の像《ぞう》になる。 差がつく！

過去問

入試問題《にゅうしもんだい》に挑戦《ちょうせん》！

神戸女学院中等部

問　近所《きんじょ》の人《ひと》が、ワカメのはりついたままの穴《あな》じゃくしで、地面《じめん》に映《うつ》った太陽《たいよう》を観察《かんさつ》していました。その様子《ようす》をまねして、厚紙《あつがみ》に9個《こ》の穴《あな》をあけた図《ず》1のような装置《そうち》を作《つく》り、ワカメの代《か》わりに黒《くろ》い紙《かみ》をはりました。図《ず》2の日食《にっしょく》が起《お》きている太陽《たいよう》の光《ひかり》をこの装置《そうち》のふさがっていない穴《あな》を通《とお》して図《ず》3のように板《いた》に映《うつ》すと、どのように映《うつ》りますか。下《した》の図《ず》に、黒《くろ》い紙《かみ》でふさがっている部分《ぶぶん》は黒《くろ》くぬりつぶし、穴《あな》を通《とお》して映《うつ》し出《だ》された日食中《にっしょくちゅう》の太陽《たいよう》は欠《か》けている部分《ぶぶん》をぬりつぶしなさい。ただし、図《ず》1でみえている面《めん》は地面《じめん》の方《ほう》に向《む》き、その裏《うら》の面《めん》が太陽《たいよう》を向《む》いているものとします。

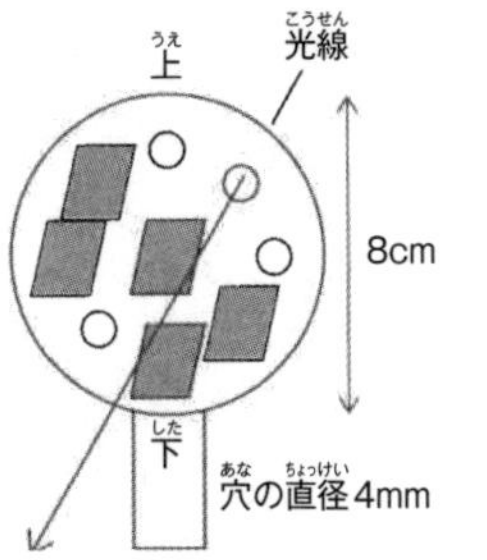

図1

図2

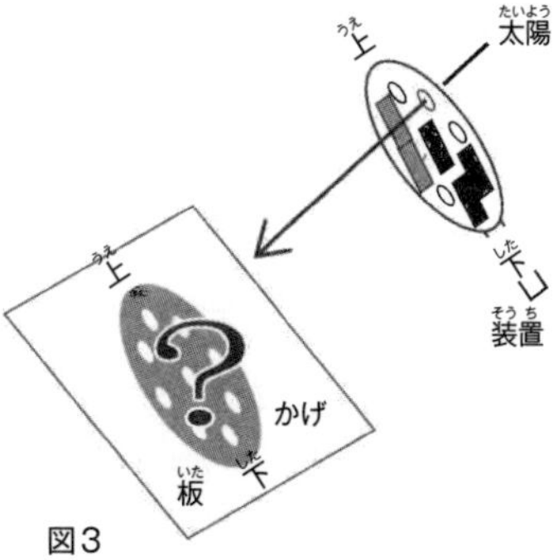

図3

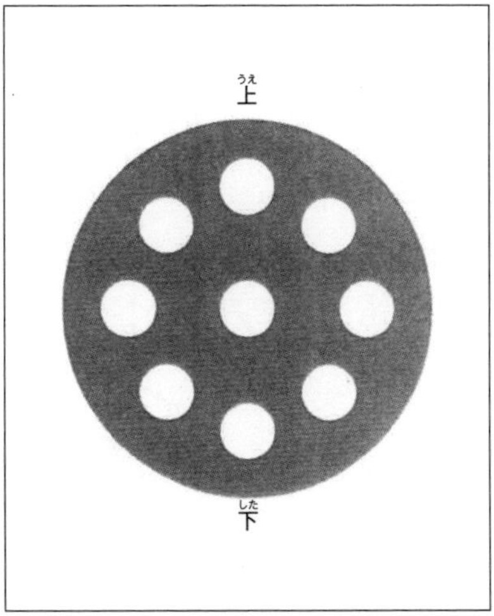

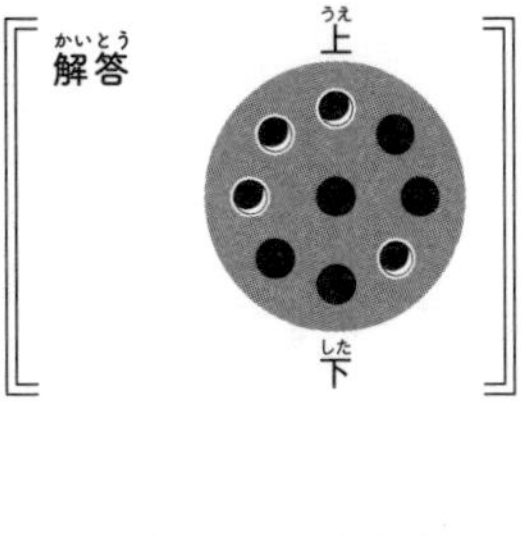

物理

15 音《おと》が見《み》える、オシロスコープ

難易度《なんいど》 ★★

じーーっ
#◎ gvmq ☆…！&△ ＊…kieh ☆♡&？
わっ！ 宇宙人《うちゅうじん》と交信《こうしん》ですか！？
ビクッ
ビクッ
何《なに》を言《い》っているんだ。これは、オシロスコープという機械《きかい》だよ。
音《おと》の大《おお》きさや高《たか》さを、波《なみ》のような形《かたち》で表《あらわ》して見《み》ることができるものだ。
ほれ！
コーン
わぁ〜、おもしろいね。ぼくもやってみたい！
わーー!!

音《おん》さ：たたくと決《き》まった高《たか》さの音《おと》が鳴《な》る道具《どうぐ》。

ボケ問《もん》！

音《おん》さで大《おお》きい音《おと》と小《ちい》さい音《おと》を出《だ》したら、
オシロスコープの波形《はけい》がこうなったよ！

大《おお》きい音《おと》

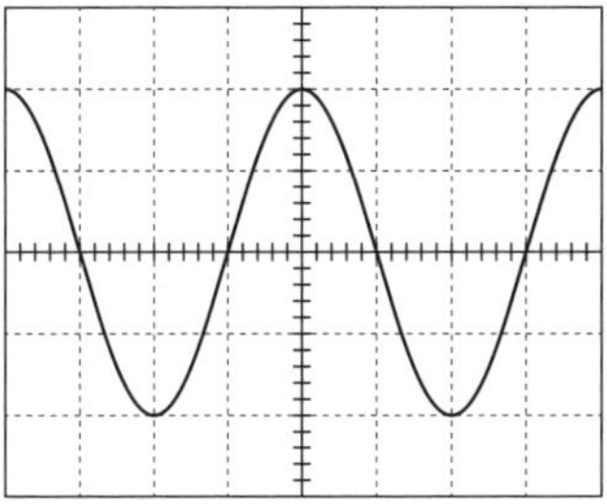

小《ちい》さい音《おと》

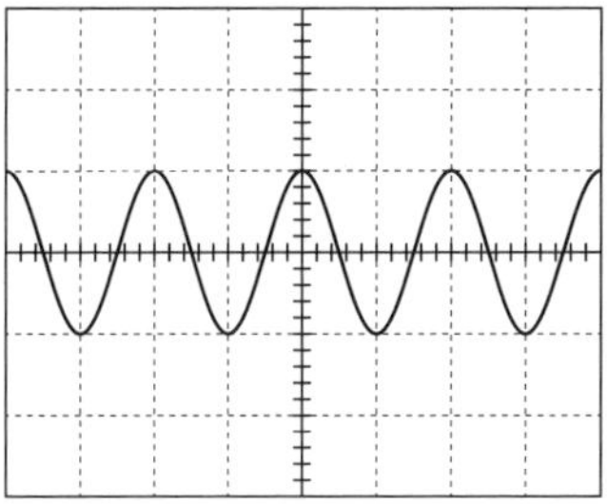

理科《りか》の知識《ちしき》を使《つか》って、このボケにツッコメ！

ツッコミ例《れい》

それじゃあ、音《おと》の高《たか》さも変《か》わっちゃってるよ！

解説《かいせつ》

「音《おと》の大《おお》きさはしんぷく、音《おと》の高《たか》さはしん動数《どうすう》で見《み》る」

オシロスコープは、音《おと》のしん動《どう》を波形《はけい》で表示《ひょうじ》する装置《そうち》です。音《おと》の大《おお》きさはしんぷく、音《おと》の高《たか》さはしん動数《どうすう》（１秒間にしん動《どう》する回数《かいすう》）によって決《き》まります。

音《おん》さは、音《おと》の大小《だいしょう》に関係《かんけい》なく一定《いってい》の高《たか》さの音《おと》が鳴《な》る道具《どうぐ》なので、音《おと》の高《たか》さを表《あらわ》すしん動数《どうすう》は変化《へんか》しません。**ボケ問《もん》で変化《へんか》するのは、音《おと》の大《おお》きさだけなので、①のような波形《はけい》になります。**

たとえば、ギターなどの弦楽器《げんがっき》は、弦《げん》をピンとはる、弦《げん》を細《ほそ》くする、弦《げん》を短《みじか》くすると、いずれも弦《げん》がしん動《どう》しやすくなり音《おと》が高《たか》くなります。

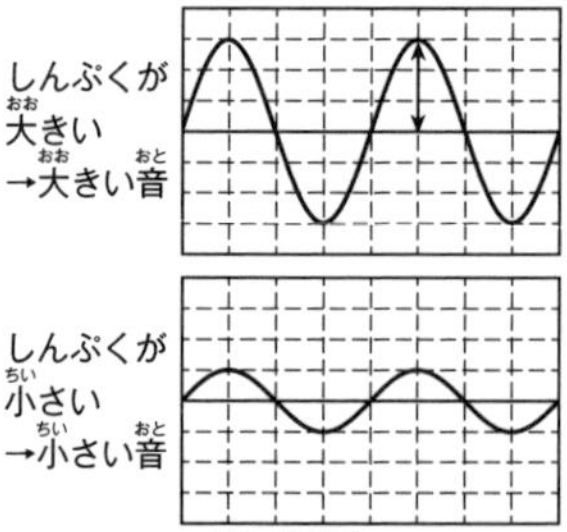

①音《おと》の大小《だいしょう》としんぷく

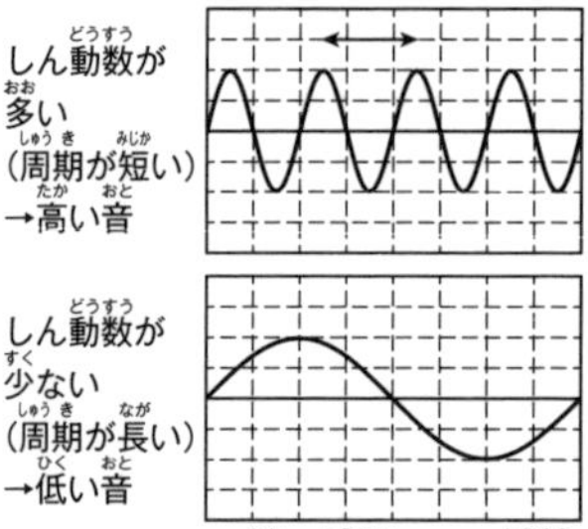

②音《おと》の高低《こうてい》としん動数《どうすう》

大切ポイント

☆しんぷくが大《おお》きい＝大《おお》きい音《おと》

☆しん動数《どうすう》が多《おお》い＝高《たか》い音《おと》

☆弦楽器《げんがっき》では、弦《げん》をピンと張《は》る、弦《げん》を細《ほそ》くする、弦《げん》を短《みじか》くすると、高《たか》い音《おと》が出《で》る。

過去問　入試問題《にゅうしもんだい》に挑戦《ちょうせん》！

広尾学園中

弦楽器《げんがっき》が音《おと》を出《だ》す原理《げんり》を調《しら》べるため、太《ふと》さの異《こと》なる弦《げん》Aと弦《げん》B、および、重《おも》さの異《こと》なるおもりCとおもりDを用意《ようい》し、弦《げん》をはじいたときに出《で》る音《おと》と、弦《げん》の太《ふと》さ、および弦《げん》の張力《ちょうりょく》との関係《かんけい》を図《ず》1の装置《そうち》を用《もち》いて調《しら》べました。

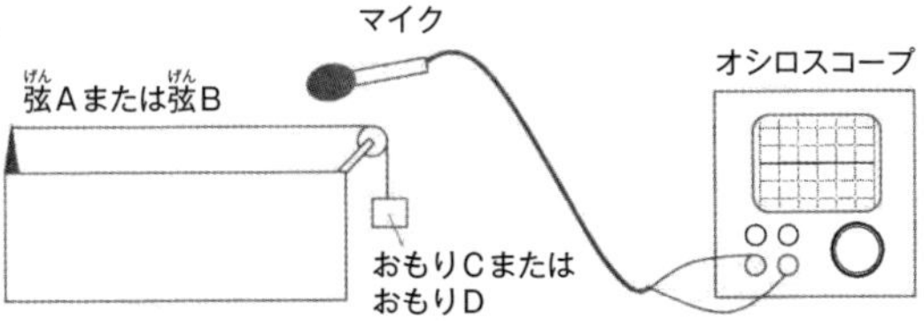

図1

問　図《ず》1の装置《そうち》で、弦《げん》Aの右端《みぎはし》におもりCをつるしてはじいたときの、オシロスコープに表示《ひょうじ》された波形《はけい》は図《ず》2のようになりました。図《ず》1の状態《じょうたい》から下《した》の（1）と（2）の操作《そうさ》を加《くわ》えたとき、オシロスコープの波形《はけい》はどうなると考《かんが》えられるか、適当《てきとう》なものを次《つぎ》のア～カから1つ選《えら》び、記号《きごう》で答《こた》えなさい。

図2
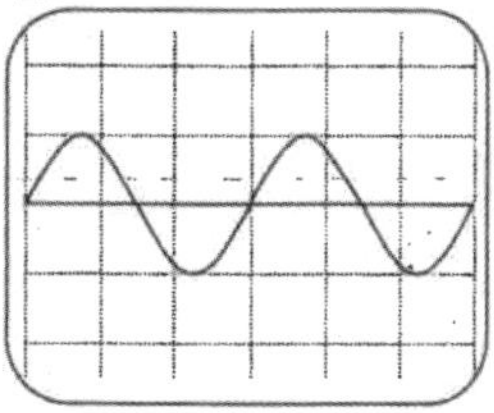

(1)　弦《げん》Aを使用《しよう》し、おもりCよりも重《おも》いおもりDに変《か》え、最初《さいしょ》と同《おな》じ強《つよ》さではじいた。

(2)　弦《げん》Aと同《おな》じ材質《ざいしつ》で太《ふと》さが2倍《ばい》の弦《げん》Bを使用《しよう》し、おもりCに変《か》え、強《つよ》くはじいた。

ア
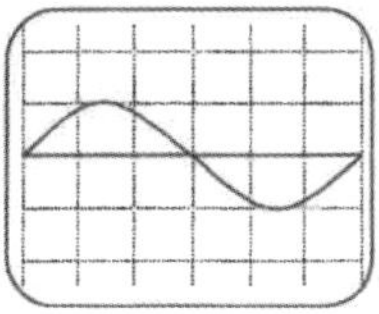

イ
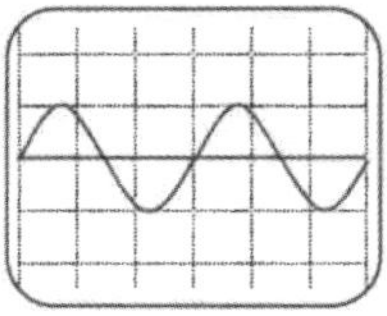

ウ
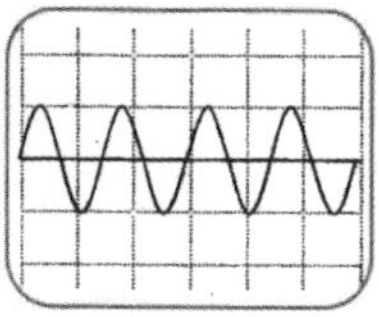

エ
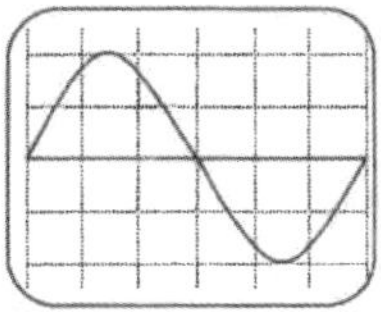

オ
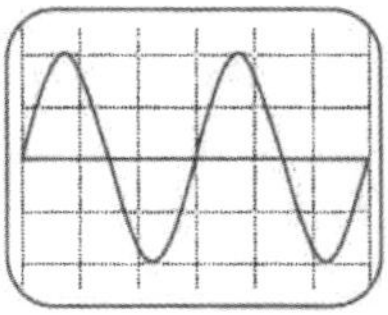

カ
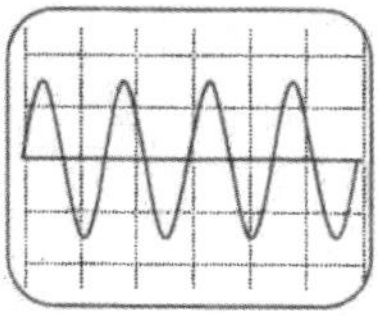

［解答《かいとう》　(1)ウ　(2)エ］

物理

16 鏡《かがみ》でできる 光《ひかり》のリレー

難易度《なんいど》 ★★

助手《じょしゅ》クンたちよ、鏡《かがみ》で光《ひかり》を反射《はんしゃ》させる実験《じっけん》を行《おこな》うぞ！
光のリレー
スッ
スッ
先生《せんせい》の鏡《かがみ》にうまく光《ひかり》が当《あ》たらないなぁ。
スッ
スッ
光《ひかり》が30°ほどずれてるぞ。
教授《きょうじゅ》、わかりました！鏡《かがみ》を動《うご》かします！
リレーみたい！

ボケ問《もん》！

鏡《かがみ》に反射《はんしゃ》した光《ひかり》を 30° ずらしたいんだから、
鏡《かがみ》を 30° 回転《かいてん》させればいいはず！

理科《りか》の知識《ちしき》を使《つか》って、このボケにツッコメ！

ツッコミ例《れい》

それだと反射《はんしゃ》した光《ひかり》は、60°ずれてしまうよ！

解説《かいせつ》 **「光《ひかり》の入射角《にゅうしゃかく》と反射角《はんしゃかく》は等《ひと》しい」**

①

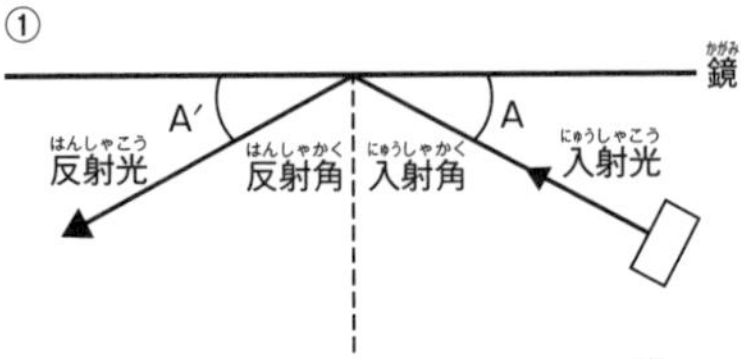

②

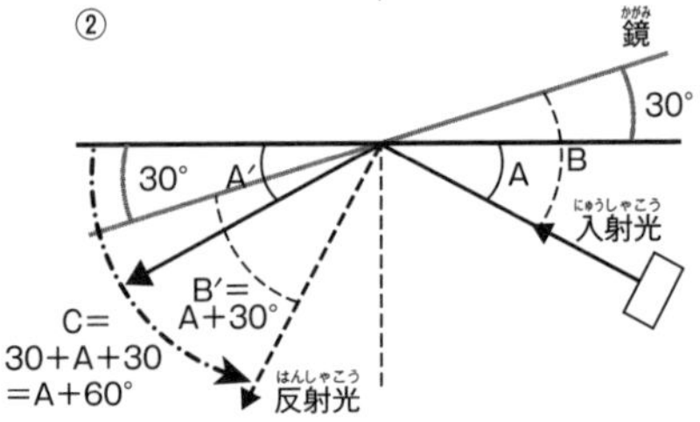

①のように鏡《かがみ》に光《ひかり》が反射《はんしゃ》する場合《ばあい》、入射角《にゅうしゃかく》と反射角《はんしゃかく》が等《ひと》しいので、AとA′の角《かく》度《ど》も等《ひと》しくなります。②のように鏡《かがみ》を30°回転《かいてん》させた場合、Bの角度《かくど》はA＋30°になります。このとき、B′の角《かく》度《ど》もA＋30°となります。回《かい》転前《てんまえ》の鏡《かがみ》と反射光《はんしゃこう》の間《あいだ》のCの角度《かくど》は、30°＋A＋30°＝A＋60°となり、回転前《かいてんまえ》の反射光《はんしゃこう》A′と比《くら》べて60°ずれていることがわかります。このように入射光《にゅうしゃこう》と鏡《かがみ》の位置《いち》を動《うご》かさずに鏡《かがみ》の角度《かくど》だけを[?]°回転《かいてん》すると反射光《はんしゃこう》は[?]°の2倍分回転《ばいぶんかいてん》します。

つまり、ボケ問《もん》では、鏡《かがみ》の角度《かくど》を15°回転《かいてん》させれば、30°反射光《はんしゃこう》をずらすことができます。

大切ポイント

☆光《ひかり》が反射《はんしゃ》するとき、入射角《にゅうしゃかく》と反射角《はんしゃかく》が等《ひと》しくなる。

☆入射光《にゅうしゃこう》と鏡《かがみ》の位置《いち》を動《うご》かさずに、鏡《かがみ》の角度《かくど》だけを[?]°回転《かいてん》すると、反射光《はんしゃこう》は[?]°の2倍回転《ばいかいてん》する。

差がつく!

過去問 入試問題《にゅうしもんだい》に挑戦《ちょうせん》!

帝塚山学院中

平面《へいめん》の鏡《かがみ》に当《あ》てた光線《こうせん》の進《すす》み方《かた》や、鏡《かがみ》を通《とお》しての見《み》え方《かた》について、次《つぎ》の問《と》いに答《こた》えなさい。

問1 図《ず》1のように、鏡《かがみ》に光線《こうせん》を当《あ》てました。反射《はんしゃ》した光線《こうせん》と鏡《かがみ》とのなす角度《かくど》アは何度《なんど》ですか。

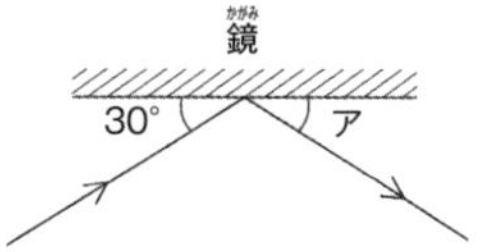
鏡《かがみ》
30°
ア
図1

問2 図《ず》2のように、鏡《かがみ》に当《あ》てる光線《こうせん》の向《む》きは変《か》えずに、鏡《かがみ》だけを時計回《とけいまわ》りに20度回転《どかいてん》させました。反射《はんしゃ》した光線《こうせん》と問《とい》1で反射《はんしゃ》した光線《こうせん》とのなす角度《かくど》イは何度《なんど》ですか。

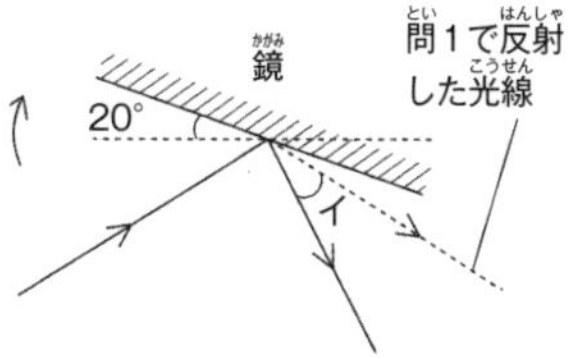
鏡《かがみ》
問《とい》1で反射《はんしゃ》した光線《こうせん》
20°
イ
図2

［解答《かいとう》 問1:30度《ど》 問2:40度《ど》］

うーん、次《つぎ》はこのくらいかな～。
ん?
カラッ
あ゛
おかし、全部食《ぜんぶた》べたな!!
後《あと》でみんなで食《た》べようって……!
ポテチ
バレた!!
れ――っ!!

Column 2

水《みず》のふっとうする温度《おんど》が120℃！？

調理器具《ちょうりきぐ》の圧力《あつりょく》なべ。かたい骨《ほね》もやわらかく煮《に》こむことができ、カレーやシチュー、魚《さかな》の煮《に》つけなどさまざまな料理《りょうり》に活用《かつよう》されています。

圧力《あつりょく》なべが食材《しょくざい》をやわらかくできる理由《りゆう》には、水《みず》のふっとうする温度《おんど》が関係《かんけい》しています。水《みず》は気圧《きあつ》が低《ひく》いほどふっとうする温《おん》度《ど》が低《ひく》くなります。私《わたし》たちが生活《せいかつ》する標高《ひょうこう》0m地点《ちてん》では、1気圧《きあつ》（1013hPa《ヘクトパスカル》）の空気《くうき》があらゆる物《ぶっ》質《しつ》をおしていて、水《みず》は100℃まで加熱《かねつ》するとふっとうして水蒸気《すいじょうき》になります。

一方《いっぽう》、富士山《ふじさん》の山頂《さんちょう》（標高《ひょうこう》3776m）では630hPa、つまり標《ひょう》高《こう》0m地点《ちてん》の約《やく》0.6倍《ばい》の気圧《きあつ》になります。空気《くうき》が水《みず》をおさえつける力《ちから》が小《ちい》さくなるので、水《みず》は88℃という低《ひく》い温度《おんど》でふっとうし、山《さん》頂《ちょう》付近《ふきん》でお米《こめ》をたくとしんまで火《ひ》が通《とお》らず、表面《ひょうめん》がやわらかくても、中《なか》はかたいままのご飯《はん》になってしまいます。

圧力《あつりょく》なべはこの逆《ぎゃく》で、気圧《きあつ》を高《たか》くして水《みず》がふっとうする温度《おんど》を上《あ》げるという性質《せいしつ》を利用《りよう》しています。圧力《あつりょく》なべの多《おお》くは、なべをふたで密閉《みっぺい》することによって2026hPa、つまり標高《ひょうこう》0m地点《ちてん》の2倍《ばい》の圧力《あつりょく》をかけ、水《みず》がふっとうする温度《おんど》を120℃まで高《たか》めることができます。骨《ほね》付《つ》き肉《にく》などを煮《に》こんだ場合《ばあい》、高温高圧《こうおんこうあつ》がかかることで、骨《ほね》を構成《こうせい》するコラーゲンが分解《ぶんかい》されてとけ出《だ》し組織《そしき》がもろくなるので、肉《にく》だけでなく骨《ほね》までやわらかくなります。

また、肉《にく》のたんぱく質《しつ》や繊維《せんい》が分解《ぶんかい》され、いっしょに入《い》れた野《や》菜《さい》は、細胞壁《さいぼうへき》や組織《そしき》がこわれやすくなるので、短時間《たんじかん》の加熱《かねつ》で食《しょく》材《ざい》のすみずみまでやわらかくすることができるのです。

第3章

ウメ子先《せん》生《せい》

パオくん

化《か》学《がく》

化学 1

みがいてみがいて ピッカピカ!

難易度《なんいど》 ★★

ウメ子先生《こせんせい》、うわばきが
よごれちゃった!
ボク、洗《あら》い方《かた》がわからない……。
しょ、しょうがないわねえ……。
あら洗ってくれる?
くつ洗《あら》いは、こうするのよー!!
うりゃー!!
ゴシゴシ
す、すごい!!
ありがとう
お礼《れい》に、ウメ子先生《こせんせい》が化学《かがく》の実験《じっけん》で使《つか》ってた、メスシリンダー洗《あら》っておくね!
えっ!!
ちょ!! ちょっと待《ま》ってっ!!
エンリョしないで!!
大丈夫《だいじょうぶ》!!
すぐ終《お》わるから!
くるっ
すったかたー

ボケ問《もん》！

ブラシでゴシゴシみかげば、
メスシリンダーもピッカピカ！

化学

理科《りか》の知識《ちしき》を使《つか》って、このボケにツッコメ！

ツッコミ例《れい》

中《なか》に傷《きず》がついて、体積《たいせき》が変《か》わっちゃうよ！

解説《かいせつ》「メスシリンダーの洗《あら》い方《かた》」

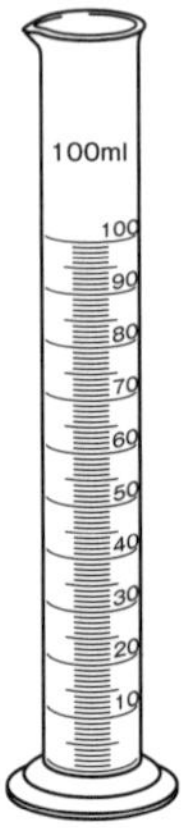

メスシリンダーのメスは「はかる」、シリンダーは「筒《つつ》」という意味《いみ》で、液体《えきたい》の体積《たいせき》を正確《せいかく》に量《はか》るための目《め》もりがついたガラス製《せい》の器具《きぐ》です。

ボケ問《もん》のようにブラシを使《つか》ってゴシゴシ洗《あら》うと、ガラスの内側《うちがわ》に小《ち》さな傷《きず》がついてしまいます。**メスシリンダーのような器具《きぐ》は傷《きず》がつくと、その分中《ぶんなか》に入《はい》る液体《えきたい》の量《りょう》が増《ふ》えてしまうため、液体《えきたい》の体積《たいせき》を正確《せいかく》に量《はか》れなくなってしまいます。**メスシリンダーは傷《きず》をつけないように、次《つぎ》の手順《てじゅん》でていねいに洗《あら》いましょう。

①水道水《すいどうすい》で何度《なんど》かすすぐ。

②蒸留水《じょうりゅうすい》ですすぐ。

蒸留水《じょうりゅうすい》は、水《みず》を熱《ねっ》して発生《はっせい》した水蒸気《すいじょうき》を冷《ひ》やして再《ふたた》び水《みず》にしたもので、純度《じゅんど》が高《たか》い水《みず》です。

③自然乾燥《しぜんかんそう》をさせる。

ガラス器具《きぐ》は乾燥機《かんそうき》で乾《かわ》かすことがありますが、メスシリンダーの場合《ばあい》には、熱《ねつ》による容器《ようき》の変形《へんけい》を防《ふせ》ぐために乾燥機《かんそうき》は使用《しよう》しません。容器《ようき》が変形《へんけい》すると正確《せいかく》に体積《たいせき》を量《はか》れなくなるためです。

大切ポイント

☆洗《あら》うとき ブラシはダメ！ 差がつく！

細《こま》かい傷《きず》をつけないため。

☆乾《かわ》かすとき 乾燥機《かんそうき》はダメ！

容器《ようき》の変形《へんけい》を防《ふせ》ぐため。

過去問　入試問題《にゅうしもんだい》に挑戦《ちょうせん》！

開成中

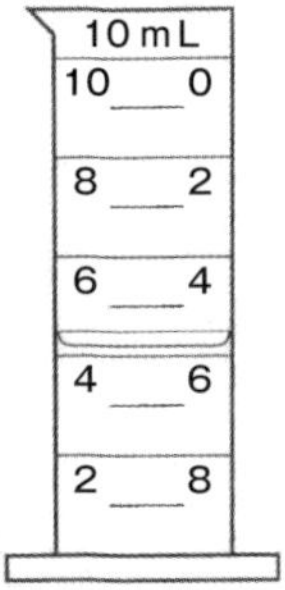
10 mL
10　0
8　2
6　4
4　6
2　8

　図《ず》のメスシリンダーは液体《えきたい》をはかりとる器具《きぐ》で、読《よ》みとった体積《たいせき》（目盛《めも》りの数値《すうち》）とメスシリンダーから流《なが》し出《だ》した液体《えきたい》の体積《たいせき》が同《おな》じになるようにつくられています。そのため、取《と》り扱《あつか》う際《さい》には、容積《ようせき》が変化《へんか》してしまう可能性《かのうせい》のある使《つか》い方《かた》は避《さ》けなければなりません。

問　メスシリンダーを洗《あら》って乾《かわ》かす方法《ほうほう》として最《もっと》も適当《てきとう》なものを次《つぎ》のア〜エの中《なか》から１つ選《えら》び、記号《きごう》で答《こた》えなさい。

ア　中《なか》の液体《えきたい》を流《なが》し、そこへ水《みず》を入《い》れては捨《す》てる作業《さぎょう》を何回《なんかい》か繰《く》り返《かえ》し、そのまま放置《ほうち》して乾《かわ》かした。

イ　中《なか》の液体《えきたい》を流《なが》し、そこへ水《みず》を入《い》れては捨《す》てる作業《さぎょう》を何回《なんかい》か繰《く》り返《かえ》し、乾燥機《かんそうき》で加熱《かねつ》して乾《かわ》かした。

ウ　水《みず》と硬《かた》いブラシを用《もち》いて、中《なか》をよく洗《あら》い、そこへ水《みず》を入《い》れては捨《す》てる作業《さぎょう》を何回《なんかい》か繰《く》り返《かえ》し、そのまま放置《ほうち》して乾《かわ》かした。

エ　水《みず》と洗剤《せんざい》と硬《かた》いブラシを用《もち》いて、中《なか》をよく洗《あら》い、そこへ水《みず》を入《い》れては捨《す》てる作業《さぎょう》を何回《なんかい》か繰《く》り返《かえ》し、乾燥機《かんそうき》で加熱《かねつ》して乾《かわ》かした。

〔解答《かいとう》　ア〕

メスシリンダーが1本《ぽん》、だめになっちゃったわ！
プンプン
ゴメン……。
ボクのうわばきかわいたかな♪
えっ!!
先生《せんせい》〜、うわばきボロボロ〜！
あらやだ、ちょっと強《つよ》くこすりすぎたかしら……。

化学

2

炎《ほのお》よ、燃《も》えろ!!

難易度《なんいど》 ★

キャンプに来《き》た二人《ふたり》
まだ、おかわりある? もっとカレーを食《た》べたいな。
さすがにもうないわ! 50杯目《ぱいめ》よっ!!
そっか…
あっ! 次《つぎ》は、キャンプファイヤーだよね?
つかれすぎて、もうキャンプファイヤーなんてできないわ。
カレーも10回作ったし
大《おお》きなテントはったし…
でーーん!
おおー!!
じゃあ、ボクが準備《じゅんび》をするよ。まかせて! 休《やす》んでて!!
キリッ
あっ、ありがと……。
だ大丈夫《だいじょうぶ》かしら…

ボケ問《もん》!

まきはこうやってぴったりくっつけて
ならべれば、よく燃《も》えるはず!

理科《りか》の知識《ちしき》を使《つか》って、このボケにツッコメ!

ツッコミ例《れい》

その ならべ方《かた》だと、空気《くうき》が入《はい》らないから燃《も》えにくいよ！

解説《かいせつ》

「まきを燃《も》やすには、新《あたら》しい空気《くうき》が必要《ひつよう》」

まきを燃《も》やし続《つづ》けるには、常《つね》に新《あたら》しい空気《くうき》が必要《ひつよう》です。**ボケ問《もん》のようにまきをすき間《ま》なくならべると、新《あたら》しい空気《くうき》が入《はい》らないためなかなか火《ひ》がつかず燃《も》えません。**

空気《くうき》は温《あたた》められるとぼう張《ちょう》して、密度《みつど》（$1\mathrm{cm}^3$あたりの重《おも》さ）が小《ちい》さくなり、周《まわ》りの空気《くうき》よりも軽《かる》くなるので上昇《じょうしょう》します。**①のようにすき間《ま》を作《つく》ってまきを組《く》むと、まきで囲《かこ》まれた部分《ぶぶん》がえんとつの役割《やくわり》をして、空気《くうき》が上昇《じょうしょう》します。その分《ぶん》、新《あたら》しい空気《くうき》が周囲《しゅうい》から入《はい》りこんでくるので、まきは燃《も》え続《つづ》けることができます。**

②のように一斗缶《いっとかん》を利用《りよう》してストーブやかまどを作《つく》ることもできます。このときも、一斗缶《いっとかん》の下《した》と上《うえ》を開《あ》けておくと、温《あたた》められた空気《くうき》が上《うえ》にぬけて、新《あたら》しい空気《くうき》が下《した》から入《はい》ってくるようになります。

①

②

大切ポイント

☆まきや一斗缶《いっとかん》を利用《りよう》するかまどは、空気《くうき》の通《とお》り道《みち》を確保《かくほ》する。

過去問　入試問題《にゅうしもんだい》に挑戦《ちょうせん》！

筑波大学附属駒場中

物《もの》の燃《も》え方《かた》についての条件《じょうけん》を確認《かくにん》する実験《じっけん》をいくつか行《おこな》った。実験《じっけん》では、上《うえ》にふたができて、開閉《かいへい》できる着火口《ちゃっかこう》のある金属《きんぞく》のじょうぶなかん(図《ず》1)、すき間《ま》なく積《つ》んだ木片《もくへん》（図《ず》2)、たがいちがいに積《つ》んだ木片《もくへん》（図《ず》3）を使《つか》った。ただし、使用《しよう》する木片《もくへん》を1本《ぽん》だけで、かんの外《そと》で燃《も》やしたときには、着火《ちゃっか》してからは何《なに》もしなくても最後《さいご》まで燃《も》えるものとする。実験《じっけん》の方法《ほうほう》と結果《けっか》を表《ひょう》にまとめた。

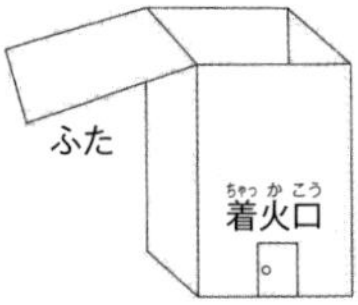

図1

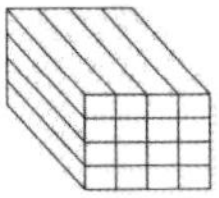
図2

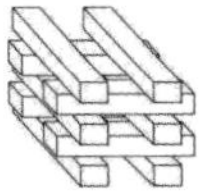
図3

実験《じっけん》の方法《ほうほう》と結果《けっか》

	木片《もくへん》の組《く》み方《かた》	ふたの開閉《かいへい》	着火口《ちゃっかこう》の開閉《かいへい》	結果《けっか》
実験《じっけん》1	図《ず》2	閉《し》めない	閉《し》める	燃《も》えずに残《のこ》った
実験《じっけん》2	図《ず》2	閉《し》めない	閉《し》めない	
実験《じっけん》3	図《ず》2	閉《し》める	閉《し》める	燃《も》えずに残《のこ》った
実験《じっけん》4	図《ず》2	閉《し》める	閉《し》めない	
実験《じっけん》5	図《ず》3	閉《し》めない	閉《し》める	全部《ぜんぶ》燃《も》えた
実験《じっけん》6	図《ず》3	閉《し》めない	閉《し》めない	
実験《じっけん》7	図《ず》3	閉《し》める	閉《し》める	燃《も》えずに残《のこ》った
実験《じっけん》8	図《ず》3	閉《し》める	閉《し》めない	

問1　木片《もくへん》がもっともいきおいよく燃《も》えると考《かんが》えられるのは、どの実験《じっけん》ですか。

問2　1で選《えら》んだ実験《じっけん》では、どのようなことが起《お》こっていたと考《かんが》えられますか。すべて選《えら》びなさい。

ア　木片《もくへん》が燃《も》えることによってできた気体《きたい》が、着火口《ちゃっかこう》から外《そと》に出《で》て行《い》く。
イ　木片《もくへん》が燃《も》えることによってできた気体《きたい》が、かんの上《うえ》から外《そと》に出《で》て行《い》く。
ウ　木片《もくへん》が燃《も》えるために使《つか》われる気体《きたい》が、着火口《ちゃっかこう》から中《なか》に入《はい》ってくる。
エ　木片《もくへん》が燃《も》えるために使《つか》われる気体《きたい》が、かんの上《うえ》から中《なか》に入《はい》ってくる。
オ　木片《もくへん》が燃《も》えるときには使《つか》われない気体《きたい》が、着火口《ちゃっかこう》から外《そと》に出《で》て行《い》く。
カ　木片《もくへん》が燃《も》えるときには使《つか》われない気体《きたい》が、かんの上《うえ》から外《そと》に出《で》て行《い》く。

［解答《かいとう》　問1：6　問2：イ、ウ、カ］

化学

化学

3 目覚《めざ》めのコーヒーは大人《おとな》の味《あじ》?

難易度《なんいど》★★

わあ!!
朝《あさ》だよ。先生《せんせい》、太陽《たいよう》がのぼってきたよ!
早《はや》く、早《はや》く!!
つかれすぎて起《お》きられない……。
はあい おいしー
そうだ!!
ぽわん
先生《せんせい》、コーヒーが好《す》きだよね! ボクが、エスプレッソをいれてあげる!
きっと、すてきな目覚《めざ》めになるはず!!
うれしいけど……、
エスプレッソは、ふつうのコーヒーとはちがう道具《どうぐ》を使《つか》うのよ!?
大丈夫《だいじょうぶ》! 待《ま》っててね!
キラーン
ほ、ホントに?

ボケ問《もん》！

真《ま》ん中《なか》にコーヒーの粉《こな》を、
上《うえ》と下《した》の両方《りょうほう》に水《みず》を入《い》れれば
エスプレッソができるよね？

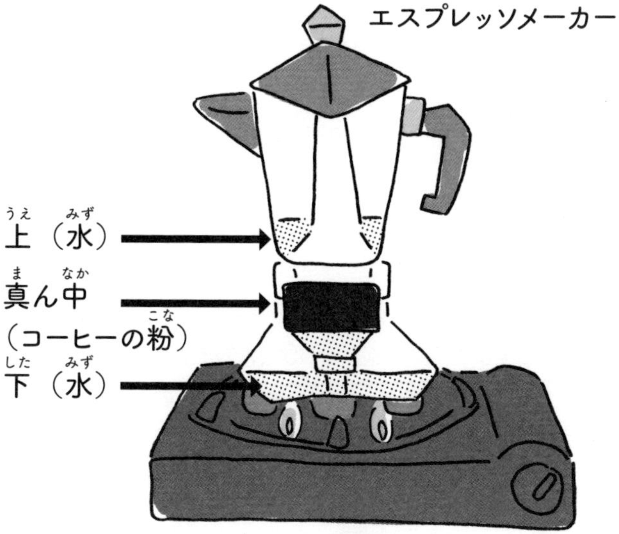

理科《りか》の知識《ちしき》を使《つか》って、このボケにツッコメ！

ツッコミ例《れい》

水《みず》は下《した》だけ！　上《うえ》にも水《みず》を入《い》れたら味《あじ》がうすくなっちゃうよ！

解説《かいせつ》

「エスプレッソは水蒸気《すいじょうき》の圧力《あつりょく》を利用《りよう》して作《つく》る」

　ふつうのコーヒーは、ドリップコーヒーとよばれ、右《みぎ》のようにコーヒー豆《まめ》の粉《こな》にお湯《ゆ》を注《そそ》ぎ、フィルターで成分《せいぶん》をろ過《か》して作《つく》ります。このようにして成分《せいぶん》を取《と》り出《だ》すことを抽出《ちゅうしゅつ》といいます。

　一方《いっぽう》、エスプレッソは、圧力《あつりょく》をかけて一気《いっき》に抽出《ちゅうしゅつ》して作《つく》る濃《こ》い味《あじ》のコーヒーで、エスプレッソメーカーなど、水蒸気《すいじょうき》の圧力《あつりょく》を利用《りよう》した道具《どうぐ》を用《もち》います。水《みず》はふっとうして水蒸気《すいじょうき》に変《か》わるとき、体積《たいせき》が約《やく》1600倍《ばい》になります。**①のように、水蒸気《すいじょうき》が水面《すいめん》をおし下《さ》げると、お湯《ゆ》が真《ま》ん中《なか》の管《くだ》を上《あ》がってコーヒーの粉《こな》を通《とお》っていきます。このときにコーヒーの成分《せいぶん》が抽《ちゅう》出《しゅつ》され、②のように最上部《さいじょうぶ》からエスプレッソが出《で》てきて、上部《じょうぶ》の容器《ようき》にたまります。**

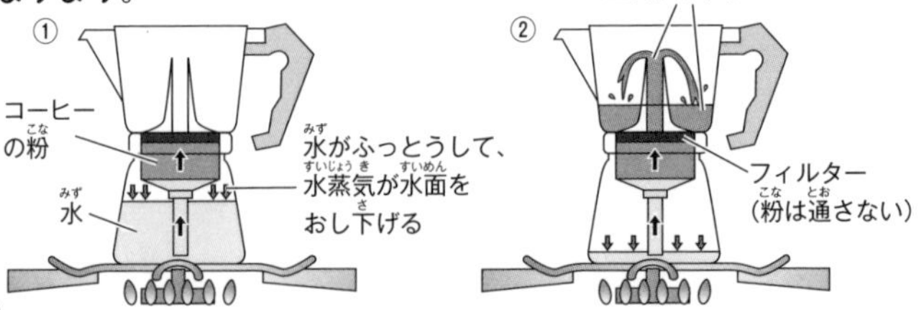

大切ポイント

☆水《みず》が水蒸気《すいじょうき》になるとき　体積《たいせき》が約《やく》1600倍《ばい》。

☆エスプレッソメーカー　水蒸気《すいじょうき》が水面《すいめん》をおす力《ちから》を利用《りよう》してコーヒーを抽出《ちゅうしゅつ》する道具《どうぐ》。

過去問　入試問題《にゅうしもんだい》に挑戦《ちょうせん》！

麻布中

　コーヒーを淹《い》れる作業《さぎょう》のように、物質《ぶっしつ》の成分《せいぶん》を、溶《と》けやすい液体《えきたい》に溶《と》かして取《と》り出《だ》す作業《さぎょう》を「抽出《ちゅうしゅつ》」といいます。抽出《ちゅうしゅつ》は多量《たりょう》の液体《えきたい》で一度《いちど》に行《おこな》うのではなく、少量《しょうりょう》の液体《えきたい》を数回《すうかい》に分《わ》けて行《おこな》う方《ほう》が、抽出《ちゅうしゅつ》される成分《せいぶん》が多《おお》くなります。そのため、コーヒーを淹《い》れるときは、熱湯《ねっとう》を少《すこ》しずつ注《そそ》ぐのです。

　コーヒーの淹《い》れ方《かた》には熱湯《ねっとう》を少《すこ》しずつ注《そそ》ぐ以外《いがい》の方法《ほうほう》もあります。たとえば、エスプレッソは少量《しょうりょう》の熱湯《ねっとう》に少《すこ》し高《たか》い圧力《あつりょく》をかけて１回《かい》の抽出《ちゅうしゅつ》で淹《い》れた、非常《ひじょう》に濃厚《のうこう》なコーヒーのことです。

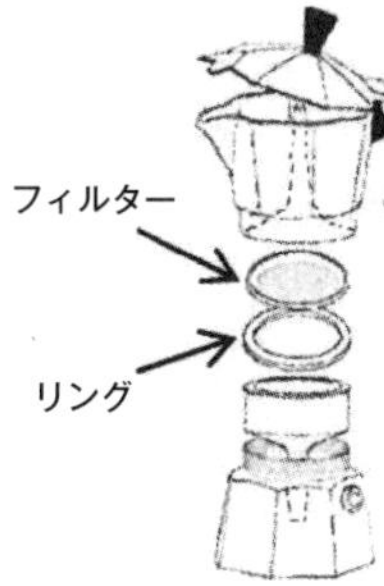
フィルター
リング

問　エスプレッソは図《ず》のような器具《きぐ》を使《つか》って淹《い》れることがあります。「水《みず》」、コーヒーの「粉《こな》」をどこに入《い》れ、「コーヒー」がどこにできるかを下《した》の図《ず》にそれぞれ書《か》きこみなさい。ただし、右《みぎ》の図《ず》の破線部分《はせんぶぶん》(----)は固形物《こけいぶつ》が通《とお》らず、水《みず》や水溶液《すいようえき》は通過《つうか》できるものとします。

解答《かいとう》

コーヒー
粉《こな》
水《みず》

エスプレッソは失敗《しっぱい》しちゃったから、ほかに何《なに》かいいものないかなあ。
ゴソゴソ
あっ!!
これだ!!
インスタントエスプレッソ
先生《せんせい》、できたよ！
こんなおいしいエスプレッソ、飲《の》んだことないわ。パオくんって天才《てんさい》！
ウシシ、バレてない。
よかったー

化学

4 今日《きょう》のおやつはパウンドケーキ

難易度《なんいど》 ★★

じっ!!
ウメ子《こ》先生《せんせい》、何《なに》かの実験《じっけん》？
パウンドケーキを作《つく》ろうと思《おも》って。今日《きょう》のおやつよ。
うふふ
ケーキ作《づく》り、ボクもやってみたい！
えっ！
大丈夫《だいじょうぶ》かしら…
じゃ、じゃあ……、最初《さいしょ》の工程《こうてい》をやってみる？
簡単《かんたん》だよ。ボクにまかせて!!
気《き》合《あ》い!!
ふんわりバター
泡立《あわだ》て器《き》で、このバターがふんわりするまでよ～く混《ま》ぜて！
よっしゃ！
とりゃー!!
きゃあああああああ
バサア
はっ!!
固《かた》くて混《ま》ざらない！
はあ
ぜえ
しーん

ボケ問《もん》！

バターが混《ま》ざっていないけど、
焼《や》いたらとけるからこのままでもいいよね？

理《り》科《か》の知《ち》識《しき》を使《つか》って、このボケにツッコメ！

ツッコミ例《れい》

それじゃあ、ケーキがちゃんとふくらまないよ！

解説《かいせつ》「ケーキがふくらむ理由《りゆう》」

ケーキなどの生地《きじ》を焼《や》くとふくらむ理由《りゆう》には、次《つぎ》のようなものがあります。

① 生地《きじ》の中《なか》の気泡《きほう》（空気《くうき》の泡《あわ》）が温《あたた》められて、ぼう張《ちょう》しふくらむ。

② 生地《きじ》の中《なか》の水分《すいぶん》が温《あたた》められて、水蒸気《すいじょうき》になりふくらむ。

③ ベーキングパウダーなどのぼう張剤《ちょうざい》が温《あたた》められるときに、二酸《にさん》化炭素《かたんそ》や水蒸気《すいじょうき》が発生《はっせい》してふくらむ。

④ 微生物《びせいぶつ》（イースト菌《きん》など）のはたらきで生地《きじ》が発酵《はっこう》し、二酸《にさん》化炭素《かたんそ》が発生《はっせい》してふくらむ。

パウンドケーキを作《つく》るには、①と②の性質《せいしつ》を利用《りよう》します。バターには、よく混《ま》ぜてクリーム状《じょう》にすると、小《ち》さな空気《くうき》の泡《あわ》がたくさんできる性質《せいしつ》があります。また、約《やく》16%の水分《すいぶん》がふくまれていて、オーブンなどで焼《や》くと、その水分《すいぶん》が水蒸気《すいじょうき》になり、生地《きじ》の中《なか》の気泡《きほう》とともにぼう張《ちょう》するので、生地《きじ》が均一《きんいつ》にふくらみます。しかし、**ボケ問《もん》のようにバターをよく混《ま》ぜないまま焼《や》いてしまうと、気泡《きほう》ができないため、ふくらみが悪《わる》くなります。**

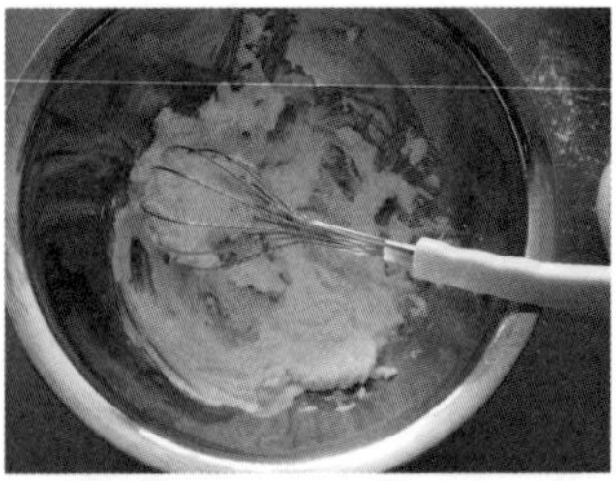

よく混《ま》ぜたクリーム状《じょう》のバター

大切ポイント

焼《や》くとふくらむ理由《りゆう》 差がつく！

☆生地《きじ》の中《なか》の気泡《きほう》が温《あたた》められて、ぼう張《ちょう》する。

☆生地《きじ》の中《なか》の水分《すいぶん》が温《あたた》められて、水蒸気《すいじょうき》になる。

過去問　入試問題《にゅうしもんだい》に挑戦《ちょうせん》！

麻布中

小麦粉《こむぎこ》、バター、卵《たまご》、砂糖《さとう》を同《おな》じ重《おも》さずつ混《ま》ぜて作《つく》るケーキは、パウンドケーキと呼《よ》ばれています。パウンドケーキを作《つく》るときには、まず、砂《さ》糖《とう》を加《くわ》えたバターをあわ立《だ》て器《き》で混《ま》ぜ、白《しろ》っぽくなるまで空気《くうき》を含《ふく》ませます。そこに溶《と》き卵《たまご》と小麦粉《こむぎこ》を軽《かる》く混《ま》ぜ合《あ》わせて、四角《しかく》い型《かた》に入《い》れて180℃で焼《や》いて作《つく》ります。また、クッキーの生地《きじ》は最初《さいしょ》から、小麦粉《こむぎこ》、バター、卵《たまご》、砂糖《さとう》を短時間《たんじかん》で混《ま》ぜて作《つく》ります。

問　下線部《かせんぶ》でバターに空気《くうき》を含《ふく》ませたのはなぜですか。次《つぎ》の文中《ぶんちゅう》のa～dについて、それぞれ〔　　〕内《ない》の語句《ごく》から適当《てきとう》なものを1つずつ選《えら》び、記号《きごう》で答《こた》えなさい。

きめ細《こま》かいパウンドケーキを作《つく》るために、多《おお》くのa〔ア　大《おお》きい　イ　小《ちい》さい〕空気《くうき》のあわを作《つく》り、加熱《かねつ》された生地《きじ》の中《なか》で発生《はっせい》したb〔ウ　二酸化炭素《にさんかたんそ》　エ　水蒸気《すいじょうき》〕が、そのあわのc〔オ　体積《たいせき》　カ　数《かず》〕を増加《ぞうか》させて、生地《きじ》をd〔キ　均一《きんいつ》　ク　不均一《ふきんいつ》〕にふくらませる。

〔解答《かいとう》　a：イ　b：エ　c：オ　d：キ〕

交換《こうかん》して！
いやよ！
ペタ
フン
泡立《あわだ》てなかったケーキ
泡立《あわだ》てたケーキ
やだあああ
ああああ
キャーッ!!!!
交換《こうかん》する交換《こうかん》する
わあーーーーーーー!!!

化学

5 真《ま》夏《なつ》にクーラーがこわれちゃった！

難易度《なんいど》 ★★

暑《あつ》い！
パタ
パタ
パタ
氷マクラ
全部《ぜんぶ》とけちゃった…。
氷マクラ
ふにゃあ
そうだ、プールに入《はい》ろう！
気持《きも》ちいい～。
5分後《ふんご》
もわーん
もう水《みず》が生《なま》ぬるい。プールもダメだ……。
パオくん、大丈夫《だいじょうぶ》……？
ふらっ
クーラーの修理《しゅうり》は、明日《あした》なのよ。それまではなんとか工夫《くふう》をして……。
よれっ
そうだ、ボク、いい方法《ほうほう》を思《おも》いついたよ！
ようし、まかせて！
サバァ！
ぎゃああああ
びしょー

ボケ問《もん》!

冷蔵庫《れいぞうこ》を開《あ》けっ放《ぱな》しにして、
部屋《へや》をすずしくしよう!

理科《りか》の知識《ちしき》を使《つか》って、このボケにツッコメ!

ツッコミ例《れい》

部屋《へや》の温度《おんど》は変《か》わらないよ！

解説《かいせつ》「冷房《れいぼう》、冷蔵庫《れいぞうこ》の冷《ひ》やすしくみ」

気体《きたい》は、圧力《あつりょく》が小《ちい》さくなりぼう張《ちょう》すると温度《おんど》が下《さ》がり、圧力《あつりょく》が大《おお》きくなり収縮《しゅうしゅく》すると温度《おんど》が上《あ》がります。この性質《せいしつ》を利用《りよう》して、エアコンは室内《しつない》の温度《おんど》を調整《ちょうせい》しています。室内機《しつないき》と室外機《しつがいき》の間《あいだ》を循環《じゅんかん》するガスを圧縮《あっしゅく》、ぼう張《ちょう》させて温度《おんど》を変化《へんか》させ、熱《ねつ》の受《う》けわたしをしているのです。

冷蔵庫《れいぞうこ》には室外機《しつがいき》がありませんが、庫内《こない》を冷《ひ》やした分《ぶん》の熱《ねつ》は、冷蔵庫《れいぞうこ》の後《うし》ろ側《がわ》から外《そと》（室内《しつない》）に出《で》されています。**ボケ問《もん》のように冷蔵庫《れいぞうこ》を開《あ》けっ放《ぱな》しにすると、室内《しつない》を冷《ひ》やした分《ぶん》だけ室内《しつない》が温《あたた》かくなるので、部屋全体《へやぜんたい》の温度《おんど》は変《か》わりません。**冷蔵庫《れいぞうこ》の機器《きき》が動《うご》くときに発生《はっせい》する熱《ねつ》のため、むしろ室温《しつおん》が上《あ》がってしまうともいえます。

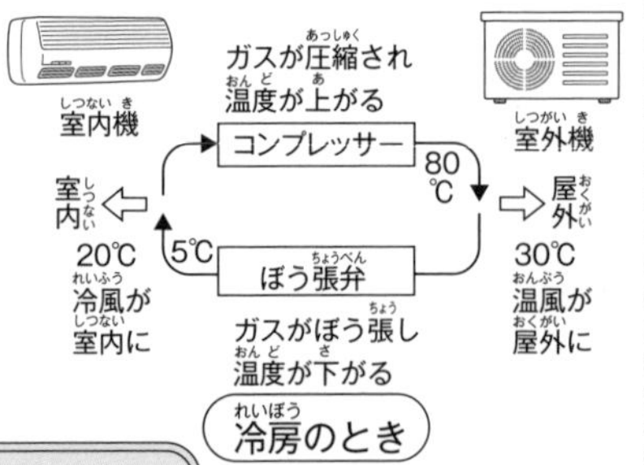

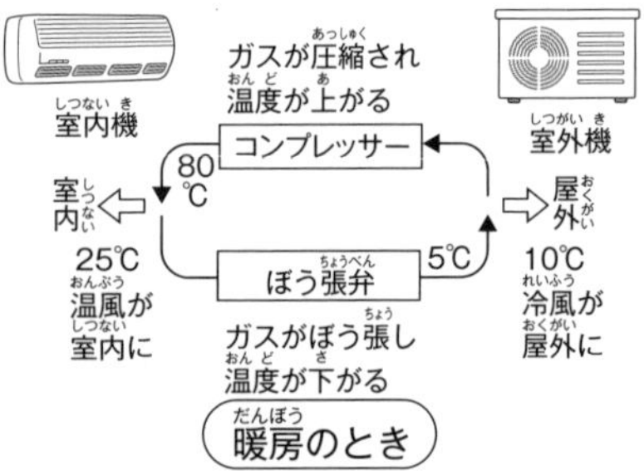

大切ポイント

- ☆**気体《きたい》がぼう張《ちょう》　温度《おんど》が下《さ》がる。**
- ☆**気体《きたい》が収縮《しゅうしゅく》　温度《おんど》が上《あ》がる。**
- ☆**エアコンは、室内機《しつないき》と室外機《しつがいき》を循環《じゅんかん》するガスを圧縮《あっしゅく》・ぼう張《ちょう》させて室温《しつおん》を変化《へんか》させる。** 差がつく！

過去問　入試問題《にゅうしもんだい》に挑戦《ちょうせん》！

麻布中

先生《せんせい》：(略《りゃく》) エアコンの仕組《しく》みは下《した》の図《ず》のようになっていて、パイプの中《なか》には、今《いま》では代替《だいたい》フロンガス(＊この後《あと》はガスとする) が流《なが》れているんだ。冷房《れいぼう》のときには冷《つめ》たいガスが室内機《しつないき》を流《なが》れ、室内《しつない》の暖《あたた》かい空気《くうき》が室内機《しつないき》のパイプに触《ふ》れて、室内《しつない》の空気《くうき》が冷《ひ》やされて冷風《れいふう》が出《で》てくるんだ。そのためには、図《ず》の中《なか》のコンプレッサーという装置《そうち》で熱《ねつ》の出入《でい》りができないくらいすばやくガスを十分《じゅうぶん》に圧縮《あっしゅく》し、膨張弁《ぼうちょうべん》で熱《ねつ》の出入《でい》りができないくらいすばやくガスを十分《じゅうぶん》に膨張《ぼうちょう》させることが特《とく》に重要《じゅうよう》なんだ。この２つは、ガスの流《なが》れの向《む》きによらず、ガスを圧縮《あっしゅく》したり膨《ぼう》張《ちょう》させたりするんだ。(略《りゃく》)

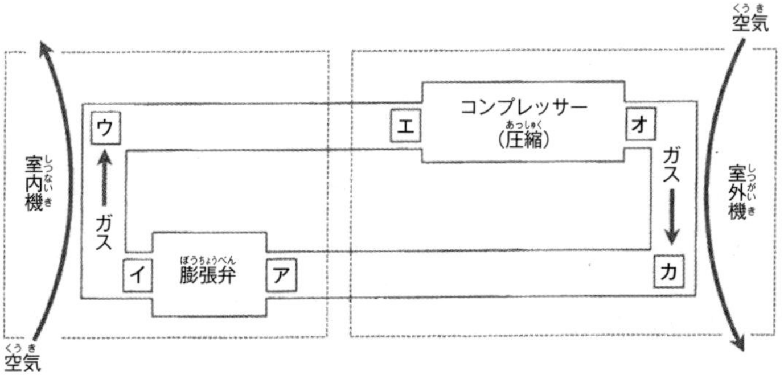

先生《せんせい》：暖房《だんぼう》の場合《ばあい》は、図《ず》と逆方向《ぎゃくほうこう》にガスが流《なが》れているんだ。膨張弁《ぼうちょうべん》を通過《つうか》すると、ガスの温度《おんど》は通過前《つうかまえ》に比《くら》べて(a)。次《つぎ》に、室外《しつがい》の空気《くうき》がパイプにあてられると、ガスの温度《おんど》は(b)。その次《つぎ》にコンプレッサーを通過《つうか》すると、ガスの温度《おんど》は通過前《つうかまえ》に比《くら》べて(c)。そして、室内《しつない》の空気《くうき》がパイプにあてられると、ガスの温度《おんど》は(d)。こうして室内機《しつないき》を通《とお》った空気《くうき》が温《あたた》められて温風《おんぷう》が出《で》てくるんだ。

問　暖房《だんぼう》について先生《せんせい》が説明《せつめい》した上《うえ》の文章《ぶんしょう》の(a) ～(d) にそれぞれ「上《あ》がる」か「下《さ》がる」のどちらかをいれなさい。

［**解答**《かいとう》　a：下《さ》がる　b：上《あ》がる　c：上《あ》がる　d：下《さ》がる］

化学

6 自由研究《じゆうけんきゅう》におすすめのテーマ！

難易度《なんいど》★

夏休《なつやす》みの図書館《としょかん》
あああーーー！！夏休《なつやす》みの自由研究《じゆうけんきゅう》、何《なに》をやればいいか思《おも》いつかないよー。
食塩《しょくえん》の結晶作《けっしょうづく》りはどうかしら。
はっ!!!
先生!!
去年《きょねん》やったよ。覚《おぼ》えてくれてないんだね……。
しゅん
えっ!!
そそそ、そうだったわ。たしかに！
それなら、ミョウバンの結晶作《けっしょうづく》りは？
まったく記憶《きおく》にない！
ミョウバンって何《なに》？
うふふふふ
つけ物《もの》のナスの色《いろ》をきれいにするために使《つか》うことがあるわよ。
みょうばん
このミョウバンを結晶《けっしょう》にすると、とっても美《うつく》しい形《かたち》になるのよ！
へぇ、そうなんだ。見《み》てみた〜い！

ボケ問《もん》！

ミョウバンの結晶《けっしょう》は、こんな形《かたち》じゃないかな！

理科《りか》の知識《ちしき》を使《つか》って、このボケにツッコメ！

ツッコミ例《れい》

それは、雪《ゆき》の結晶《けっしょう》だよ！

解説《かいせつ》

「結晶《けっしょう》の形《かたち》は、ものの種類《しゅるい》によって決《き》まっている」

一般的《いっぱんてき》に、固体《こたい》が一定量《いっていりょう》の水《みず》にとける限度《げんど》量《りょう》（溶解度《ようかいど》）は、水温《すいおん》が高《たか》いほど大《おお》きくなります。食塩《しょくえん》やミョウバンなどの固体《こたい》をお湯《ゆ》にとけるだけとかした後《あと》、水温《すいおん》を下《さ》げるととけきれなくなった固体《こたい》が結晶《けっしょう》として出《で》てきます。

結晶《けっしょう》は、物質《ぶっしつ》をつくる目《め》に見《み》えないほど小《ちい》さなつぶが規則的《きそくてき》にならんだもので、**特《とく》に食塩《しょくえん》、ミョウバン、ホウ酸《さん》の結晶《けっしょう》は特徴的《とくちょうてき》な形《かたち》をしています。ボケ問《もん》の例《れい》は雪《ゆき》の結晶《けっしょう》で、うすい六角《ろくかく》柱《ちゅう》の雪《ゆき》のつぶに水蒸気《すいじょうき》がくっついてさまざまな形《かたち》に変化《へんか》したものです。**

ミョウバンはスーパーでも売《う》られていて、ナスのつけ物《もの》を作《つく》るときの変色防止《へんしょくぼうし》や食材《しょくざい》の灰汁《あく》（苦《にが》みやしぶみ）ぬきなどに用《もち》いられます。また、汗《あせ》をおさえる制汗剤《せいかんざい》や消臭剤《しょうしゅうざい》としても使《つか》われています。

結晶《けっしょう》の形《かたち》

食塩《しょくえん》（立方体《りっぽうたい》）

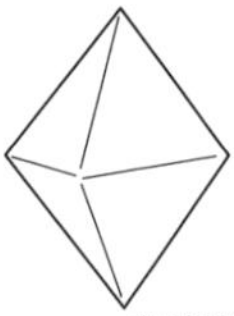

ミョウバン（正八面体《せいはちめんたい》）

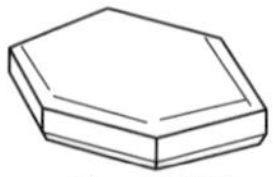

ホウ酸《さん》（六角柱《ろっかくちゅう》）

大切ポイント

☆**結晶《けっしょう》の形《かたち》**

食塩《しょくえん》…立方体《りっぽうたい》　ミョウバン…正八面体《せいはちめんたい》

ホウ酸《さん》…六角柱《ろっかくちゅう》

過去問 入試問題《にゅうしもんだい》に挑戦《ちょうせん》！

浦和明の星女子中

明美《あけみ》さんと星郎君《ほしろうくん》は、食塩《しょくえん》とミョウバンについて話《はな》しています。会話《かいわ》文《ぶん》を読《よ》んで、各問《かくと》いに答《こた》えなさい。

星郎君《ほしろうくん》　「食塩《しょくえん》もミョウバンも、身近《みぢか》なものだね。何《なに》に使《つか》われるか知《し》っている？」

明美《あけみ》さん　「食塩《しょくえん》は、ゆで卵《たまご》に味《あじ》をつけるために使《つか》われることがあるけれど、ミョウバンはどのように使《つか》われるかわからないわ。」

星郎君《ほしろうくん》　「(　①　) に使《つか》われることがあるよ。」

明美《あけみ》さん　「ここに食塩《しょくえん》とミョウバンがあるわ。どちらも白《しろ》くて規則正《きそくただ》しい形《かたち》をしているね。食塩《しょくえん》とミョウバンはそれぞれ少《すこ》しちがう形《かたち》をしているね。」

星郎君《ほしろうくん》　「規則正《きそくただ》しい形《かたち》をしたつぶを結晶《けっしょう》というんだよ。食塩《しょくえん》とミョウバンの結晶《けっしょう》をルーペで観察《かんさつ》してみよう。」(略《りゃく》)

問1　会話文中《かいわぶんちゅう》の (　①　) に入《はい》る言葉《ことば》として、もっとも適当《てきとう》なものを選《えら》び、ア〜オで答《こた》えなさい。

ア　使《つか》い終《お》わった油《あぶら》を固《かた》めるため

イ　スポーツドリンクに甘《あま》みをつけるため

ウ　スープにとろみをつけるため　　エ　肉《にく》をやわらかくするため

オ　ナスのつけ物《もの》の色《いろ》づけのため

問2　下線部《かせんぶ》について、食塩《しょくえん》とミョウバンの結晶《けっしょう》はどれですか。もっとも適当《てきとう》なものをそれぞれ選《えら》び、ア〜オで答《こた》えなさい。

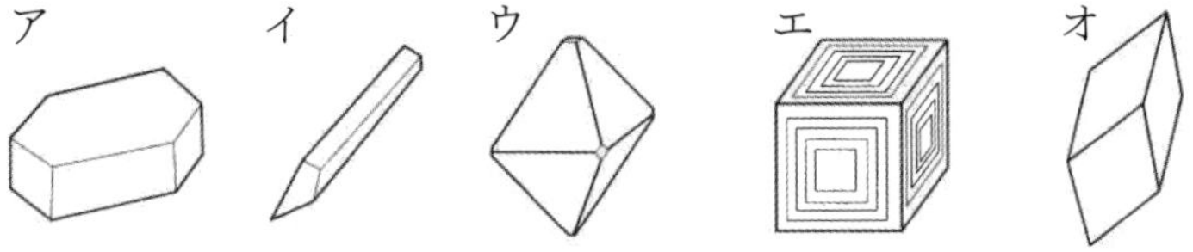

［解答《かいとう》　問1：オ　問2：食塩《しょくえん》　エ、ミョウバン　ウ］

化学

7 急速《きゅうそく》に冷《ひ》やす方法《ほうほう》を考《かんが》えろ!

難易度《なんいど》 ★★

真夏《まなつ》のある日《ひ》
暑《あ》っい〜〜
りんごジュース
ピカー
げっ!!
ジュースがぜんぜん冷《ひ》えてない。氷《こおり》入《い》れよ!
空《から》っぽ!
げげ!!
氷《こおり》もない!
はあ〜 幸《しあわ》せ〜〜
じっけん
ギ
あら、さっき、氷《こおり》を全部《ぜんぶ》使《つか》っちゃったわ。
あっゴメンネ
ガーン
う〜ん、すぐに冷《ひ》やす方法《ほうほう》は……。
そうだ!!
ナ、ナニ?大丈夫《だいじょうぶ》かしら……
タオルを水《みず》にぬらして
ペットボトルに巻《ま》いて
冷凍庫《れいとうこ》に入《い》れたら、すぐに冷《ひ》えるって聞《き》いたことがある!

ボケ問《もん》！

ぬらしたタオルの水《みず》がすぐに冷凍庫《れいとうこ》でこおるから、
ジュースが早《はや》く冷《ひ》えるはずだ！

⬇

理科《りか》の知識《ちしき》を使《つか》って、このボケにツッコメ！

ツッコミ例《れい》

早《はや》く冷《ひ》えるのは、気化熱《きかねつ》がうばわれるからだよ！

解説《かいせつ》「気化熱《きかねつ》のしくみ」

ペットボトルを水《みず》でぬらしたタオルで巻《ま》いて、冷凍庫《れいとうこ》に入《い》れると早《はや》く冷《ひ》やすことができるのは、タオルの水《みず》がすぐにこおるからではありません。**冷凍庫《れいとうこ》の冷気《れいき》がペットボトル内《ない》の液体《えきたい》を冷《ひ》やすのに加《くわ》えて、ぬれたタオルの水《みず》が蒸発《じょうはつ》するときにペットボトルの熱《ねつ》をうばうためです。**このときの熱《ねつ》を気化熱《きかねつ》といいます。プールから上《あ》がってぬれたままでいると体《からだ》が冷《ひ》えたり、夏《なつ》の暑《あつ》い日《ひ》に地面《じめん》に水《みず》をまくと、少《すこ》しすずしくなるように感《かん》じたりするのも同《おな》じしくみで、水《みず》が蒸発《じょうはつ》するときに気化熱《きかねつ》がうばわれるからです。（冷凍庫《れいとうこ》に30分《ぷん》以上《いじょう》ペットボトルを入《い》れると、破損《はそん》することがあるので注意《ちゅうい》！）

気化熱《きかねつ》に対《たい》して、気体《きたい》が液体《えきたい》になるときに放出《ほうしゅつ》される熱《ねつ》を凝縮熱《ぎょうしゅくねつ》といいます。凝縮熱《ぎょうしゅくねつ》のしくみは、冬《ふゆ》の下着《したぎ》などに使《つか》われています。あせや水蒸気《すいじょうき》が水《みず》に変《か》わるときに放出《ほうしゅつ》される熱《ねつ》を利用《りよう》して発熱《はつねつ》させ、温《あたた》かさを保《たも》つことができるのです。

気化熱《きかねつ》を利用《りよう》した、ドライミスト

大切ポイント

☆気化熱《きかねつ》　水《みず》が水蒸気《すいじょうき》に変《か》わるとき、周《まわ》りからうばう熱《ねつ》。

☆ペットボトルにぬれたタオルを巻《ま》いて冷凍庫《れいとうこ》や冷蔵庫《れいぞうこ》に入《い》れると、気化熱《きかねつ》がうばわれて早《はや》く冷《ひ》える。

過去問　入試問題《にゅうしもんだい》に挑戦《ちょうせん》！

駒場東邦中

【実験《じっけん》】　図《ず》1のように、試験管《しけんかん》に室温《しつおん》と同《おな》じ温度《おんど》（29℃）の水《みず》10mLを入《い》れ、その周《まわ》りをペーパータオルでおおい、横《よこ》から送風機《そうふうき》で風《かぜ》を送《おく》ったときの水《みず》の温度《おんど》の変化《へんか》を調《しら》べた。また、ペーパータオルに室温《しつおん》と同《おな》じ温度《おんど》の水《みず》やエタノール（アルコールの一種《いっしゅ》）を含《ふく》ませたり、試験管《しけんかん》の太《ふと》さを変《か》えたりして、同《おな》じ実験《じっけん》を行《おこな》い、その結果《けっか》を図《ず》2のグラフに示《しめ》した。試験管内《しけんかんない》の水《みず》の温度《おんど》の変化《へんか》は、試験管《しけんかん》を通《つう》じた外部《がいぶ》との熱《ねつ》の出入《でい》りによって起《お》こり、うばわれる熱《ねつ》と、与《あた》えられる熱《ねつ》が等《ひと》しいとき、水《みず》の温度《おんど》の変化《へんか》は起《お》こらない。なお、実験《じっけん》は風通《かぜとお》しの良《よ》い部屋《へや》で行《おこな》い、試験管内《しけんかんない》の水《みず》は蒸発《じょうはつ》しないものとする。

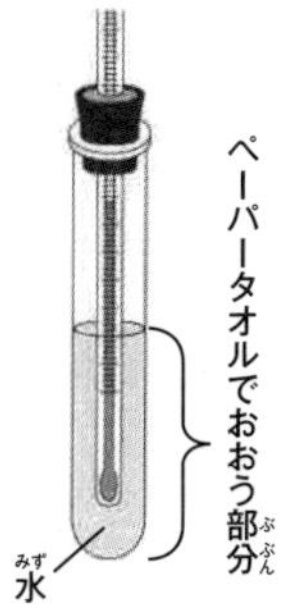

図1

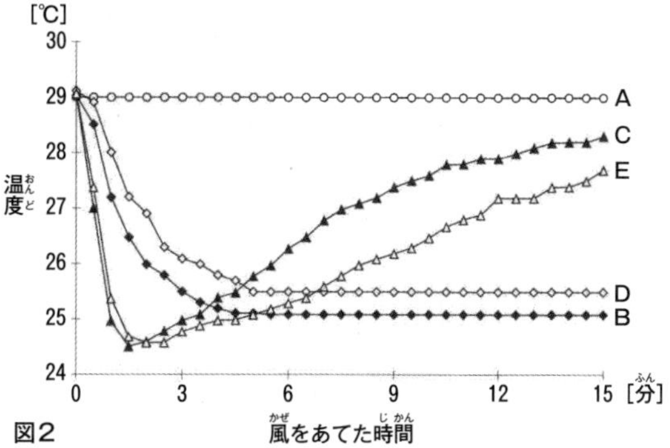

図2

A：細《ほそ》い試験管《しけんかん》を使《つか》い、ペーパータオルに何《なに》も含《ふく》ませなかった。

B：細《ほそ》い試験管《しけんかん》を使《つか》い、ペーパータオルに1mLの水《みず》を含《ふく》ませた。

C：細《ほそ》い試験管《しけんかん》を使《つか》い、ペーパータオルに1mLのエタノールを含《ふく》ませた。

D：太《ふと》い試験管《しけんかん》を使《つか》い、ペーパータオルに1mLの水《みず》を含《ふく》ませた。

E：太《ふと》い試験管《しけんかん》を使《つか》い、ペーパータオルに1mLのエタノールを含《ふく》ませた。

問　B、C、D、Eでは試験管内《しけんかんない》の水《みず》の温度《おんど》が下《さ》がりました。これと同《おな》じ現象《げんしょう》が起《お》きている場面《ばめん》を次《つぎ》のア～エからすべて選《えら》び、記号《きごう》で答《こた》えなさい。

ア　汗《あせ》をかいたままふかずにいると、体《からだ》が冷《ひ》える。

イ　夏《なつ》の暑《あつ》い日《ひ》に道路《どうろ》に水《みず》をまくと、すずしくなる。

ウ　氷水《こおりみず》を室内《しつない》においておくと、コップの周《まわ》りに水滴《すいてき》がつく。

エ　アルコールの入《はい》った消毒液《しょうどくえき》を手《て》につけると、冷《つめ》たく感《かん》じる。

［解答《かいとう》　ア、イ、エ］

化学

8 ろ過《か》後《ご》のろ紙《し》を開《ひら》いてみたら……

難易度《なんいど》 ★★

ミョウバン水溶液《すいようえき》を作成中《さくせいちゅう》
しんけん
ドカッ
あっ!!
量《りょう》が多《おお》すぎて全部《ぜんぶ》はとけない!
大丈夫《だいじょうぶ》？何《なに》か手伝《てつだ》う？
パ、パオくん!!
時間《じかん》もないし、たのんじゃおう!
そうね
これをろ過《か》して、とけ残《のこ》ったミョウバンを取《と》り出《だ》してほしいの。
できるかしら？
うん、ボクにまかせて!
大丈夫《だいじょうぶ》かしら？
たしかこう折《お》って……、
イイカンジ イイカンジ! さあ、ろ過《か》するぞ!
ろ過《か》完了《かんりょう》!!
ヤッタ!!!
ボクにもできた!

ボケ問《もん》!

4つ折《お》りにしたろ紙《し》を開《ひら》いたら、
ミョウバンがこの部分《ぶぶん》に残《のこ》っていたよ!

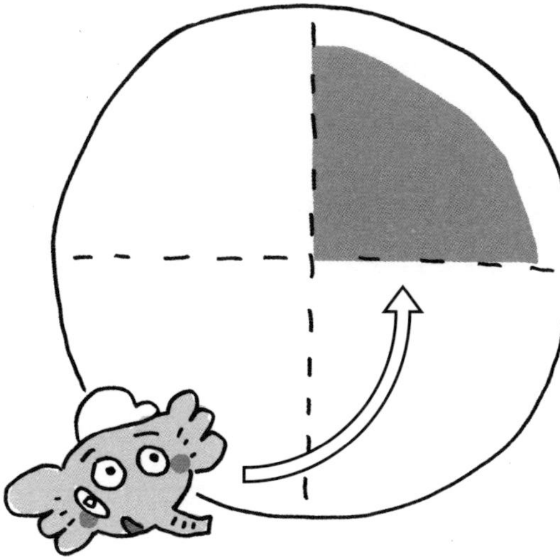

理科《りか》の知識《ちしき》を使《つか》って、このボケにツッコメ!

ツッコミ例《れい》

4つ折《お》りでそんな残《のこ》り方《かた》はしないよ！

解説《かいせつ》「ろ紙《し》の折《お》り方《かた》」

ろ過《か》とは、液体《えきたい》を細《こま》かい穴《あな》がたくさん空《あ》いたろ紙《し》に通《とお》して、液体《えきたい》から固体《こたい》を取《と》り出《だ》すことです。4つ折《お》りにしたろ紙《し》を円《えん》すいのような形《かたち》に開《ひら》いてからろうとにセットして、液体《えきたい》を注《そそ》ぎます。**ろ過後《かご》にろ紙《し》を開《ひら》くと、図《ず》の斜線部《しゃせんぶ》のように半円《はんえん》部分《ぶぶん》に結晶《けっしょう》が残《のこ》ります。**ボケ問《もん》では、ミョウバン（硫酸銅五水和物《りゅうさんどうごすいわぶつ》）がろ紙《し》の4分《ぶん》の1の部分《ぶぶん》にしか残《のこ》っていないのでまちがいですね。

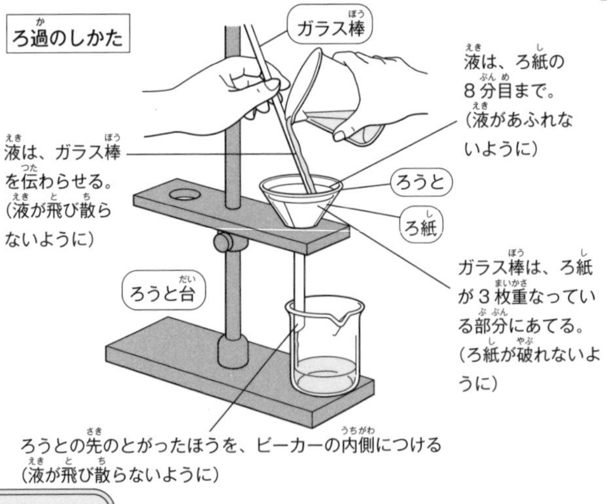

ろ過《か》のしかた
ガラス棒《ぼう》
液《えき》は、ろ紙《し》の8分目《ぶんめ》まで。（液《えき》があふれないように）
液《えき》は、ガラス棒《ぼう》を伝《つた》わらせる。（液《えき》が飛《と》び散《ち》らないように）
ろうと
ろ紙《し》
ろうと台《だい》
ガラス棒《ぼう》は、ろ紙《し》が3枚重《まいかさ》なっている部分《ぶぶん》にあてる。（ろ紙《し》が破《やぶ》れないように）
ろうとの先《さき》のとがったほうを、ビーカーの内側《うちがわ》につける（液《えき》が飛《と》び散《ち》らないように）

ろ紙《し》の折《お》り方《かた》

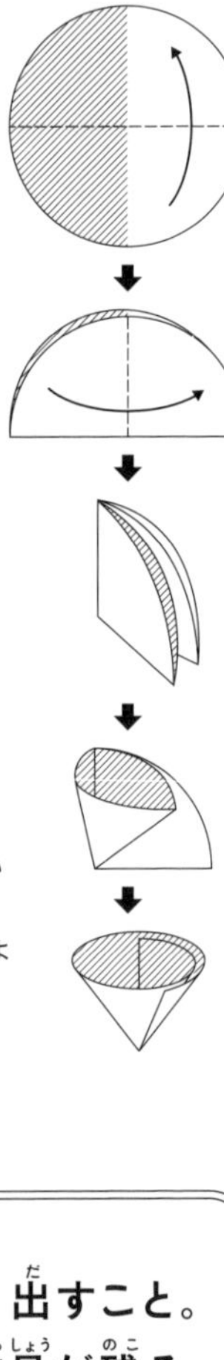

大切ポイント

☆ろ過《か》 液体《えきたい》をろ紙《し》に通《とお》して、固体《こたい》を取《と》り出《だ》すこと。

☆4つ折《お》りにしたろ紙《し》の半円部分《はんえんぶぶん》に、結晶《けっしょう》が残《のこ》る。

過去問 入試問題《にゅうしもんだい》に挑戦《ちょうせん》！

桜蔭中

30℃の水《みず》50gを用意《ようい》し、ある量《りょう》の硫酸銅五水和物《りゅうさんどうごすいわぶつ》をとかすと、とけ残《のこ》りができました。その後《あと》、この水溶液《すいようえき》をろ過《か》しました。

問　ろ過《か》した後《あと》のろ紙《し》を広《ひろ》げたとき、とけ残《のこ》った固体《こたい》はどのようにろ紙《し》についていますか。正《ただ》しいものをつぎのア～オから選《えら》び、記号《きごう》で答《こた》えなさい。ただし、点線《てんせん》はろ過《か》をしたときのろ紙《し》の折《お》り目《め》、灰色《はいいろ》の部分《ぶぶん》は固《こ》体《たい》を示《しめ》しています。

ア　イ　ウ　エ　オ

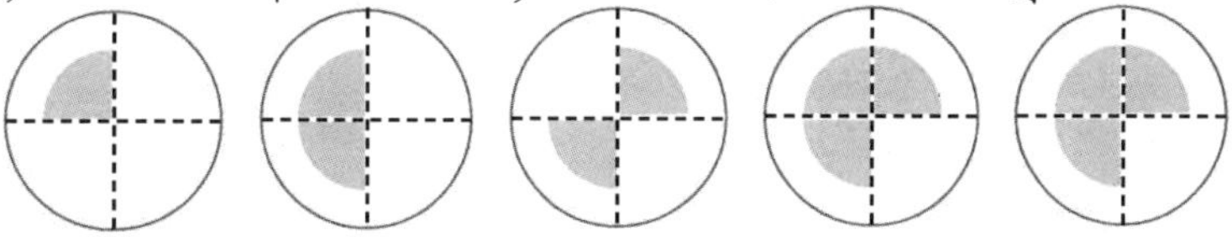

［解答《かいとう》　イ］

クンクン
いいにおいがしてきた!!
ランチはうどんよ！
カツオだしをとっているの。
かつおぶし
わあ～
ジャー
わあ!!
先生《せんせい》、これもろ過《か》だね!!
生活《せいかつ》の中《なか》にも、実験《じっけん》はいろいろあるのよ♪
そうね

化学

9 アイスクリームが食《た》べたいよう！

難易度《なんいど》 ★★

先生《せんせい》、アイス食《た》べよ！
バニラアイス ファミリーパック
ちょっと持《も》ってて!!
どーん!!
おもっ!!
バニラアイス ファミリーパック
シュッ!!
……
バニラアイス ファミリーパック
フー
ゴソゴソ
あれ？
アイスクリームをすくう大《おお》きいスプーンみたいなのがない！
キラーン!!
フフフ
あなたがなくしたのは、アルミニウム製《せい》のアイスディッシャーですか？
それともステンレス製《せい》のアイスディッシャーですか？
ばーーん！
えぇと……、ボクのアイスディッシャーは、カチコチアイスクリームでも、ラクラクすくえるほうだよ！
ええーっと！どっち?!?
さあどっち？

ボケ問《もん》！

すくいやすいのは、熱伝導率《ねつでんどうりつ》の高《たか》い
ステンレス製《せい》のアイスディッシャーですよね？

理《り》科《か》の知識《ちしき》を使《つか》って、このボケにツッコメ！

ツッコミ例《れい》

すくいやすいのは、アルミニウム製《せい》のだよ！

解説《かいせつ》

「熱《ねつ》の伝《つた》わりやすさを表《あらわ》す、熱伝導率《ねつでんどうりつ》に注目《ちゅうもく》」

熱《ねつ》には、温度《おんど》が高《たか》いほうから低《ひく》いほうへ移動《いどう》する性質《せいしつ》があります。冷《つめ》たい金属板《きんぞくばん》に手《て》をのせると手《て》の熱《ねつ》が金属《きんぞく》に移動《いどう》するので、手《て》は冷《ひ》えて、金属《きんぞく》は温《あたた》かくなっていきます。

熱《ねつ》の伝《つた》わりやすさ（熱伝導率《ねつでんどうりつ》）は、ものの種類《しゅるい》によってちがいます。**表《ひょう》を見《み》ると、アルミニウムは、ステンレスより熱伝導率《ねつでんどうりつ》が高《たか》いので、熱《ねつ》が伝《つた》わりやすいことがわかります。アルミニウム製《せい》のアイスディッシャーを使《つか》うと、手《て》の熱《ねつ》が伝《つた》わりやすいため、ディッシャーがふれた部分《ぶぶん》のアイスがとけて、すくいやすくなります。**同《おな》じ理由《りゆう》から、アイスクリームスプーンにもアルミニウムが用《もち》いられることがあります。

材料《ざいりょう》	熱伝導率《ねつでんどうりつ》〔W/m-K〕
ダイヤモンド	1000－2000
銀《ぎん》	428
銅《どう》	403
金《きん》	319
アルミニウム	236
鉄《てつ》	83.5
ステンレス鋼《どう》	16.7－20.9
ガラス	1.4
水《みず》	0.561－0.673
木材《もくざい》	0.15－0.25
発泡《はっぽう》ポリスチレン	0.03
空気《くうき》	0.0241

数値《すうち》が高《たか》いほど、熱《ねつ》が伝《つた》わりやすい。

大切ポイント

☆銀《ぎん》＞銅《どう》＞金《きん》＞アルミニウム＞鉄《てつ》の順《じゅん》に熱伝導率《ねつでんどうりつ》が高《たか》い。

過去問 入試問題《にゅうしもんだい》に挑戦《ちょうせん》！

雙葉中

問　ものの中《なか》を熱《ねつ》が伝《つた》わっていく現象《げんしょう》は生活《せいかつ》のいろいろなところで見《み》られます。下《した》の1～5の熱《ねつ》に関係《かんけい》する文《ぶん》として、まちがっているものを1つ選《えら》び番号《ばんごう》で答《こた》えなさい。

1　氷《こおり》を冷凍庫《れいとうこ》から出《だ》してもとけないようにするには、発泡《はっぽう》スチロールの容器《ようき》に入《い》れるとよい。

2　ホットコーヒーはアルミ缶《かん》ではなくスチール缶《かん》に入《はい》っている。

3　冷凍庫《れいとうこ》から出《だ》したばかりのアイスクリームがかたくてすくえないときは、アルミニウム製《せい》ではなく、ステンレス製《せい》（鉄《てつ》が混《ま》ざっている金属《きんぞく》）のスプーンを使《つか》うとよい。

4　フライパンの取《と》っ手《て》は、プラスチックで加工《かこう》されている。

5　公園《こうえん》で寒《さむ》い日《ひ》に鉄棒《てつぼう》につかまると手《て》がとても冷《つめ》たく感《かん》じるが. 木《き》にさわってもあまり冷《つめ》たく感《かん》じない。

［解答《かいとう》　3］

光ってる！
あれ？
金《きん》のアイスディッシャーだ！！
ずっしり！
おもっ
なんですって？！
金?!
くるっ!!
パオくん……
金《きん》は子《こ》どもにはあつかうのがむずかしいわ。
さあ、先生《せんせい》によこしなさい！
いいから早く
フッ
金《きん》に目《め》がくらんでるだけじゃないの？
ピカ

化学

10 冬《ふゆ》の日《ひ》のドライブは……

難易度《なんいど》★★

スキー場《じょう》にドライブ♪
レッツゴー!!
わく わく
スノーボード、早《はや》くすべりたいなあ。
そうね、でも雪《ゆき》も降《ふ》ってきたし、安全運転《あんぜんうんてん》でゆっくり行《い》くわね。
わあ！
雪景色《ゆきげしき》がきれいだな〜。
わくわく。
あれ？ あれれれれ？？
外《そと》が見《み》えなくなってきたよー!!
窓《まど》ガラスがくもってきたー!!

ボケ問《もん》！

フロントガラスのくもりをとりたいから、
暖房《だんぼう》の温度《おんど》を上《あ》げて
車内《しゃない》の空気《くうき》をじゅんかんさせよう！

↓

理科《りか》の知識《ちしき》を使《つか》って、このボケにツッコメ！

ツッコミ例《れい》

車内《しゃない》の空気《くうき》をじゅんかんさせても、くもりはとれないよ！

解説《かいせつ》

「外気《がいき》を入《い》れて、フロントガラスのくもりをとる」

空気中《くうきちゅう》にふくまれる水蒸気《すいじょうき》の限界量《げんかいりょう》（飽和水蒸気量《ほうわすいじょうきりょう》）は、空気《くうき》の温度《おんど》によって変《か》わり、温度《おんど》が高《たか》くなるほど多《おお》くの水蒸気《すいじょうき》をふくむことができます。

冬《ふゆ》の車内《しゃない》で暖房《だんぼう》をつけると、人《ひと》の呼気《こき》にふくまれる水蒸気《すいじょうき》で車内《しゃない》の空気《くうき》（内気《ないき》）の湿度《しつど》が上《あ》がりますが、フロントガラスは外気《がいき》で冷《ひ》えているので、空気中《くうきちゅう》の水蒸気《すいじょうき》が冷《ひ》えて水《すい》てきとなり、フロントガラスの内側《うちがわ》についてくもります。**くもりとるには、窓《まど》を開《あ》けて乾《かわ》いた外気《がいき》を車内《しゃない》に取《と》り入《い》れるなどして、内気《ないき》の湿度《しつど》を下《さ》げます。**また、車《くるま》にはデフロスターというくもりをとる機《き》能《のう》があり、乾《かわ》いた外気《がいき》を温風《おんぷう》にしてフロントガラスの内側《うちがわ》にあてることで、窓《まど》についた水《すい》てきを蒸発《じょうはつ》させながら内気《ないき》の湿《しつ》度《ど》を下《さ》げることができます。

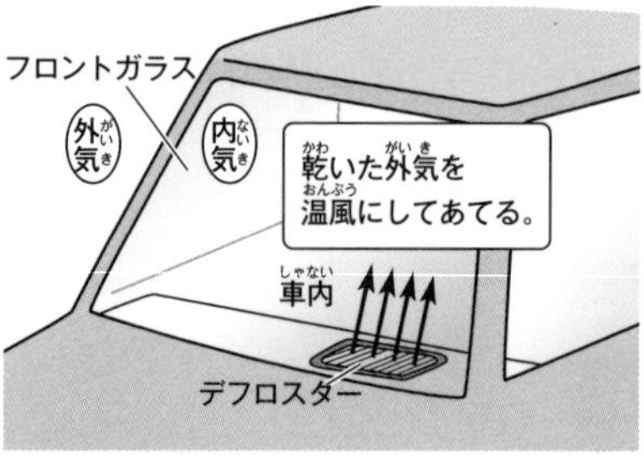

大切ポイント

☆**飽和水蒸気量《ほうわすいじょうきりょう》** 空気《くうき》$1\mathrm{m}^3$中《ちゅう》の水蒸気《すいじょうき》の限界量《げんかいりょう》。気温《きおん》が高《たか》いほど飽和水蒸気量《ほうわすいじょうきりょう》は大《おお》きくなる。 差がつく！

☆冬《ふゆ》の車内《しゃない》の窓《まど》のくもりは、内気《ないき》が冷《ひ》やされることによってできる。→乾《かわ》いた外気《がいき》を車内《しゃない》に入《い》れて内気《ないき》の湿度《しつど》を下《さ》げる。

過去問　入試問題《にゅうしもんだい》に挑戦《ちょうせん》！

渋谷教育学園渋谷中

母《はは》：冬《ふゆ》の車《くるま》の運転《うんてん》は特《とく》に気《き》をつけないと。フロントガラスがくもって危《あぶ》ないことになるから。

父《ちち》：そんなときには、デフロスターっていうスイッチを押《お》すといいよ。デフロスターを押《お》すと、フロントガラスに、A（ア．冷《つめ》たい　イ．暖《あたた》かい）風《かぜ》が吹《ふ》きつけられるようになり、車内《しゃない》の空気《くうき》をB（ウ．外《そと》の空気《くうき》と交換《こうかん》　エ．車内《しゃない》だけで循環《じゅんかん》）するようになるから、くもりをとることができるよ。

リカ子《こ》：お母《かあ》さん、冬《ふゆ》に限《かぎ》らなくても車《くるま》の窓《まど》はくもるよね。夏《なつ》の暑《あつ》い日《ひ》にゲリラ豪雨《ごうう》みたいなのが降《ふ》った後《あと》とかは特《とく》にくもっていたよ。だから、夏《なつ》も気《き》をつけないと。

母《はは》：確《たし》かにそうね。エアコンを入《い》れて車内《しゃない》を冷《ひ》やしているから、夏《なつ》でもくもるわね。そもそも、どうしていろいろとくもるのかしら。（略《りゃく》）

問1　文中《ぶんちゅう》のA、Bにあてはまる語句《ごく》をア～エからそれぞれ選《えら》び、記号《きごう》で答《こた》えなさい。

問2　下線部《かせんぶ》について、夏《なつ》にくもったときのフロントガラスは、どのような状態《じょうたい》になっていますか。正《ただ》しいものを次《つぎ》のア～ウから1つ選《えら》び、記号《きごう》で答《こた》えなさい。

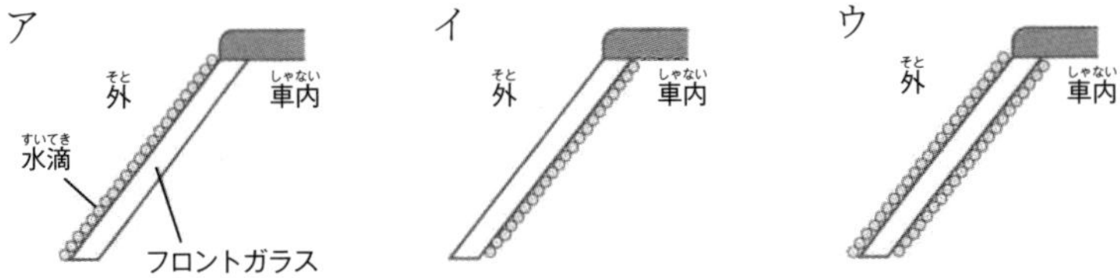

［解答《かいとう》　問1：A（イ）、B（ウ）　問2：ア］

化学

11

ペットボトルをリサイクルしよう！

難易度《なんいど》 ★★

またね
バイバイ
また、明日《あした》ねー。
パーティー、楽《たの》しかったあ～!!!
バタッ
さあ、かたづけましょう。ペットボトルをお願《ねが》いね。
リサイクルに出《だ》すわよ。
リサイクル？どうやるの？
もじもじ
キャップを外《はず》して、ラベルをはがして、中《なか》をゆすぐのよ。
うんっ
じゃ、よろしく
全部《ぜんぶ》バラバラにしたから、水《みず》につけておこうっと！
くんくん
らちらち
ボコボコ
ブクブク

ボケ問《もん》！

キャップ、ラベル、本体《ほんたい》も全部《ぜんぶ》しずんだから、
このまましばらく水《みず》につけておこう！

理科《りか》の知識《ちしき》を使《つか》って、このボケにツッコメ！

ツッコミ例《れい》

キャップはうくよ！

解説《かいせつ》「プラスチック製品《せいひん》の原料《げんりょう》」

ペットボトルの本体《ほんたい》はポリエチレンテレフタラート（PET）、ラベルはポリスチレン（PS）、キャップはポリプロピレン（PP）でできています。**PETとPSは、水《みず》より密度《みつど》が大《おお》きいので水《みず》にしずみますが、PPは水《みず》より密度《みつど》が小《ちい》さいので水《みず》にうきます。ボケ問《もん》では、PPでできているキャップがしずんでいるのでまちがいです。**ラベルはPPでできているものもありますが、どれもプラスチックの一種《いっしゅ》です。

PPは、PETよりやわらかいので、すべり止《ど》めやネジ形《がた》の加工《かこう》がしやすく、しっかりしめるというキャップの使《つか》い方《かた》を考《かんが》えたときに都合《つごう》がよい素材《そざい》です。

プラスチックは種類《しゅるい》ごとに分《わ》けてリサイクル（再利用《さいりよう》）します。そのため、回収後《かいしゅうご》、分別《ぶんべつ》しきれていないプラスチックは細《こま》かくくだいてから、水《みず》に入《い》れたり、風《かぜ》をあてたりしてさらに種類《しゅるい》ごとに分別《ぶんべつ》します。これは、プラスチックの原料《げんりょう》のちがいを利用《りよう》した分別法《ぶんべつほう》です。

プラスチックの種類《しゅるい》	記号《きごう》	密度《みつど》（g/㎤）	水《みず》にうく・しずむ
ポリエチレン	PE	0.91～0.97	うく
ポリプロピレン	PP	0.90～0.91	うく
ポリスチレン	PS	1.04～1.09	しずむ
ポリエチレンテレフタラート	PET	1.34～1.39	しずむ

大切ポイント

☆プラスチックは原料《げんりょう》のちがいを利用《りよう》し、水《みず》にうくかしずむかで分別《ぶんべつ》ができる。差がつく！

☆水《みず》にしずむ PET、PS

☆水《みず》にうく PE、PP

過去問 入試問題《にゅうしもんだい》に挑戦《ちょうせん》！

海陽中等教育学校（特別給費）（改題）

ペットボトルは、一般《いっぱん》にボトル本体《ほんたい》は PET（ポリエチレンテレフタラート）、キャップは PP（ポリプロピレン）というプラスチックでできています。開封前《かいふうまえ》は１つに見《み》えるキャップも、開封《かいふう》することによってキャップ部分《ぶぶん》とリング部分《ぶぶん》に分《わ》かれます。

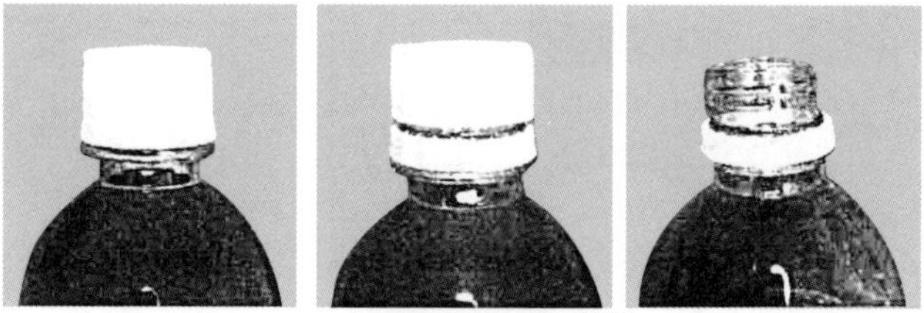

ペットボトルキャップの開封《かいふう》

ペットボトル本体《ほんたい》とキャップの素材《そざい》が異《こと》なっているのにリサイクルに問題《もんだい》はないのでしょうか。

問　通常《つうじょう》、ペットボトルのリサイクルにおいては、ラベルとキャップは外《はず》して集《あつ》めますが、リングは残《のこ》っています。これはリサイクル工場《こうじょう》において簡単《かんたん》に分《わ》けることができるからです。どのようにしてペットボトルとリングを分《わ》けているでしょうか。方法《ほうほう》を考《かんが》えなさい。なお、リサイクル工場《こうじょう》ではまずプラスチックを細《こま》かくくだきます。

［**解答例《かいとうれい》**　細《こま》かくくだいたプラスチックを水《みず》にうかべて、水《みず》にしずむボトル本体《ほんたい》と、水《みず》にうくキャップに分《わ》ける。］

そうじの後《あと》……
ピカー
ピカ
ガーガー
たのしかったねえ～
むにゃむにゃ
ZZZZZ

化学

12 石《せっ》けんの泡《あわ》にひみつがある!?

難易度《なんいど》 ★★★

シュッ
おーい!!
ハロー、ぼくは界面活性剤《かいめんかっせいざい》。
ぽんっ!!
KKZって
よんでくれよな!
あっ、泡《あわ》!?
泡《あわ》じゃないよ。
ぼくの体《からだ》は、
水《みず》になじむ部分《ぶぶん》
(親水基《しんすいき》)と、
油《あぶら》になじむ部分《ぶぶん》
(親油基《しんゆき》)で
できていて、
親水基《しんすいき》
親油基《しんゆき》
石《せっ》けんや
洗剤《せんざい》に
ふくまれて
いるよ。
水《みず》だけだと泡《あわ》は、
すぐ消《き》えてしまう。
そ、そう
なんだ
でも、水《みず》と
石《せっ》けんが
混《ま》ざっていると、
空気《くうき》をふくんだ
泡《あわ》ができるんだぜ!
ぼくのおかげさ。
えっへん!!
なるほど!!

ボケ問《もん》!

石《せっ》けんの泡《あわ》は、こんなしくみに
なっているんじゃないかな!

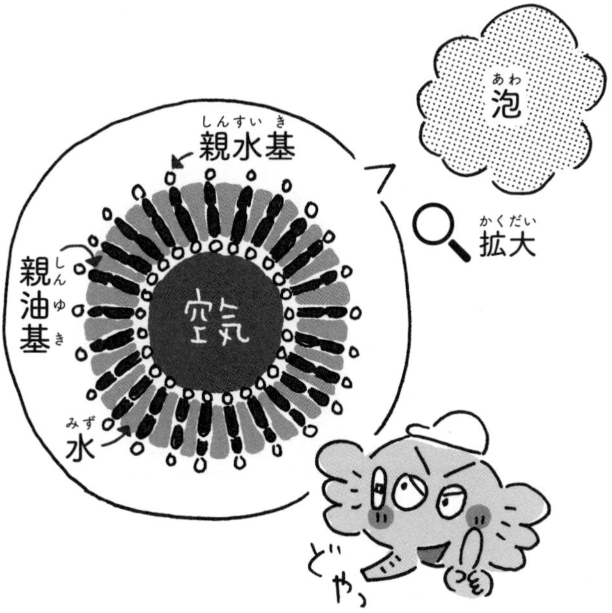

理科《りか》の知識《ちしき》を使《つか》って、このボケにツッコメ!

ツッコミ例《れい》

親水基《しんすいき》と親油基《しんゆき》が逆《ぎゃく》だよ！

解説《かいせつ》

「石《せっ》けんや洗剤《せんざい》にふくまれる界面活性剤《かいめんかっせいざい》のはたらき」

水《みず》に洗剤《せんざい》を混《ま》ぜると泡立《あわだ》ちますが、水《みず》だけでは泡立《あわだ》ちません。水《みず》だけの泡《あわ》がすぐにこわれてしまうのは、表面張力《ひょうめんちょうりょく》によって水《みず》どうしが表面《ひょうめん》を引《ひ》っ張《ぱ》り合《あ》うためです。表面張力《ひょうめんちょうりょく》とは、表面積《ひょうめんせき》を最小《さいしょう》にしようとするはたらきのことで、水《すい》てきが丸《まる》くなるのも表面張力《ひょうめんちょうりょく》によるものです。

洗剤《せんざい》を混《ま》ぜた水《みう》が泡立《あわだ》つのは、界面《かいめん》活性剤《かっせいざい》が泡《あわ》の表面《ひょうめん》（水《みず》と空気《くうき》の境界《きょうかい》面《めん》）にくっついて、界面活性剤《かいめんかっせいざい》の親水基《しんすいき》（水《みず》になじみやすい部分《ぶぶん》）が表面張力《ひょうめんちょうりょく》を弱《よわ》めるためです。泡《あわ》の表面《ひょうめん》を引《ひ》っ張《ぱ》る力《ちから》が弱《よわ》くなることで泡《あわ》がこわれにくくなります。

ボケ問《もん》は、水《みず》に親油基《しんゆき》がくっついているのがまちがいですね。

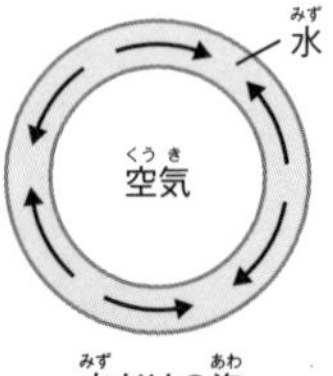

水《みず》だけの泡《あわ》

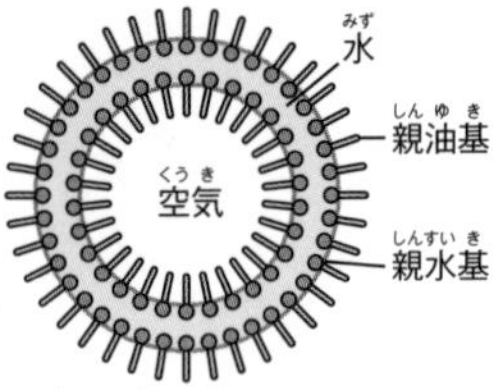

水《みず》に洗剤《せんざい》が混《ま》ざった泡《あわ》

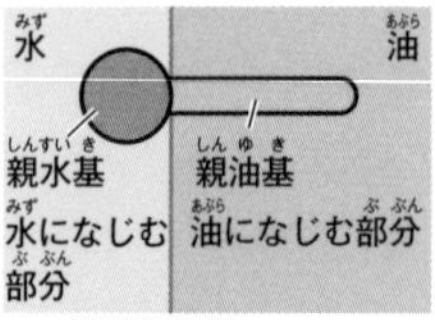

界面活性剤《かいめんかっせいざい》のしくみ

大切ポイント

☆水《みず》が泡立《あわだ》たないのは、表面張力《ひょうめんちょうりょく》のはたらきで、水《みず》どうしが表面《ひょうめん》を引《ひ》っ張《ぱ》り合《あ》うため。

☆界面活性剤《かいめんかっせいざい》が泡《あわ》の表面《ひょうめん》（水《みず》と空気《くうき》の境界面《きょうかいめん》）につくと、表面張力《ひょうめんちょうりょく》が弱《よわ》まり泡《あわ》がこわれにくくなる。

差がつく！

過去問　入試問題《にゅうしもんだい》に挑戦《ちょうせん》！

東京都立小石川中

公園《こうえん》から帰《かえ》ってきたみちよさんがお姉《ねえ》さんと話《はなし》をしています。

みちよ：ただいま。

お姉《ねえ》さん：おかえりなさい。うがいと手洗《てあら》いをしてね。

みちよ：お姉《ねえ》さん、前《まえ》から不思議《ふしぎ》に思《おも》っていたのだけれど、固形《こけい》の石《せっ》けんは水《みず》をつけないと泡立《あわだ》たないわよね。なぜかしら。

お姉《ねえ》さん：石《せっ》けんだけでは泡《あわ》は作《つく》れないけれど、水《みず》なら、それだけでも泡《あわ》ができることがあるわ。

みちよ：どういうときかしら。

お姉《ねえ》さん：プールでバタ足《あし》をしたときや、お風呂《ふろ》で水面《すいめん》をたたいたとき、水面《すいめん》に泡《あわ》ができるわね。

みちよ：そういえばそうね。でも、すぐに消《き》えてしまうわ。

お姉《ねえ》さん：石《せっ》けんの混《ま》ざった水《みず》でできた泡《あわ》なら、しばらく消《き》えずに残《のこ》ったり、空気中《くうきちゅう》にうかんだりするわね。

問　石《せっ》けんの混《ま》ざった水《みず》でできた泡《あわ》は、どのようなつくりになっているでしょうか。泡《あわ》の断面《だんめん》の図《ず》をかきなさい。また、水《みず》や石《せっ》けんなどが図《ず》のどこにあるのかも、分《わ》かるようにかきなさい。

解答例《かいとうれい》

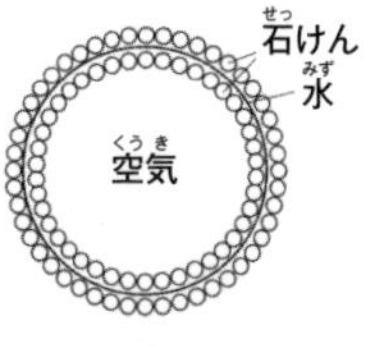
石《せっ》けん
水《みず》
空気《くうき》

KKZって子《こ》、いきなりでビックリしたな、もう……。
おーい！
えっ、また!?
KKZくんの正体《しょうたい》は、ウメ子《こ》お手製《てせい》のドローンでした〜♪
ピピ
ココ
かわいいでしょ♡
ええっ!!

化学

13 冬《ふゆ》の定番《ていばん》、ぬくぬく使《つか》い捨《す》てカイロ

難易度《なんいど》 ★★

行列《ぎょうれつ》のできるケーキ屋《や》さん
本日分 売り切れ ありがとうございました!
まだ開店《かいてん》から15分《ふん》なのに!! やっぱり、朝一番《あさいちばん》にならばないとダメなんだ……。
がーん!!!
ボクが、明日《あした》の朝《あさ》早《はや》く来《き》てならぶよ。
先生まかせて!
ムリしなくていいわよ。
だいじょ～うぶ。寒《さむ》さ対策《たいさく》にカイロをちょうだい!!
ガサゴソ
ほっとカイロ
これ一個《いっこ》しかないから、大切《たいせつ》に使《つか》って!!
はいどうぞ!
ほっとカイロ
ありがとう!
じゃあさっそく…
ドリッ
カイロ
えー!!!
今開《いまあ》けたら、明日《あした》使《つか》えんじゃろがー!!!!
え? そうなの??

ボケ問《もん》！

カイロの袋《ふくろ》を開《あ》けちゃったから、
もう明日《あした》は使《つか》えませんよ……。

エヘヘ
ほっと
カイロ
大切《たいせつ》に使《つか》えと言うたやろー

理科《りか》の知識《ちしき》を使《つか》って、このボケにツッコメ！

ツッコミ例《れい》

すぐに密閉《みっぺい》すれば使《つか》えるよ！

解説《かいせつ》「使《つか》い捨《す》てカイロのしくみ」

使《つか》い捨《す》てカイロは、鉄《てつ》が空気中《くうきちゅう》の酸素《さんそ》と結《むす》びついて、酸化鉄《さんかてつ》になるときに出《で》る熱《ねつ》を利用《りよう》しています。水《みず》にぬれた鉄《てつ》が、赤茶色《あかちゃいろ》にさびるのも鉄《てつ》の酸化《さんか》（酸素《さんそ》と結《むす》びつくこと）です。鉄《てつ》がさびるときにも熱《ねつ》が出《で》ますが、非常《ひじょう》にゆっくりなため、温《あたた》かいと感《かん》じることはありません。

一方《いっぽう》、カイロには、鉄粉《てっぷん》のほかに、酸化反応《さんかはんのう》を速《はや》めるための塩《しお》、水《みず》、保水材《ほすいざい》、活性炭《かっせいたん》が入《はい》っていて、すばやく熱《ねつ》を発生《はっせい》させるしくみになっています。カイロを外袋《そとぶくろ》から出《だ》すと、カイロ内《ない》に空気《くうき》が入《はい》り酸化《さんか》が始《はじ》まります。しかし、**カイロをチャック付《つ》きビニール袋《ぶくろ》などに入《い》れて、できる限《かぎ》り空気《くうき》をぬいてから密閉《みっぺい》すると酸化《さんか》を止《と》めることができます。**そのカイロを袋《ふくろ》から出《だ》すと再《ふたた》び酸化《さんか》が始《はじ》まるので、使《つか》いたいときに使《つか》うことができ、カイロを長持《ながも》ちさせることもできます。

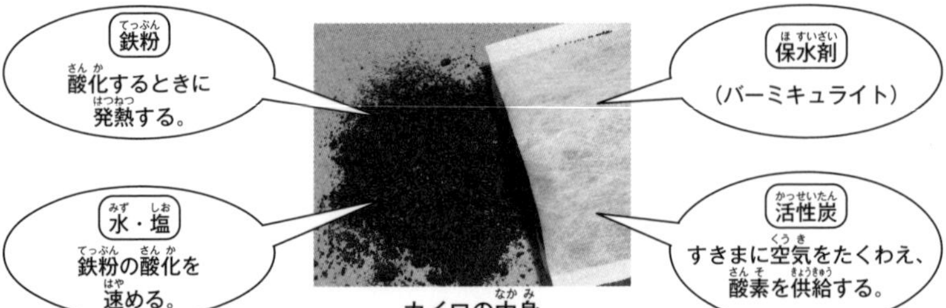

カイロの中身《なかみ》

大切ポイント

☆使《つか》い捨《す》てカイロ　鉄《てつ》が酸化《さんか》するときの熱《ねつ》を利用《りよう》。塩《しお》、水《みず》、保水剤《ほすいざい》、活性炭《かっせいたん》により酸化反応《さんかはんのう》を速《はや》めている。差がつく！

☆使《つか》いかけのカイロを空気《くうき》にふれないように密閉《みっぺい》すると、酸化反応《さんかはんのう》が止《と》まる。

過去問 入試問題《にゅうしもんだい》に挑戦《ちょうせん》!

桜蔭中

(略《りゃく》) 使《つか》いすてカイロは、鉄《てつ》が酸素《さんそ》と結《むす》びつくときに発生《はっせい》する熱《ねつ》を利用《りよう》しています。鉄《てつ》を粉末状《ふんまつじょう》にして内袋《うちぶくろ》に入《い》れ、さらに外袋《そとぶくろ》に入《い》れて保管《ほかん》します。使《つか》うときに外袋《そとぶくろ》から取《と》り出《だ》すと、温度《おんど》が上《あ》がり始《はじ》めます。ちょうど良《よ》い温度《おんど》が長《なが》い時間続《じかんつづ》くように工夫《くふう》されています。

問 使《つか》いすてカイロについて説明《せつめい》した文《ぶん》として正《ただ》しいものをア〜キから3つ選《えら》び、記号《きごう》で答《こた》えなさい。

ア 内袋《うちぶくろ》には小《ちい》さな穴《あな》がたくさんあいていて、外袋《そとぶくろ》から取《と》り出《だ》すとすぐに鉄《てつ》が空気《くうき》にふれて温度《おんど》が上《あ》がり始《はじ》める。

イ 内袋《うちぶくろ》には小《ちい》さな穴《あな》がたくさんあいていて、中《なか》の空気《くうき》が膨張《ぼうちょう》して袋《ふくろ》が破《やぶ》れるのを防《ふせ》いでいる。

ウ 内袋《うちぶくろ》も外袋《そとぶくろ》も空気《くうき》を通《とお》さない素材《そざい》でできているため、長期間保管《ちょうきかんほかん》することができる。

エ 製造過程《せいぞうかてい》で発熱《はつねつ》し始《はじ》めても、内袋《うちぶくろ》に入《い》れると止《と》まる。

オ 製造過程《せいぞうかてい》で発熱《はつねつ》し始《はじ》めても、外袋《そとぶくろ》に入《い》れると止《と》まる。

カ 鉄《てつ》のつぶが大《おお》きいほうが速《はや》く温度《おんど》が上《あ》がる。

キ 鉄《てつ》のつぶが小《ちい》さいほうが速《はや》く温度《おんど》が上《あ》がる。

[解答《かいとう》 ア、オ、キ]

開《あ》けちゃったよおおおおお!!!
きゃあああ
ゴソ
ゴソ
あ!もう一個《いっこ》あったわ!!
密閉《みっぺい》したらさっきのも使《つか》えるのに!
エヘ
ぱあああああ
新品!!
ほっとカイロ
ふき飛《と》ばされるかと……。

化学

14 先《さき》に火《ひ》が消《き》える ろうそくはどっち？

難易度《なんいど》 ★★★

理科《りか》のクイズ大会《たいかい》
第《だい》1問《もん》です。フタをすると、火《ひ》はどうなる？
ゔーん
消《き》える！
正解《せいかい》！
第《だい》2問《もん》、ものが燃《も》えると、増《ふ》える気体《きたい》は？
二酸化炭素《にさんかたんそ》！
正解《せいかい》！
第《だい》3問《もん》、二酸化《にさんか》炭素《たんそ》は、空気《くうき》より軽《かる》いか重《おも》いか？
えーっと……重《おも》い！
正解《せいかい》！
では、第《だい》4問《もん》！どっちの火《ひ》が、先《さき》に消《き》える？
さあラストよ！
ゔ〜〜ん!!
?!

ボケ問《もん》！

先《さき》に消《き》えるのは短《みじか》いろうそく！
二酸化炭素《にさんかたんそ》は空気《くうき》より重《おも》いから、
下《した》から火《ひ》が消《き》えるはず。

理科《りか》の知識《ちしき》を使《つか》って、このボケにツッコメ！

ツッコミ例《れい》

先《さき》に消《き》えるのは、長《なが》いろうそくだよ！

解説《かいせつ》

「温《あたた》められた二酸化炭素《にさんかたんそ》は空気《くうき》より軽《かる》い」

温《あたた》められた気体《きたい》は、ぼう張《ちょう》して密度《みつど》が小《ち》さくなるので上昇《じょうしょう》するという性質《せいしつ》があります。ろうそくが燃《も》えると、ろうそくにふくまれている炭素《たんそ》が酸素《さんそ》と結《むす》びついて、二酸化炭素《にさんかたんそ》が発生《はっせい》します。**二酸化炭素《にさんかたんそ》をふくんだ空気《くうき》は、ろうそくの火《ひ》によって温《あたた》められてぼう張《ちょう》し上昇《じょうしょう》します。ビーカーの上部《じょうぶ》に二酸化炭素《にさんかたんそ》がたまると、燃焼《ねんしょう》に必要《ひつよう》な酸素《さんそ》が不足《ふそく》するので、長《なが》いろうそくの火《ひ》が先《さき》に消《き》えます。**

二酸化炭素《にさんかたんそ》は空気《くうき》より約《やく》1.5倍《ばい》重《おも》いので、ビーカーの下《した》にたまって短《みじか》いろうそくが先《さき》に消《き》えると考《かんが》えがちです。しかし、ろうそくの燃《も》える温度《おんど》（900℃～1400℃）では、ぼう張《ちょう》した二酸化炭素《にさんかたんそ》は約《やく》3～5倍《ばい》の体積《たいせき》になり、空気《くうき》より密度《みつど》が小《ち》さくなって上昇《じょうしょう》するため、長《なが》いろうそくが先《さき》に消《き》えるのです。

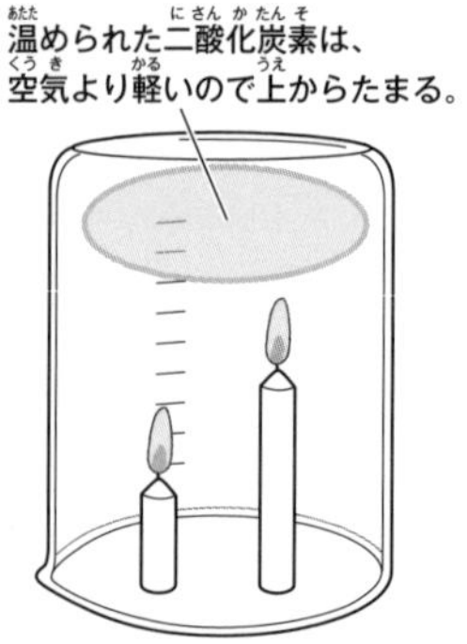
温《あたた》められた二酸化炭素《にさんかたんそ》は、
空気《くうき》より軽《かる》いので上《うえ》からたまる。

大切ポイント

☆ろうそくが燃《も》えると、ろうそくの炭素《たんそ》が酸素《さんそ》と結《むす》びついて二酸化炭素《にさんかたんそ》が発生《はっせい》する。

☆二酸化炭素《にさんかたんそ》 空気《くうき》の約《やく》1.5倍《ばい》の重《おも》さだが、温《あたた》められた温度《おんど》によっては空気《くうき》より軽《かる》くなる。差がつく！

過去問　入試問題《にゅうしもんだい》に挑戦《ちょうせん》！

雙葉中

問　図《ず》のように長《なが》さのちがう2本《ほん》のろうそくに火《ひ》をつけて集気《しゅうき》びんに入《い》れ、ふたをしました。しばらくするとろうそくの火《ひ》にはどのようなことが起《お》きるでしょうか。その現象《げんしょう》について説明《せつめい》した下《した》の文中《ぶんちゅう》の（ア）にあてはまる言葉《ことば》を入《い》れ、（イ）（ウ）は正《ただ》しい方《ほう》を選《えら》び記号《ごう》で答《こた》えなさい。

　ろうそくが燃《も》えると（　ア　）が出《で》ます。この気体《きたい》の重《おも》さは空気《くうき》の約《やく》1.5倍《ばい》です。また、ろうそくが燃《も》えているときの温度《おんど》のもとでは、この気《き》体《たい》の体積《たいせき》は約《やく》3～4倍《ばい》になります。これらのことから、燃《も》えた後《あと》の気体《きたい》はイ（a　上昇《じょうしょう》　b　下降《かこう》）するため、ウ（a　長《なが》い　b　短《みじか》い）ろうそくが先《さき》に消《き》えます。

［解答《かいとう》　ア　二酸化炭素《にさんかたんそ》、イ　a、ウ　a］

ハッピバースデー
ウメ子先生
おたんじょうびおめでとう
ウメ子先生〜♪
覚《おぼ》えていてくれたのね！とってもうれしいわ。
ウメ子先生おめでとー!!
じゃさっそく
バタバタ
バタバタ
?
え？なんで？
シュー
喜《よろこ》んでくれたのがうれしくて、つい風起《かぜお》こして消しちゃった……。
エヘヘ

化学

15 ペットボトルロケットを飛《と》ばせ！

難易度《なんいど》 ★★★

あれ、やりた〜い！
よしっ!!
プシュー!!
すごー!!
ペットボトルロケットね。いっしょに作《つく》ってみますか！
わー！
きゃー
わー！
パオくんサイズのも用意《ようい》したわよ。
楽《たの》しみだなあ〜!!
さあ作りましょ
わくわく
二時間後《にじかんご》……
見《み》て見《み》て、できたわよ！
パオくん用《よう》の特大《とくだい》サイズ！
あらやだ一人で作っちゃった
あら、ねてるわ……。
すぴー

ボケ問《もん》!

水《みず》にぬれるのはいやだから、
空気《くうき》だけ入《い》れて遠《とお》くまで飛《と》ばすぞ〜!

理科《りか》の知識《ちしき》を使《つか》って、このボケにツッコメ!

ツッコミ例《れい》

水《みず》を入《い》れたほうが、よく飛《と》ぶよ！

解説《かいせつ》「ペットボトルロケットのしくみ」

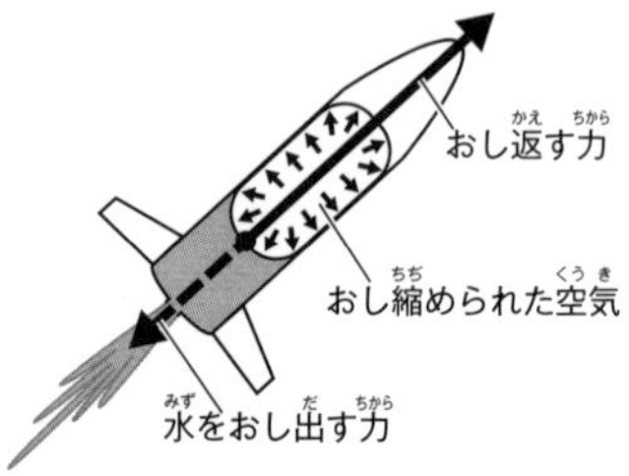

　ペットボトルロケットには、水《みず》と空気《くうき》の性質《せいしつ》を利用《りよう》します。少量《しょうりょう》の水《みず》を入《い》れたペットボトルに、空気入《くうきい》れを使《つか》って空気《くうき》を入《い》れると、中《なか》の空気《くうき》がおし縮《ちぢ》められます。おし縮《ちぢ》められた空気《くうき》が水《みず》を勢《いきお》いよくおし出《だ》すとき、同時《どうじ》にロケットを前《まえ》におし返《かえ》す力《ちから》が発生《はっせい》して、ロケットは勢《いきお》いよく飛《と》んでいきます。ボケ問《もん》のように**空気《くうき》だけでロケットを発射《はっしゃ》する場合《ばあい》は、おし返《かえ》す力《ちから》が弱《よわ》いのであまり飛《と》びません。**

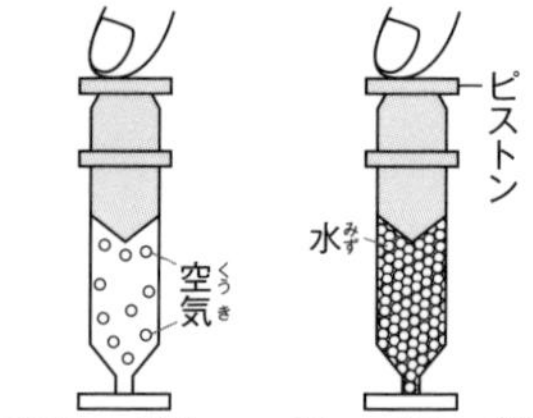

空気《くうき》は、粒子《りゅうし》の数《かず》が少《すく》なくすきまがあるので、おし縮《ちぢ》めることができる。

水《みず》は、粒子《りゅうし》の数《かず》が多《おお》くすきまがないので、おし縮《ちぢ》められない。

　空気《くうき》と水《みず》には、次《つぎ》の性質《せいしつ》があります。右《みぎ》の図《ず》のように、容器《ようき》に入《い》れた空気《くうき》はおし縮《ちぢ》められ、ピストンをおすとだんだん手《て》ごたえが強《つよ》くなります。これは、おし縮《ちぢ》められる空気《くうき》に同《おな》じ力《ちから》でおし返《かえ》す性質《せいしつ》があるからです。一方《いっぽう》、水《みず》はおし縮《ちぢ》められません。

大切ポイント

☆**ペットボトルロケット** おし縮《ちぢ》められた空気《くうき》が勢《いきお》いよく水《みず》をおし出《だ》すとき、同時《どうじ》に発生《はっせい》するおし返《かえ》す力《ちから》によって、勢《いきお》いよく飛《と》ぶ。

☆**空気《くうき》** おし縮《ちぢ》められる　☆**水《みず》** おし縮《ちぢ》められない

過去問　入試問題《にゅうしもんだい》に挑戦《ちょうせん》!

学習院中等科

（略）水鉄《みずでっ》ぽうや空気鉄《くうきてっ》ぽうの仕組《しく》みを利用《りよう》したものに図《ず》のようなペットボトルロケットがあります。ペットボトルロケットは、ペットボトルに水《みず》と空気《くうき》を入《い》れて飛《と》ばします。

（株式会社《かぶしきがいしゃ》タカギのカタログより）

問1　ペットボトルロケットに使《つか》うペットボトルとして最《もっと》も適切《てきせつ》なものを次《つぎ》から選《えら》びなさい。

ア　炭酸飲料用《たんさんいんりょうよう》　　イ　ホット飲料用《いんりょうよう》　　ウ　ミネラルウォーター用《よう》

問2　ペットボトルに水《みず》を入《い》れる目的《もくてき》を答《こた》えなさい。

問3　ペットボトルに空気《くうき》を入《い》れる目的《もくてき》を答《こた》えなさい。

解答《かいとう》　問1：ア　問2：（例《れい》）水《みず》を勢《いきお》いよくおし出《だ》す力《ちから》を使《つか》って、ロケットを飛《と》ばすため。
問3：（例《れい》）おし縮《ちぢ》められた空気《くうき》がおし返《かえ》す力《ちから》を使《つか》って、水《みず》を勢《いきお》いよくおし出《だ》すため。

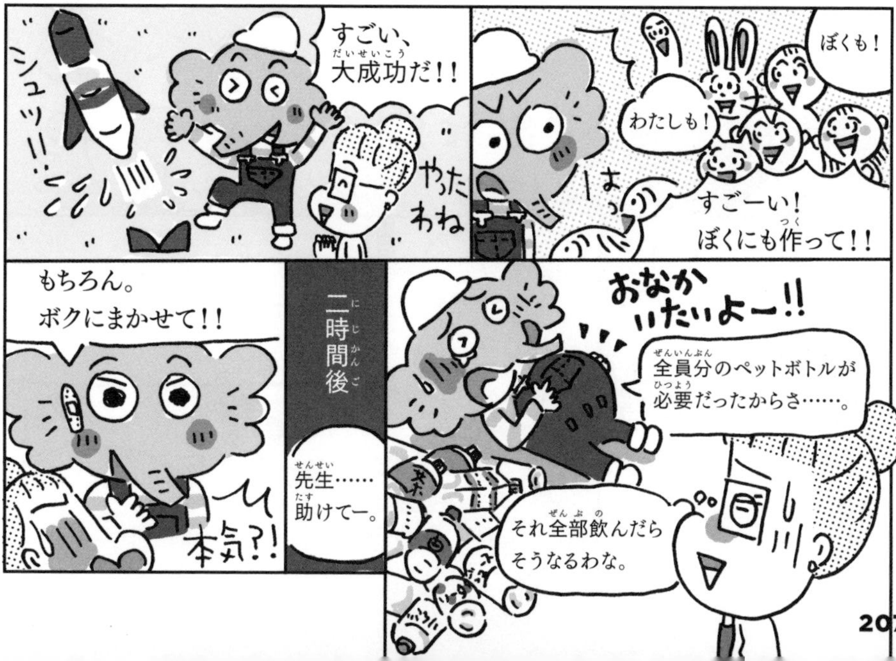

すごい、大成功《だいせいこう》だ!!
やったわね
わたしも!
ぼくも!
はっ
すごーい! ぼくにも作《つく》って!!
もちろん。ボクにまかせて!!
本気?!
二時間後《にじかんご》
先生《せんせい》……助《たす》けてー。
おなかいたいよー!!
全員分《ぜんいんぶん》のペットボトルが必要《ひつよう》だったからさ……。
それ全部《ぜんぶ》飲《の》んだらそうなるわな。

化学

16 燃《も》えない!? 紙《かみ》でできたなべ

難易度《なんいど》 ★★

お食事《しょくじ》、お持《も》ちしました。
まさか、福引《ふくび》きで温泉旅行《おんせんりょこう》が当《あ》たっちゃうなんて。さすがパオくん、強運《きょううん》の持《も》ち主《ぬし》ね!
いっしょに来《こ》られてうれしいな!
エヘヘ
さっそく、おなべに火《ひ》をつけますね。
待《ま》って!!
おなべが紙《かみ》だよ? 燃《も》えちゃうよ!
……
これは、燃《も》えないのよ。どうしてか考《かんが》えてみましょう。
!?

ボケ問《もん》!

紙《かみ》なべは、特別《とくべつ》な紙《かみ》でできているから
火《ひ》をつけても燃《も》えないんだ!

理科《りか》の知識《ちしき》を使《つか》って、このボケにツッコメ!

化学

ツッコミ例《れい》

ふつ〜うの紙《かみ》だよ！

解説《かいせつ》「水《みず》のふっ点《てん》に注目《ちゅうもく》」

ものが燃《も》えるには、3つの条件《じょうけん》があります。

①燃《も》えるものがある
②酸素《さんそ》がある
③発火点以上《はっかてんいじょう》の温度《おんど》がある

紙《かみ》の発火点《はっかてん》は、約《やく》250℃〜450℃で、火《ひ》にかければすぐに発《はっ》火点《かてん》に達《たっ》し燃《も》えてしまいます。**ボケ問《もん》の紙《かみ》なべの場合《ばあい》は中《なか》に水《みず》が入《はい》っているため、火《ひ》にかけても温度《おんど》が100℃のまま変《か》わらず、紙《かみ》の発火点《はっかてん》に達《たっ》しないので、燃《も》えることはありません。**もちろん、水《みず》がなくなれば燃《も》えてしまいます。

水《みず》は100℃でふっとうして水蒸気《すいじょうき》になりますが、水《みず》が水蒸気《すいじょうき》に変化《へんか》するときに熱《ねつ》のエネルギーが使《つか》われるので、水《みず》がある間《あいだ》は温度《おんど》が100℃のまま変《か》わりません。

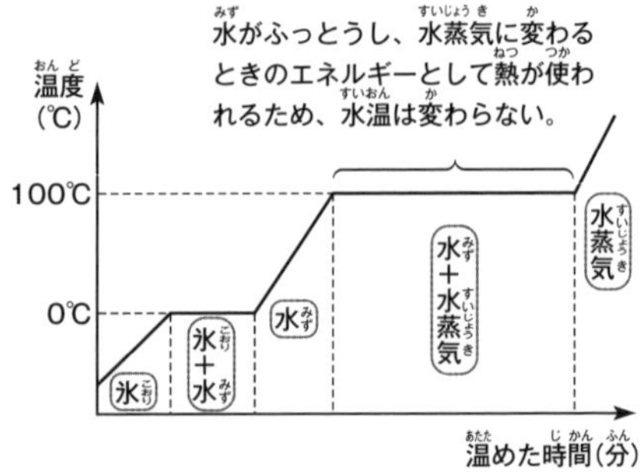

大切ポイント

☆紙《かみ》なべが燃《も》えないのは、なべの中《なか》の水《みず》が水蒸気《すいじょうき》に変化《へんか》するのに熱《ねつ》が使《つか》われ、100℃のままで紙《かみ》の発火点《はっかてん》に達《たっ》しないから。

過去問　入試問題《にゅうしもんだい》に挑戦《ちょうせん》！

須磨学園（改題）

すまお　「家族《かぞく》で旅行《りょこう》に行《い》ったとき、夕食《ゆうしょく》のお鍋《なべ》が紙《かみ》の鍋《なべ》でした。固形《こけい》燃料《ねんりょう》に火《ひ》をつけたとき、燃《も》えてしまわないか心配《しんぱい》でした。先生《せんせい》、どうして紙《かみ》の鍋《なべ》が燃《も》えずに料理《りょうり》ができるのですか。」

先生《せんせい》　「固形燃料《こけいねんりょう》の火《ひ》の熱《ねつ》はすぐに紙鍋《かみなべ》の中《なか》のだし汁《じる》の温度《おんど》上昇《じょうしょう》に使《つか》われます。一方《いっぽう》、ふっ点《てん》（沸騰《ふっとう》する温度《おんど》）は気圧《きあつ》によっても異《こと》なりますが、水《みず》の沸点《ふってん》は 1 気圧《きあつ》で 100℃です。水《みず》が沸騰《ふっとう》している間《あいだ》は、水《みず》の温度《おんど》が 100℃以上《いじょう》にならないので、水《みず》に接《せっ》している紙《かみ》は、ほぼ 100℃以上《いじょう》にはならないのです。300℃ぐらいで燃《も》えはじめる紙《かみ》は、沸騰《ふっとう》しても 100℃までしかならない水《みず》に（　　）、燃《も》えはじめる温度《おんど》にはならないのです。その結果《けっか》、紙《かみ》は燃《も》えることはないのですよ。」

問　（　　）の中《なか》に入《はい》る文《ぶん》を、10 文字以内《もじいない》で書《か》きなさい。

［**解答例**《かいとうれい》　熱《ねつ》をうばわれるので］

紙《かみ》なべを知《し》らないなんて、パオくんもまだまだね。
温泉旅行《おんせんりょこう》あらため、勉強合宿開始《べんきょうがっしゅくかいし》！！
ええっ！　ボクが当《あ》てた旅行《りょこう》なのにぃぃ。

Column 3

ミンタカと太陽《たいよう》の南中高度《なんちゅうこうど》

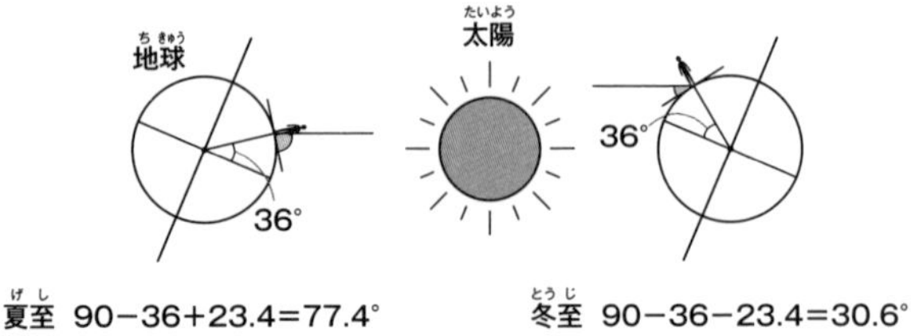

太陽《たいよう》の南中高度《なんちゅうこうど》

春分《しゅんぶん》・秋分《しゅうぶん》の日《ひ》の太陽《たいよう》の南中高度《なんちゅうこうど》＝90°－その土地《とち》の緯《い》度《ど》、夏至《げし》の日《ひ》はそれに23.4°を足《た》し、冬《とう》至《じ》の日《ひ》は23.4°を引《ひ》く、という有名《ゆうめい》な公式《こうしき》があります。

ミンタカはオリオン座《ざ》の三《み》つ星《ぼし》の一番右側《いちばんみぎがわ》の星《ほし》です。ミンタカは春分《しゅんぶん》・秋分《しゅうぶん》の日《ひ》の太陽《たいよう》と同《おな》じ動《うご》きをするので、一年《いちねん》を通《とお》して南《なん》中高度《ちゅうこうど》は90°－その土地《とち》の緯度《いど》になります。

よくあるミスが、ミンタカも太陽《たいよう》と同《おな》じく一年《いちねん》の間《あいだ》で南中高度《なんちゅうこうど》が変《か》わると考《かんが》え、ミンタカの南中高度《なんちゅうこうど》を求《もと》めるのに、冬至《とうじ》の日《ひ》は90°－その土地《とち》の緯度《いど》－23.4°という計算《けいさん》をしてしまうことです。太陽《たいよう》以外《いがい》の恒星《こうせい》は星《ほし》の出《で》や星《ほし》の入《い》りの位置《いち》、南中高度《なんちゅうこうど》が一年《いちねん》を通《とお》して変《か》わらないのでこの計算《けいさん》はまちがいです。

太陽《たいよう》は地球《ちきゅう》の公転《こうてん》の内側《うちがわ》にあるので、夏至《げし》と冬至《とうじ》で地軸《ちじく》のかたむきに対《たい》する太陽《たいよう》の位置《いち》が変化《へんか》しますが、ミンタカをふくむそのほかの恒星《こうせい》は地球《ちきゅう》の公転《こうてん》の外側《そとがわ》にあるので、一年《いちねん》を通《とお》して地軸《ちじく》のかたむきに対《たい》して位置《いち》が変化《へんか》しません。

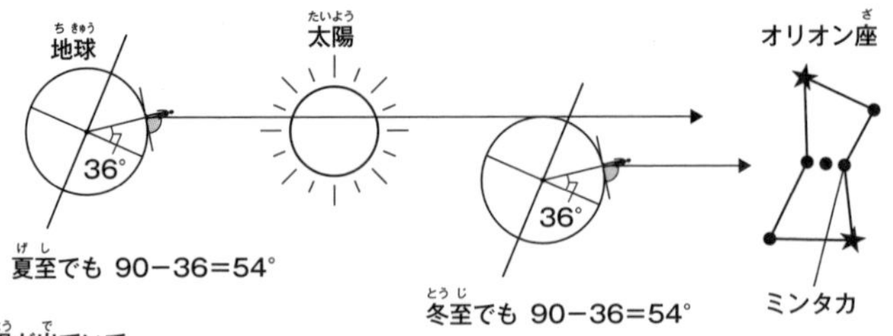

※実際《じっさい》は太陽《たいよう》が出《で》ていて明《あか》るすぎるのでミンタカは見《み》えない。

ミンタカの南中高度《なんちゅうこうど》

第4章

サリー飛行士《ひこうし》

モグきょうだい

モグ太郎《たろう》

モグ美《み》

地学《ちがく》

地学

1 鬼押出《おにおしだ》しにはこわ〜い鬼《おに》がいる!?

難易度《なんいど》 ★★

ガオー
もう、サリー先生《せんせい》ったら。
ソーリーソーリー。鬼押出《おにおしだ》しでもらった鬼《おに》のお面《めん》よ。
鬼押出《おにおしだ》し?
浅間山《あさまやま》の鬼押出《おにおしだ》しに行《い》ってきたんだけど、
ゴッ
ゴッ
黒《くろ》くてゴツゴツした岩《いわ》がいっぱいあるのよ。
浅間山《あさまやま》って火山《かざん》なんだよね。
これが、ホントの鬼押出《おにおしだ》し!
NAZA
ドーン
ピュー
ギャー!

ボケ問《もん》！

浅間山《あさまやま》の鬼押出《おにおしだ》しの岩《いわ》は、
花《か》こう岩《がん》でできているんだよ！

理科《りか》の知識《ちしき》を使《つか》って、このボケにツッコメ！

地学

ツッコミ例《れい》

鬼《おに》押《おし》出《だ》しの岩《いわ》は、安山岩《あんざんがん》！

解説《かいせつ》「火山《かざん》の形《かたち》と岩石《がんせき》の種類《しゅるい》」

火山《かざん》の形《かたち》にはドーム状《じょう》や円《えん》すい形《がた》などがあり、火山《かざん》をつくるマグマのねばり気《け》の強《つよ》さによってその形《かたち》が変化《へんか》します。マグマが冷《ひ》えて固《かた》まったものを火成岩《かせいがん》といい、冷《ひ》え方《かた》のちがいによって火山岩《かざんがん》と深成岩《しんせいがん》に分《わ》けられます。鬼押出《おにおしだ》しがある浅間山《あさまやま》は、1783年《ねん》（江戸時代《えどじだい》）の天明大噴火《てんめいだいふんか》で、マグマが地上《ちじょう》に流《なが》れ出《だ》して固《かた》まってできた活火山《かっかざん》で、円《えん》すい形《がた》をしていることで有名《ゆうめい》です。**円《えん》すい形《がた》の火山《かざん》をつくる岩石《がんせき》の多《おお》くは安山岩《あんざんがん》で、ボケ問《もん》の花《か》こう岩《がん》はドーム状《じょう》の火山《かざん》をつくる岩石《がんせき》です。**

主《おも》な火山《かざん》	昭和火山《しょうわかざん》（北海道《ほっかいどう》） 有珠山《うすざん》（北海道《ほっかいどう》） 雲仙普賢岳《うんぜんふげんだけ》（長崎《ながさき》）	浅間山《あさまやま》（群馬《ぐんま》・長野県境《ながのけんざかい》） 富士山《ふじさん》（静岡《しずおか》・山梨県境《やまなしけんざかい》） 桜島《さくらじま》（鹿児島《かごしま》）	マウナロア（ハワイ） キラウェア（ハワイ） 三宅島《みやけじま》・三原山《みはらやま》（東京《とうきょう》）
火山《かざん》の形《かたち》	ドーム状《じょう》 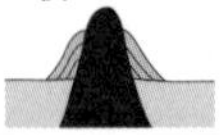	円《えん》すい形《がた》 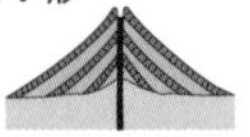	平《ひら》たい形《かたち》 
マグマの特徴《とくちょう》	二酸化《にさんか》ケイ素《そ》の割合《わりあい》が多《おお》いので、白《しろ》っぽくねばり気《け》が強《つよ》い	↔	二酸化《にさんか》ケイ素《そ》の割合《わりあい》が少《すく》ないので、黒《くろ》っぽくねばり気《け》が弱《よわ》い
【火山岩《かざんがん》】マグマが地表《ちひょう》付近《ふきん》で急《きゅう》に冷《ひ》えて固《かた》まったもの	流《りゅう》もん岩《がん》	安山岩《あんざんがん》	げんぶ岩《がん》
【深成岩《しんせいがん》】マグマが地下《ちか》深《ふか》くでゆっくり冷《ひ》えて固《かた》まったもの	花《か》こう岩《がん》	せん緑岩《りょくがん》	はんれい岩《がん》

大切ポイント

☆**火山《かざん》の形《かたち》 マグマのねばり気《け》の強《つよ》さによって異《こと》なる。**

☆**ねばり気《け》の強《つよ》いほうからドーム状《じょう》、円《えん》すい形《がた》、平《ひら》たい形《かたち》となる。**

過去問 入試問題《にゅうしもんだい》に挑戦《ちょうせん》！

聖光学院中

群馬県《ぐんまけん》にドライブに行《い》ったお父《とう》さん（以下《いか》、父《ちち》）と太郎《たろう》さん（以下《いか》、太郎《たろう》）との会話文《かいわぶん》を読《よ》み、あとの問《と》いに答《こた》えなさい。

父《ちち》「ここが鬼押《おにお》し出《だ》しだよ。江戸時代《えどじだい》の天明《てんめい》3年《ねん》、今《いま》から230年以上《ねんいじょう》前《まえ》に噴火《ふんか》した（　あ　）の溶岩《ようがん》が流《なが》れ出《で》たところだよ。」

太郎《たろう》「へぇー、すごく広《ひろ》いんだね。溶岩《ようがん》って、どうやってできるの？」

父《ちち》「溶岩《ようがん》は（　い　）が地上《ちじょう》に出《で》て来《き》て固《かた》まったものなんだよ。（　い　）は地下《ちか》で岩石《がんせき》が融《と》けてできるんだよ。」

太郎《たろう》「200年以上《ねんいじょう》経《た》つのに、草《くさ》がちょっとあるだけだね。遠《とお》くには森《もり》があるのに、ここに木《き》がないのはなぜ？」

父《ちち》「木《き》が生《は》えるようになるには時間《じかん》がかかるんだ。」（略《りゃく》）

問1　（　あ　）にあてはまる山《やま》の名前《なまえ》を答《こた》えなさい。

問2　（　い　）にあてはまる言葉《ことば》を答《こた》えなさい。

問3　鬼押《おにお》し出《だ》しの溶岩《ようがん》はどの岩石《がんせき》からできていますか。次《つぎ》の（ア）～（カ）の中《なか》から1つ選《えら》び、記号《きごう》で答《こた》えなさい。

ア　花《か》こう岩《がん》　　イ　安山岩《あんざんがん》　　ウ　石灰岩《せっかいがん》

エ　泥岩《でいがん》　　オ　凝灰岩《ぎょうかいがん》　　カ　ハンレイ岩《がん》

［**解答《かいとう》**　問1：浅間山《あさまやま》　問2：マグマ　問3：イ］

モ、グ、太郎《たろう》ー！
ボロ……
先生《せんせい》、おこってる……。
！
にげてしまえ!!
NAZA
ガガ
ガガ
すごい力《ちから》ね。すばらしいわ！
ごめんなさい～
先生《せんせい》は、お兄《にい》にあますぎよ！

地学

2 北極星《ほっきょくせい》を目印《めじるし》に目的地《もくてきち》に進《すす》め！

難易度《なんいど》★★

待《ま》ち合《あ》わせ中《ちゅう》
お兄《にい》、おそい。おなかすいた！
ごめん、ごめん。道《みち》に迷《まよ》っちゃって。
NAZA
モ
モグ太郎《たろう》は方向《ほうこう》オンチなのよ。
えへへ。スマホがあってよかった！
大昔《おおむかし》の人《ひと》は、スマホも方位磁石《ほういじしゃく》もないのに、どうして方向《ほうこう》がわかったのかな？
太陽《たいよう》や月《つき》、星《ほし》の位置《いち》を見《み》ていたのよ。
北極星《ほっきょくせい》も見《み》てたのかな。
ラーメン★激辛《げきから》北極星
その北極星《ほっきょくせい》じゃないわよ。

ボケ問《もん》！

北極星《ほっきょくせい》を目印《めじるし》にすれば、世界中《せかいじゅう》どこにいても
北《きた》の方角《ほうがく》がわかるよね？

理科《りか》の知識《ちしき》を使《つか》って、このボケにツッコメ！

ツッコミ例《れい》

南半球《みなみはんきゅう》にいたら北極星《ほっきょくせい》は、見《み》えないよ！

解説《かいせつ》「北極星《ほっきょくせい》の高度《こうど》」

　地球《ちきゅう》は地軸《ちじく》を中心《ちゅうしん》に自転《じてん》しています。北極星《ほっきょくせい》は地軸《ちじく》の延長線上《えんちょうせんじょう》にあるので、自転《じてん》している地球《ちきゅう》から見《み》ても動《うご》かないのです。

　北極星《ほっきょくせい》の見《み》える高《たか》さ（高度《こうど》）は、その土地《とち》の北《ほく》緯《い》と同《おな》じです。図《ず》のように北極点《ほっきょくてん》（北緯《ほくい》90°）では高《こう》度《ど》90°、東京《とうきょう》（北緯《ほくい》36°）では高度《こうど》36°、赤道《せきどう》（北《ほく》緯《い》0°）では、高度《こうど》0°の位置《いち》に北極星《ほっきょくせい》が見《み》えます。**南半球《みなみはんきゅう》では、北極星《ほっきょくせい》は北《きた》の地平線《ちへいせん》の下《した》になるので見《み》ることができません。**南《みなみ》半球《はんきゅう》では、南《みなみ》の方角《ほうがく》を示《しめ》す目印《めじるし》に南十字星《みなみじゅうじせい》が利用《りよう》されます。

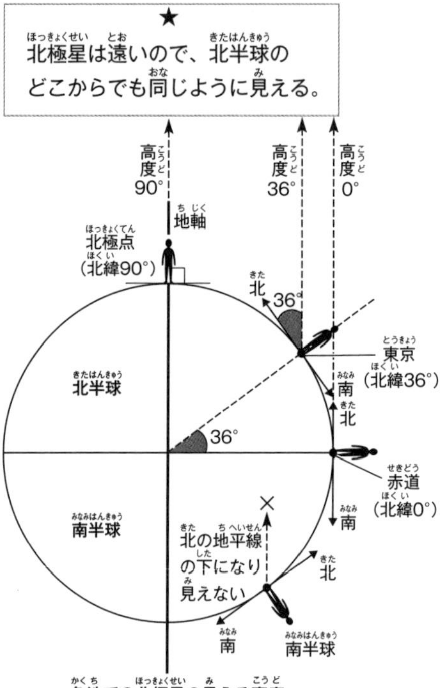

各地《かくち》での北極星《ほっきょくせい》の見《み》える高度《こうど》

大切ポイント

☆**北極星《ほっきょくせい》の高度《こうど》** その土地《とち》の北緯《ほくい》と同《おな》じ。

☆**南半球《みなみはんきゅう》では、北極星《ほっきょくせい》は北《きた》の地平線《ちへいせん》の下《した》にあるので見《み》えない。**

過去問　入試問題《にゅうしもんだい》に挑戦《ちょうせん》！

ラ・サール中

　ダイ吉君《きちくん》とお父《とう》さんが星《ほし》について話《はな》しています。

ダイ吉《きち》「北《きた》の空《そら》の中心《ちゅうしん》といえば、北極星《ほっきょくせい》だよね。（略《りゃく》）ところで北極星《ほっきょくせい》はなぜほとんど位置《いち》を変《か》えないの？」

お父《とう》さん「それは地球《ちきゅう》が自転《じてん》するときの軸《じく》である地軸《ちじく》を延長《えんちょう》した方向《ほうこう》に北極星《ほっきょくせい》があるからだよ。」

ダイ吉《きち》「なるほど。北極星《ほっきょくせい》は、宇宙《うちゅう》の中心《ちゅうしん》にあるとか、特別《とくべつ》の星《ほし》ではないんだね。南半球《みなみはんきゅう》のオーストラリアでも、北極星《ほっきょくせい》は北《きた》を示《しめ》す星《ほし》として役《やく》に立《た》っているのかな？」

お父《とう》さん「残念《ざんねん》ながら、オーストラリアでは北極星《ほっきょくせい》は（　　　）、1年《ねん》を通《つう》じて見《み》ることができないんだよ。」

問　（　　　）にあてはまる説明《せつめい》を次《つぎ》から選《えら》びなさい。

ア　常《つね》に太陽《たいよう》と同《おな》じ方向《ほうこう》にあって

イ　常《つね》に月《つき》の裏側《うらがわ》にかくれていて

ウ　常《つね》に北《きた》の地平線《ちへいせん》の下《した》にあって

エ　常《つね》に南《みなみ》の地平線《ちへいせん》の下《した》にあって

［解答《かいとう》　ウ］

ぼくは5辛《から》！
あたしは1辛《から》！
すご〜〜い
先生《せんせい》は100辛《から》、いくわよ！
ヒィィイイイ…

地学

3 オンラインでランチをいっしょに♡

難易度《なんいど》 ★★

じゃあ、今日《きょう》はここまで。
出張中《しゅっちょうちゅう》の先生《せんせい》に勉強《べんきょう》を教《おそ》われるなんて、すごいな。
インターネットでつながっているからだね。
ロンドン、最高《さいこう》！バッキンガム宮殿《きゅうでん》に大英博物館《だいえいはくぶつかん》、ビッグベンも見《み》たよ。
マーベラス！
先生《せんせい》、お仕事《しごと》は？
ちゃんと仕事《しごと》もしてるわよ。
ドキ
とか言《い》って、遊《あそ》んでるじゃないか。
おみやげ
モグ太郎《たろう》！なぜロンドンに？
先生《せんせい》に会《あ》いたくて、穴《あな》をほって来《き》ちゃった。
マーベラスです、モグ太郎《たろう》……。

ボケ問《もん》！

日本《にほん》とイギリスでも、
オンラインならいっしょにランチができるね。

ランチは、フィッシュ＆チップスよ！
モ
モム
モム
モム
モ
モム

理科《りか》の知識《ちしき》を使《つか》って、このボケにツッコメ！

NAZA

地学

ツッコミ例《れい》

日本《にほん》の昼間《ひるま》は、イギリスの深夜《しんや》だよ！

解説《かいせつ》 「時差《じさ》のしくみ」

地球《ちきゅう》は自転《じてん》しているので、場所《ばしょ》によって日《ひ》の出《で》や日《ひ》の入《い》り、南中時刻《なんちゅうじこく》にずれが生《しょう》じます。

このずれを調整《ちょうせい》するために、それぞれの国《くに》や地域《ちいき》では基準《きじゅん》となる経度《けいど》を定《さだ》め、国《くに》や地域《ちいき》の中《なか》で共通《きょうつう》した時刻《こく》を設定《せってい》しています。これを標準時《ひょうじゅんじ》といい、標準時《ひょうじゅんじ》は経《けい》度《ど》が15°ちがうと1時間《じかん》の時差《さ》ができます。これは、地球《ちきゅう》が1日《にち》（24時間《じかん》）で自転《じてん》しているので、360°÷24時間《じかん》＝15°と求《もと》めることができます。

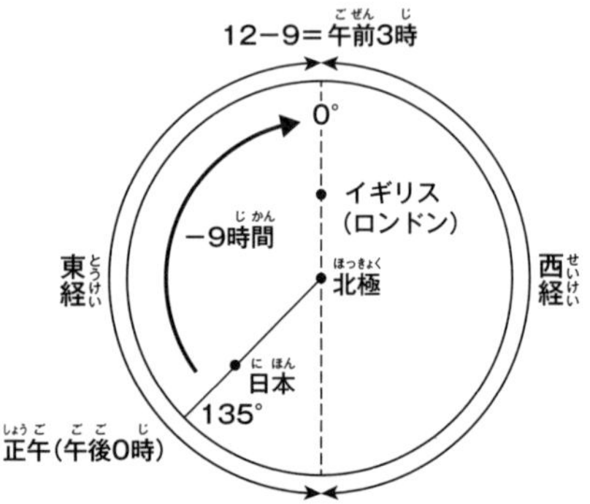

北極《ほっきょく》とイギリスの旧《きゅう》グリニッジ天文台《てんもんだい》と南極《なんきょく》を結《むす》ぶ線《せん》を0°として、0°より東《ひがし》を東経《とうけい》、西《にし》を西経《せいけい》と表《あらわ》す。

標準時《ひょうじゅんじ》は、経度《けいど》0°を基準《きじゅん》に東《ひがし》へいくほど進《すす》み、西《にし》へいくほどおくれます。たとえば、**イギリス（経度《けいど》0°）と日本《にほん》（東経《とうけい》135°）では、経度《けいど》が135°ちがうので、時差《じさ》は135÷15＝9時間《じかん》で、イギリスは日本《にほん》より西《にし》にあるので、日本《にほん》が正午《しょうご》のときイギリスは9時間《じかん》おそい午前《ごぜん》3時《じ》になります。**

大切ポイント

☆日本《にほん》の標準時《ひょうじゅんじ》 東経《とうけい》135°（兵庫県明石市《ひょうごけんあかしし》）を太陽《たいよう》が南中《なんちゅう》したときが正午《しょうご》。

☆経度《けいど》15°で1時間《じかん》の時差《じさ》。

過去問　入試問題《にゅうしもんだい》に挑戦《ちょうせん》！

ラ・サール中

お父《とう》さん「12月10日14時に日本《にほん》を出発《しゅっぱつ》した飛行機《ひこうき》が、0°を基準《きじゅん》の経《けい》度《ど》とするイギリスに13時間後《じかんご》にとう着《ちゃく》したとき、イギリスは何月何日《なんがつなんにち》の何時《なんじ》だかわかるかな？」

ダイ吉《きち》「イギリスは太陽《たいよう》の南中《なんちゅう》が日本《にほん》より（　ア　）時間《じかん》おくれるので…わかった！　12月（　イ　）日の（　ウ　）時だね。」

問　ア～ウの（　　）に適《てき》する数字《すうじ》を入《い》れなさい。なお、時刻《じこく》を答《こた》える際《さい》には午前《ごぜん》、午後《ごご》は使《つか》わずに、24時間制《じかんせい》で答《こた》えなさい。

地学

［解答《かいとう》　ア　9、イ　10、ウ　18］

私《わたし》のランチにもつきあってよ～。
先生《せんせい》はさみしがりだから、しょうがないなあ。
ランチ 1回目《かいめ》 ▶ 日本時間《にほんじかん》
もっ
もっ
ランチ 2回目《かいめ》 ▶ イギリス時間《じかん》
むぐ
むぐ
二人《ふたり》とも、丸々《まるまる》してプリティ～♡
先生《せんせい》のランチにつきあってたら太《ふと》っちゃった……！

地学

4 雲《くも》を見《み》れば、天気《てんき》の変化《へんか》がわかる！

難易度《なんいど》★

秋《あき》らしい、いい天気《てんき》ね。
先生《せんせい》にいっぱい教《おそ》わって、世界初《せかいはつ》のもぐら宇宙飛行士《うちゅうひこうし》になるのが夢《ゆめ》だよ！
バーン
いつか、お空《そら》を飛《と》べたらいいな。いつも土《つち》の中《なか》にいるから。
二人《ふたり》ともマーベラス！
いけない！雨《あめ》が降《ふ》るよ。場所《ばしょ》を変《か》えよう！
ガガガ

ボケ問《もん》！

いわし雲《ぐも》は、雨《あめ》を降《ふ》らせる雲《くも》だからね。
すぐに雨《あめ》が降《ふ》ってくるよ！

たいへん！
たいへん
？
モ
モ

理科《りか》の知識《ちしき》を使《つか》って、このボケにツッコメ！

NAZA

ツッコミ例《れい》

すぐに雨《あめ》は降《ふ》ってこないよ！

解説《かいせつ》

「雨《あめ》を降《ふ》らせる雲《くも》は、積乱雲《せきらんうん》と乱層雲《らんそううん》」

雲《くも》は、高《たか》さと形《かたち》によって十種《じゅっしゅ》の分類《ぶんるい》（十種雲形《じゅっしゅうんけい》）があります。雲《くも》の名前《なまえ》に使《つか》われる漢字《かんじ》は、雲《くも》の高《たか》さや形《かたち》の特徴《とくちょう》を表《あらわ》しています。「巻《けん》」と「高《こう》」は高《たか》さを、「層《そう》」と「積《せき》」は形《かたち》を、「乱《らん》」は雨《あめ》を表《あらわ》します。たとえば、巻層雲《けんそううん》は上層《じょうそう》にできる平《ひら》たく見《み》える雲《くも》で、高積雲《こうせきうん》は中層《ちゅうそう》にできるかたまり状《じょう》に見《み》える雲《くも》です。「乱《らん》」のつく雨《あめ》を降《ふ》らせる雲《くも》は、積乱雲《せきらんうん》（入道雲《にゅうどうぐも》）と乱層雲《らんそううん》（雨雲《あまぐも》）の２種類《しゅるい》だけで、**ボケ問《もん》のいわし雲《ぐも》は巻積雲《けんせきうん》なので雨《あめ》にはなりません。**

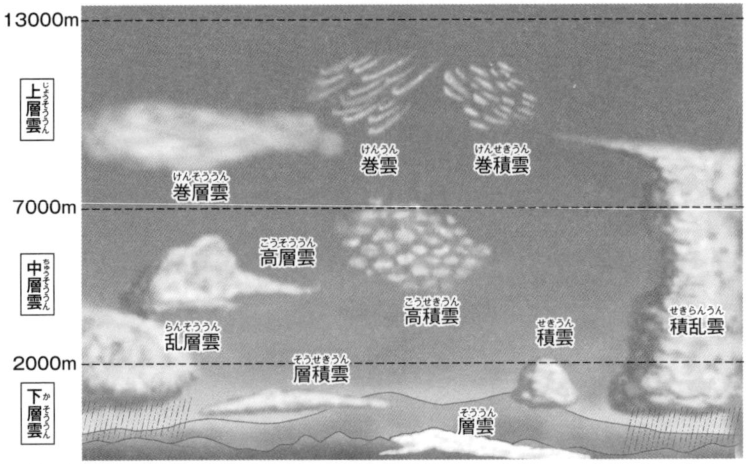

大切ポイント

☆**十種雲形《じゅっしゅうんけい》 巻《けん》＝上層《じょうそう》、高《こう》＝中層《ちゅうそう》の雲《くも》、** 差がつく！
層《そう》＝平《たい》ら、積《せき》＝かたまり状《じょう》、乱《らん》＝雨《あめ》を降《ふ》らせる雲《くも》。

☆**雨《あめ》を降《ふ》らせる雲《くも》は、積乱雲《せきらんうん》と乱層雲《らんそううん》の２種類《しゅるい》。**

過去問　入試問題《にゅうしもんだい》に挑戦《ちょうせん》!

筑波大学附属駒場中

問1　雪《ゆき》を降《ふ》らせる雲《くも》はどれですか。すべて選《えら》びなさい。

ア　あま雲《ぐも》　　イ　すじ雲《ぐも》　　ウ　わた雲《ぐも》　　エ　にゅうどう雲《ぐも》

中央大学附属横浜中

問2　大雨《おおあめ》や雷《かみなり》、ゲリラ豪雨《ごうう》、竜巻《たつまき》などを引《ひ》き起《お》こす原因《げんいん》となり、下部《かぶ》は水《みず》のつぶ、上部《じょうぶ》は氷《こおり》のつぶでできている背《せ》の高《たか》い雲《くも》の名前《なまえ》を答《こた》えなさい。ただし、漢字《かんじ》で書《か》きなさい。

［解答《かいとう》　問1：ア、エ　問2：積乱雲《せきらんうん》］

ここはどこ?
ボコ
ん?　なんだかこの景色《けしき》、見覚《みおぼ》えがあるような……。
あ、ほるとこまちがえた!
ほり進《すす》んで、もどってきただけ……。

地学

5 今日《きょう》ラッキーなのは、ふたご座《ざ》のあなた！

難易度《なんいど》 ★★

6月《がつ》13日《にち》の星占《ほしうらな》い。
今日《きょう》のアンラッキー星座《せいざ》は、
さそり座《ざ》。
オマイガー、私《わたし》だわ！
そして、今日《きょう》の
ラッキー星座《せいざ》は
ふたご座《ざ》！
やったあ！
明日《あした》6月《がつ》14日《にち》は、
ぼくの誕生日《たんじょうび》だし
ついてるな！
バースデーイブも
いい日《ひ》になりそう。
アンラッキーのさそり座《ざ》さん。
ラッキーアイテムは
「もぐらのぬいぐるみ」です。
お仕事《しごと》
行《い》ってきまーす！
ぼくは
ぬいぐるみ
じゃない〜！
行《い》って
らっしゃい

ボケ問《もん》!

6月《がつ》14日《にち》はぼくの誕生日《たんじょうび》。

真夜中《まよなか》の日付《ひづけ》がかわる瞬間《しゅんかん》に、ふたご座《ざ》を見《み》るぞ!

理科《りか》の知識《ちしき》を使《つか》って、このボケにツッコメ!

ツッコミ例《れい》

ふたご座《ざ》は、太陽《たいよう》の向《む》こうにあるから見《み》えないよ！

解説《かいせつ》「黄道十二星座《こうどうじゅうにせいざ》」

1年《ねん》を通《とお》して地球《ちきゅう》から見《み》て太《たい》陽《よう》と同《おな》じ方向《ほうこう》にある12の星座《せいざ》を黄道十二星座《こうどうじゅうにせいざ》といい、生《う》まれた月《つき》の地球《ちきゅう》の位置《いち》と黄道十二《こうどうじゅうに》星座《せいざ》を結《むす》び付《つ》ける星占《ほしうらな》いは、2千年以上《せんねんいじょう》も前《まえ》から行《おこな》われてきました。

①

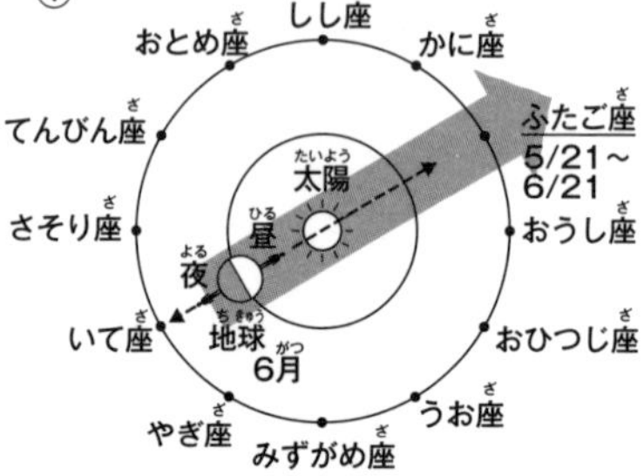

6月《がつ》の地球《ちきゅう》が①の位置《いち》にあるとき、ふたご座《ざ》は太陽《たいよう》の方向《ほうこう》にあります。しかし、長《なが》い年月《ねんげつ》を経《へ》て地軸方向《ちじくほうこう》の変化《へんか》などにより、現在《げんざい》、6月《がつ》の地球《ちきゅう》は②の位置《いち》にあり、実際《じっさい》に太陽《たいよう》の方向《ほうこう》にある星座《せいざ》と黄道十二星座《こうどうじゅうにせいざ》とはだいたい1つずつずれています。①、②のどちらにしても、**6月《がつ》14日《にち》の真夜中《まよなか》に見《み》られる黄道十二星座《こうどうじゅうにせいざ》はてんびん座《ざ》・さそり座《ざ》・いて座《ざ》などで、ボケ問《もん》のようにふたご座《ざ》を見《み》ることはできません。**

②

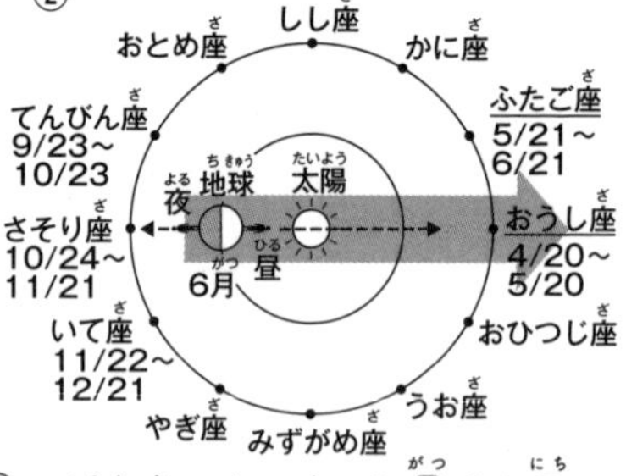

大切ポイント

- ☆**黄道十二星座《こうどうじゅうにせいざ》** 1年《ねん》を通《とお》して地球《ちきゅう》から見《み》て太陽《たいよう》と同《おな》じ方向《ほうこう》に見《み》える12の星座《せいざ》。
- ☆その季節《きせつ》に見《み》られる星座《せいざ》と黄道十二星座《こうどうじゅうにせいざ》は、太《たい》陽《よう》をはさんでほぼ真逆《まぎゃく》の位置《いち》にある。

過去問　入試問題《にゅうしもんだい》に挑戦《ちょうせん》！

桜蔭中

　文章《ぶんしょう》を読《よ》み、問《と》いに答《こた》えなさい。ただし、昼間《ひるま》にも星《ほし》を見《み》ることができるとします。

　図《ず》1は太陽《たいよう》、地球《ちきゅう》、星座《せいざ》をつくる星《ほし》の位置《いち》を表《あらわ》したものです。（略《りゃく》）

　星占《ほしうらな》いで用《もち》いられる星座《せいざ》は黄道十二星座《こうどうじゅうにせいざ》といわれ、特定《とくてい》の時期《じき》に太《たい》陽《よう》の近《ちか》くに見《み》えます。ある星占《ほしうらな》い（※）では、12月《がつ》の中《なか》ごろ～1月《がつ》の中《なか》ごろ（以後《いご》1月《がつ》とする）生《う》まれの人《ひと》の星座《せいざ》はいて座《ざ》で、太陽《たいよう》はそのころに、いて座《ざ》の近《ちか》くに見《み》えます。また、1月《がつ》の中《なか》ごろ～2月《がつ》の中《なか》ごろ（以《い》後《ご》2月《がつ》とする）生《う》まれの人《ひと》はやぎ座《ざ》で、太陽《たいよう》はやぎ座《ざ》の近《ちか》くに見《み》えます。このように、12星座《せいざ》それぞれに1か月《げつ》ずつが割《わ》り当《あ》てられています。（略《りゃく》）

※一般的《いっぱんてき》に日本《にほん》で用《もち》いられている星占《ほしうらな》いとは異《こと》なります。

図1

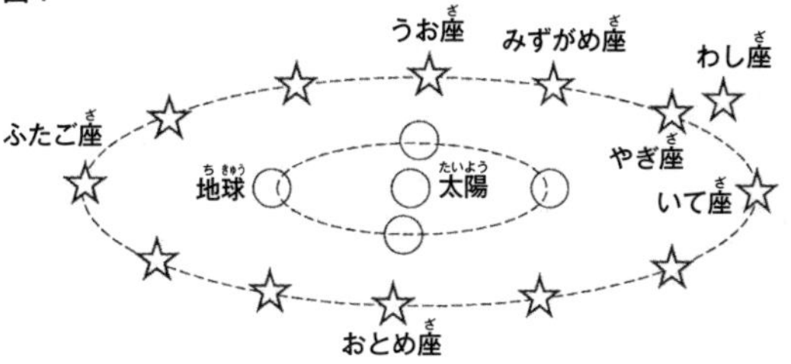

図2　ある日《ひ》の午前《ごぜん》0時《じ》ごろの夜空《よぞら》

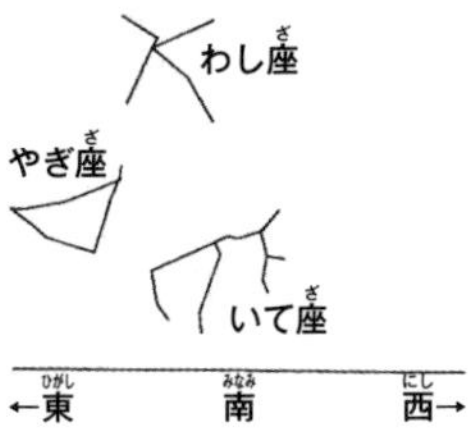

問1　いて座《ざ》が午前《ごぜん》0時《じ》ごろに真南《まみなみ》に見《み》える日《ひ》があるのは何月《なんがつ》と考《かんが》えられますか。つぎのア～エから選《えら》び、記号《きごう》で答《こた》えなさい。

ア　1月《がつ》　　イ　4月《がつ》　　ウ　7月《がつ》　　エ　10月《がつ》

問2　ふたご座《ざ》は1月《がつ》には何時《なんじ》ごろ南《みなみ》の空《そら》に見《み》えますか。つぎのア～エから選《えら》び、記号《きごう》で答《こた》えなさい。

ア　午前《ごぜん》6時《じ》　　イ　正午《しょうご》　　ウ　午後《ごご》6時《じ》　　エ　午前《ごぜん》0時《じ》

問3　おとめ座《ざ》は何月《なんがつ》に太陽《たいよう》の近《ちか》くに見《み》えると考《かんが》えられますか。つぎのア～エから選《えら》び、記号《きごう》で答《こた》えなさい。

ア　1月《がつ》　　イ　4月《がつ》　　ウ　7月《がつ》　　エ　10月《がつ》

［**解答《かいとう》**　問1：ウ　問2：エ　問3：エ］

地学

6 夏《なつ》と冬《ふゆ》の大三角《だいさんかく》を見《み》てみよう！

難易度《なんいど》★★★

ううん？　あれぇ？
気《き》のせいかなあ。
夏《なつ》の大三角《だいさんかく》が見《み》える……。
変《へん》ね……。
今《いま》は冬《ふゆ》よ。
だよねえ。冬《ふゆ》だよねえ。
どうして、夏《なつ》の大三角《だいさんかく》が
見《み》えるの？
ぼく、何《なん》か変《へん》に
なっちゃった？？
ぐる
ぐる
今《いま》は夏《なつ》？　冬《ふゆ》？
どっちなの。
モグ太郎《たろう》、落《お》ち着《つ》いて！
夏《なつ》の大三角《だいさんかく》は、「夏《なつ》」って
ついているけど、冬《ふゆ》にも
見《み》ることができるのよ。
ハ～
ハ～
お兄《にい》、
しっかりして。
え、知《し》らなかったー。

ボケ問《もん》！

じゃあ、夏至《げし》の日《ひ》に
冬《ふゆ》の大三角《だいさんかく》も見《み》えるってことだね？

※場所《ばしょ》は東京《とうきょう》、時刻《じこく》は午後《ごご》5時半《じはん》の設定《せってい》です。

理科《りか》の知識《ちしき》を使《つか》って、このボケにツッコメ！

地学

ツッコミ例《れい》

空《そら》が明《あか》るいから、夏《なつ》に冬《ふゆ》の大三角《だいさんかく》は見《み》えないよ！

解説《かいせつ》「夏《なつ》は日没《にちぼつ》の時刻《じこく》がおそい」

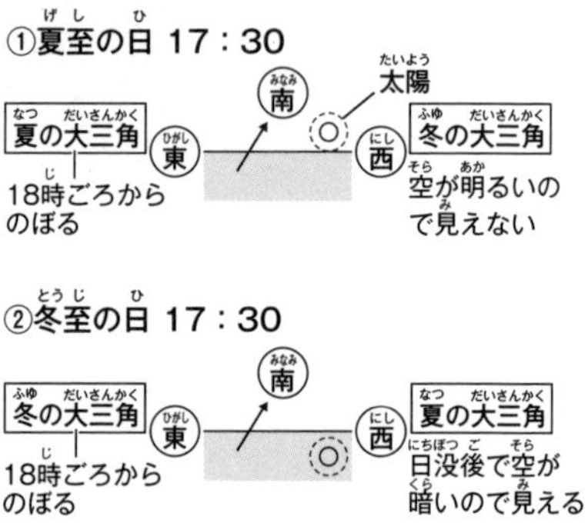

夏至《げし》の日《ひ》、夏《なつ》の大三角《だいさんかく》は、18時《じ》ごろからのぼりはじめ、真夜中《まよなか》に南《みなみ》の空《そら》に見《み》られます。冬《ふゆ》の大三《だいさん》角《かく》は、夏《なつ》の大三角《だいさんかく》の反対側《はんたいがわ》の空《そら》に見《み》えるので、夏《なつ》の大三角《だいさんかく》がのぼりはじめる18時《じ》ごろにしずみます(①)。冬《ふゆ》はこの逆《ぎゃく》で、18時《じ》ごろに冬《ふゆ》の大三角《だいさんかく》がのぼり、夏《なつ》の大三《だいさん》角《かく》がしずみます(②)。

夏至《げし》の日《ひ》は一年《いちねん》でもっとも昼《ひる》が長《なが》く、日没《にちぼつ》がおそくなり、逆《ぎゃく》に冬至《とうじ》の日《ひ》は昼《ひる》が最《もっと》も短《みじか》く、日没《にちぼつ》が早《はや》くなります。**夏至《げし》の日没《にちぼつ》は東京《とうきょう》では19時《じ》ごろで、ボケ問《もん》の17時半《じはん》だと、太陽《たいよう》はまだしずんでいないため空《そら》が明《あか》るくて冬《ふゆ》の大三角《だいさんかく》は見《み》えません。**そして、太陽《たいよう》がしずむ前《まえ》に冬《ふゆ》の大三《だいさん》角《かく》は地平線《ちへいせん》の下《した》にしずみます。一方《いっぽう》、冬至《とうじ》の日没《にちぼつ》は、東京《とうきょう》では16時《じ》半《はん》ごろで、17時半《じはん》には太陽《たいよう》がしずんで1時間《じかん》が経《た》っているので夏《なつ》の大《だい》三角《さんかく》が見《み》えます。夏《なつ》の大三角《だいさんかく》の一《ひと》つ、デネブははくちょう座《ざ》の一等星《いっとうせい》ですが、はくちょう座《ざ》はクリスマスの日没後《にちぼつご》、西《にし》の空《そら》に十字架《じゅうじか》のように見《み》えることで有名《ゆうめい》です。

大切ポイント

☆夏《なつ》の大三角《だいさんかく》 冬至《とうじ》の日《ひ》でも見《み》ることができる。

☆冬《ふゆ》の大三角《だいさんかく》 夏至《げし》の日《ひ》には日没《にちぼつ》の時刻《じこく》がおそく、空《そら》が明《あか》るいので見《み》えない。

過去問

入試問題《にゅうしもんだい》に挑戦《ちょうせん》！

頌栄女子学院中（改題）

12月24日の19時から始《はじ》まるクリスマスイブの礼拝《れいはい》に出席《しゅっせき》するために近所《きんじょ》の教会《きょうかい》に向《む》かって歩《ある》いている頌子《しょうこ》さんとお父《とう》さんの会話《かいわ》です。（略《りゃく》）

頌子《しょうこ》さん「ねぇ、パパ、あの明《あか》るい星《ほし》は何《なん》ていう星《ほし》なの？」

お父《とう》さん「あれは、はくちょう座《ざ》のデネブだよ。」

頌子《しょうこ》さん「はくちょう座《ざ》は夏《なつ》の星座《せいざ》だよ。デネブは夏《なつ》の大三角《だいさんかく》の一《ひと》つだし、一昨日《おととい》は冬至《とうじ》だったから、夏《なつ》の星座《せいざ》は見《み》えなくなるんじゃないの？」

お父《とう》さん「本当《ほんとう》にそうかな？　頌子《しょうこ》の知《し》っている冬《ふゆ》の星座《せいざ》はどこに見《み》えているかな。」

頌子《しょうこ》さん「あっ、オリオン座《ざ》は見《み》えるね。でも、低《ひく》くて見《み》づらいね。おおいぬ座《ざ》、こいぬ座《ざ》は見《み》つからないよ。なんか不思議《ふしぎ》ね。じゃあ、逆《ぎゃく》に冬《ふゆ》の星座《せいざ》は夏《なつ》の方《ほう》がよく見《み》えるってこと？」

お父《とう》さん「いや、たとえば、冬《ふゆ》の大三角《だいさんかく》は夏至《げし》の日《ひ》にはほとんど見《み》えないね。」

問　下線部《かせんぶ》について、夏《なつ》の大三角《だいさんかく》は真冬《まふゆ》でも見《み》えるのに、冬《ふゆ》の大三角《だいさんかく》は夏至《げし》の日《ひ》には見《み》えないのはなぜですか。100字程度《じていど》で説明《せつめい》しなさい。ただし、見《み》ている場所《ばしょ》は関東地方《かんとうちほう》の平野部《へいやぶ》で、天候《てんこう》の影響《えいきょう》や周囲《しゅうい》の建物《たてもの》や山《やま》などの地形《ちけい》の影響《えいきょう》はないものとします。

解答例《かいとうれい》　冬至《とうじ》の日《ひ》は日没《にちぼつ》が早《はや》いので、夏《なつ》の大三角《だいさんかく》がしずむ様子《ようす》を見《み》られるが、夏至《げし》の日《ひ》は日没《にちぼつ》が遅《おそ》く、空《そら》が明《あか》るいうちに冬《ふゆ》の大三角《だいさんかく》がしずんでいるから。

冬《ふゆ》の大四角形《だいしかくけい》とか、
夏《なつ》の平行四辺形《へいこうしへんけい》とかはないのかな!?
モ
モグラ座《さ》
スコップ座《ざ》
こんなふうに、自分《じぶん》で星座《せいざ》を考《かんが》えてみるのもおもしろいわね。
NAZA

地学

7 七夕《たなばた》の夜空《よぞら》を見上《みあ》げたら……

難易度《なんいど》 ★★

笹《ささ》をかざって、短冊《たんざく》に願《ねが》い事《ごと》を書《か》いて、七夕《たなばた》の準備《じゅんび》はOK！
うちゅうひこうしになってあまの川をおよぎたい!! もぐ太郎
かわいいお願《ねが》いね。
先生《せんせい》、勝手《かって》に読《よ》まないで。はずかしいよ。
HA HA
HA HA
NAZA
天《あま》の川《がわ》を泳《およ》ぐためにクロールの練習《れんしゅう》してるし、
モ
息《いき》を止《と》める練習《れんしゅう》だってしてるんだよ！
本気《ほんき》だったのね？天《あま》の川《がわ》に水《みず》はないわよ！
えーそうなの！？
モ
お兄《にい》がもう少《すこ》し、しっかりしますように。

ボケ問《もん》！

天《あま》の川《がわ》は、夏《なつ》の大三角《だいさんかく》の近《ちか》くにあるんだね。

理科《りか》の知識《ちしき》を使《つか》って、このボケにツッコメ！

ツッコミ例《れい》

天《あま》の川《がわ》の位置《いち》がおかしいよ！

解説《かいせつ》 「天《あま》の川《がわ》と夏《なつ》の大三角《だいさんかく》の位置関係《いちかんけい》」

　地球《ちきゅう》、火星《かせい》、金星《きんせい》など、太陽《たいよう》の周《まわ》りを回《まわ》っている惑星《わくせい》の集団《しゅうだん》を太陽系《たいようけい》といいます。宇宙《うちゅう》には、太陽以外《たいよういがい》にも恒星《こうせい》（自《みずか》ら光《ひかり》を出《だ》す天体《てんたい》）が２千億《せんおく》～４千億個《せんおくこ》あり、銀河系《ぎんがけい》という恒星《こうせい》の集合体《しゅうごうたい》を作《つく》っています。太陽系《たいようけい》がある銀河系《ぎんがけい》は天《あま》の川銀河《がわぎんが》ともいい、①と②のような形《かたち》をしています。太陽系《たいようけい》は、銀河系《ぎんがけい》の中心《ちゅうしん》から遠《とお》いところにあり、天《あま》の川《がわ》は地球《ちきゅう》から見《み》た銀河《ぎんが》の姿《すがた》で、１年中観察《ねんじゅうかんさつ》できます。図《ず》のように夏《なつ》は地球《ちきゅう》（太陽系《たいようけい》）から銀河《ぎんが》の中心《ちゅうしん》を見《み》ているので恒星《こうせい》が多《おお》く、明《あか》るく見《み》えますが、冬《ふゆ》は銀河《ぎんが》の外側《そとがわ》を見《み》ているのでうすく見《み》えます。**天《あま》の川《がわ》と夏《なつ》の大三角《だいさんかく》の位置関係《いちかんけい》は一年《いちねん》を通《とお》して変《か》わらず、正《ただ》しくは③のようにわし座《ざ》のアルタイルとこと座《ざ》のベガの間《あいだ》を通《とお》り、はくちょう座《ざ》のデネブは天《あま》の川《がわ》の真《ま》ん中付近《なかふきん》に見《み》えます。**

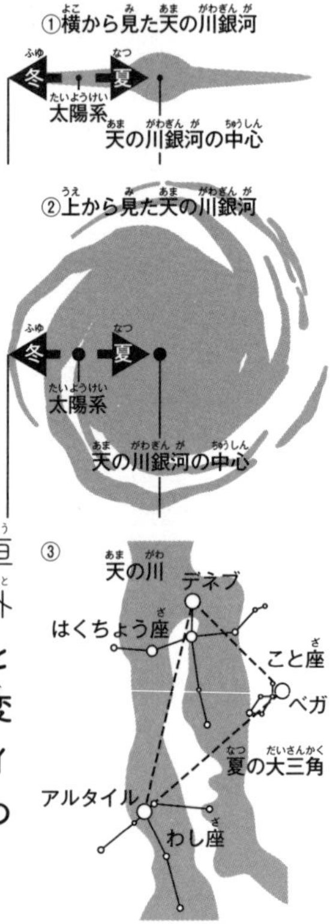

大切ポイント

☆**天《あま》の川《がわ》** 地球《ちきゅう》から見《み》た銀河《ぎんが》の姿《すがた》。

☆**天《あま》の川《がわ》の位置《いち》** わし座《ざ》のアルタイル（ひこ星《ぼし》）とこと座《ざ》のベガ（おりひめ星《ほし》）の間《あいだ》を通《とお》り、はくちょう座《ざ》のデネブは天《あま》の川《がわ》の真《ま》ん中付近《なかふきん》にある。

過去問　入試問題《にゅうしもんだい》に挑戦《ちょうせん》！

フェリス女学院中

地球《ちきゅう》から見《み》える「天《あま》の川《がわ》」は銀河系《ぎんがけい》を横《よこ》から見《み》たものです。（略《りゃく》）下《か》図《ず》は天《あま》の川周辺《がわしゅうへん》の星座《せいざ》の図《ず》です。

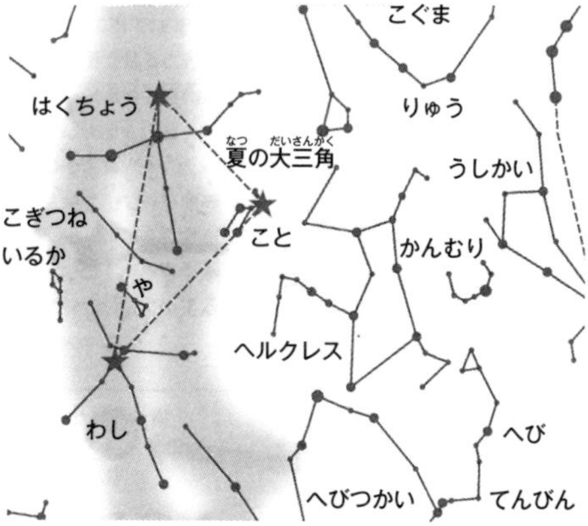

問1　図《ず》は7月7日の真夜中《まよなか》にどの方角《ほうがく》に見《み》える星座《せいざ》の図《ず》でしょうか。4つの方位《ほうい》（　東《ひがし》　西《にし》　南《みなみ》　北《きた》　）から1つ選《えら》びなさい。

問2　「夏《なつ》の大三角《だいさんかく》」をつくる1～3の星《ほし》の名前《なまえ》をカタカナで答《こた》えなさい。
こと座《ざ》の（　1　）　はくちょう座《ざ》の（　2　）　わし座《ざ》の（　3　）

問3　おりひめ星《ぼし》とひこ星《ぼし》の別名《べつめい》をカタカナで答《こた》えなさい。

解答《かいとう》　問1：南《みなみ》　問2：1（ベガ）、2（デネブ）、3（アルタイル）
問3：おりひめ星《ぼし》（ベガ）　ひこ星《ぼし》（アルタイル）

地学

8 今日《きょう》は日食《にっしょく》、見《み》のがすな！

難易度《なんいど》 ★★

やっとやっと、待《ま》ちに待《ま》った、このときが来《き》た！
パーン
天気《てんき》OK！
日食用《にっしょくよう》ゴーグルOK！
ビスケットOK！（134ページも見《み》てね）
日食当日《にっしょくとうじつ》
お昼《ひる》ね、終了《しゅうりょう》！日食見《にっしょくみ》るよ。
サリー先生《せんせい》、ねむいよ。
そんなにはりきらなくても……。
日食《にっしょく》は、毎月《まいつき》見《み》られるんだからさ……。
え

ボケ問《もん》！

月《つき》の満《み》ち欠《か》けは 29.5 日周期《にちしゅうき》だから、
来月《らいげつ》の新月《しんげつ》の日《ひ》も日食《にっしょく》が見《み》られるよね！

マーベラス！
お昼《ひる》ね
してたい……。
ふわ〜

↓

理科《りか》の知識《ちしき》を使《つか》って、このボケにツッコメ！

NAZA

地学

ツッコミ例《れい》

日食《にっしょく》が毎月《まいつき》見《み》られるわけないよ！

解説《かいせつ》「日食《にっしょく》のしくみと月《つき》の公転面《こうてんめん》」

太陽《たいよう》の周《まわ》りを公転《こうてん》する地球《ちきゅう》の公転面《こうてんめん》に対《たい》して、地球《ちきゅう》の周《まわ》りを公転《こうてん》する月《つき》の公転面《こうてんめん》は、約《やく》5°かたむいています。太陽《たいよう》－月《つき》－地球《ちきゅう》の順《じゅん》にならぶA～Dのとき、月《つき》は新月《しんげつ》になります。A・Cのときは日食《にっしょく》が起《お》きますが、B・Dのときは約《やく》5°のずれがあるので、太陽《たいよう》は月《つき》にかくれず日食《にっしょく》は起《お》きません。**日食《にっしょく》は新月《しんげつ》のたびに起《お》きるのではなく、月《つき》の満《み》ち欠《か》け周期《しゅうき》およそ6回《かい》ごと、A・Cのときに起《お》きています。**

もし5°のかたむきがなかった場合《ばあい》は、新月《しんげつ》のたび（29.5日《にち》ごと）に太陽《たいよう》が月《つき》と重《かさ》なり、日食《にっしょく》（皆既日食《かいきにっしょく》・金環日食《きんかんにっしょく》・部分日《ぶぶんにっ》食《しょく》）が起《お》きます。この場合29回《かい》太陽《たいよう》が南中《なんちゅう》しますが、0.5日分《にちぶん》観測地点《かんそくちてん》がずれるので、日食《にっしょく》を見《み》られる地域《ちいき》は変《か》わります。

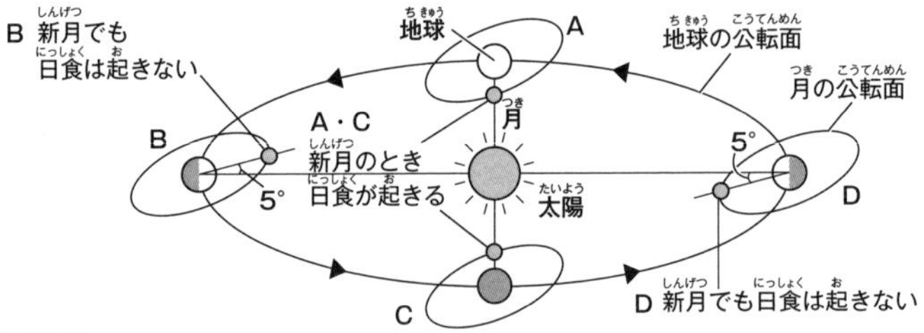

大切ポイント

☆**太陽《たいよう》の周《まわ》りを公転《こうてん》する地球《ちきゅう》の公転面《こうてんめん》に対《たい》して、地球《ちきゅう》の周《まわ》りを公転《こうてん》する月《つき》の公転面《こうてんめん》は約《やく》5°かたむいている。**

☆**新月《しんげつ》のたびに日食《にっしょく》が起《お》きないのは、地球《ちきゅう》と月《つき》の公転面《こうてんめん》がずれているから。** 差がつく！

過去問 入試問題《にゅうしもんだい》に挑戦《ちょうせん》！

浦和明の星女子中

問 次《つぎ》の図《ず》は、地球《ちきゅう》が太陽《たいよう》の周《まわ》りをまわる道《みち》すじと、月《つき》が地球《ちきゅう》の周《まわ》りをまわる道《みち》すじを、地球《ちきゅう》の北極側《ほっきょくがわ》から見《み》たもの（図1）と地球《ちきゅう》の赤道側《せきどうがわ》から見《み》たもの（図2）です。図《ず》2のように地球《ちきゅう》が太陽《たいよう》の周《まわ》りをまわる道《みち》すじに対《たい》して、月《つき》が地球《ちきゅう》の周《まわ》りをまわる道《みち》すじは傾《かたむ》いています。もし、地球《ちきゅう》が太陽《たいよう》の周《まわ》りをまわる道《みち》すじに対《たい》して、月《つき》が地球《ちきゅう》の周《まわ》りをまわる道《みち》すじが傾《かたむ》いていない場合日食《ばあいにっしょく》はどのように観測《かんそく》されると考《かんが》えられますか。適《てき》当《とう》なものをすべて選《えら》び、ア〜クで答《こた》えなさい。ただし、図《ず》1と図《ず》2の太陽《たいよう》、月《つき》、地球《ちきゅう》のそれぞれの大《おお》きさや、おたがいの距離《きょり》は正確《せいかく》ではありません。

図1

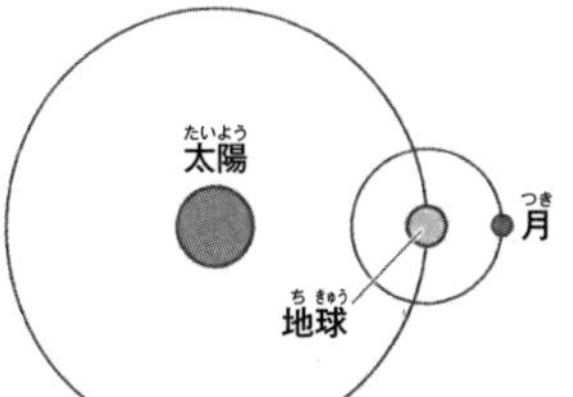

地球《ちきゅう》が太陽《たいよう》の周《まわ》りをまわる道《みち》すじと、月《つき》が地球《ちきゅう》の周《まわ》りをまわる道《みち》すじを地球《ちきゅう》の北極側《ほっきょくがわ》から見《み》たもの

図2

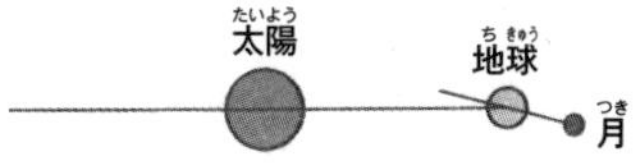

地球《ちきゅう》が太陽《たいよう》の周《まわ》りをまわる道《みち》すじと、月《つき》が地球《ちきゅう》の周《まわ》りをまわる道《みち》すじを地球《ちきゅう》の赤道側《せきどうがわ》から見《み》たもの

ア　毎月《まいつき》、異《こと》なる地域《ちいき》で皆既日食《かいきにっしょく》または金環日食《きんかんにっしょく》が観測《かんそく》できる。
イ　毎月《まいつき》、同《おな》じ地域《ちいき》で皆既日食《かいきにっしょく》または金環日食《きんかんにっしょく》が観測《かんそく》できる。
ウ　毎月《まいつき》、同《おな》じ日《ひ》に皆既日食《かいきにっしょく》または金環日食《きんかんにっしょく》が観測《かんそく》できる。
エ　毎月《まいつき》、異《こと》なる地域《ちいき》で部分日食《ぶぶんにっしょく》が観測《かんそく》できる。
オ　毎月《まいつき》、同《おな》じ地域《ちいき》で部分日食《ぶぶんにっしょく》が観測《かんそく》できる。
カ　毎月《まいつき》、同《おな》じ日《ひ》に部分日食《ぶぶんにっしょく》が観測《かんそく》できる。
キ　地域《ちいき》によっては、一日中《いちにちじゅう》皆既日食《かいきにっしょく》が観測《かんそく》できる。
ク　地域《ちいき》によっては、一日中《いちにちじゅう》部分日食《ぶぶんにっしょく》が観測《かんそく》できる。

［解答《かいとう》　ア、エ］

地学
9

大型《おおがた》台風《たいふう》、接近中《せっきんちゅう》!!

難易度《なんいど》 ★★★

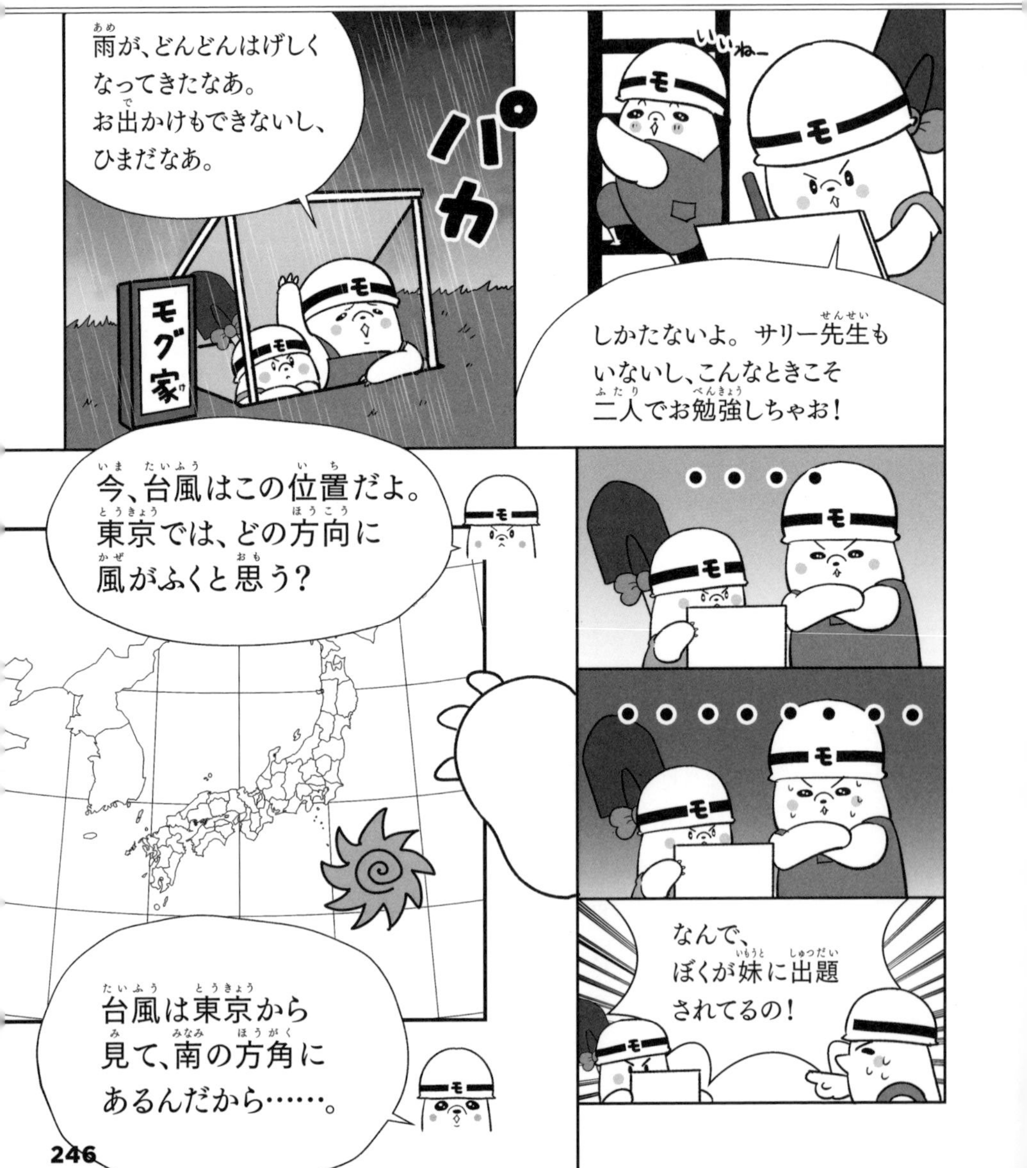

雨《あめ》が、どんどんはげしくなってきたなあ。お出《で》かけもできないし、ひまだなあ。
パカ
モグ家
いいねー
しかたないよ。サリー先生《せんせい》もいないし、こんなときこそ二人《ふたり》でお勉強《べんきょう》しちゃお！
今《いま》、台風《たいふう》はこの位置《いち》だよ。東京《とうきょう》では、どの方向《ほうこう》に風《かぜ》がふくと思《おも》う?
台風《たいふう》は東京《とうきょう》から見《み》て、南《みなみ》の方角《ほうがく》にあるんだから……。
・・・・
・・・・・・・・
なんで、ぼくが妹《いもうと》に出題《しゅつだい》されてるの！

ボケ問《もん》！

東京《とうきょう》には、台風《たいふう》のほうから
南風《みなみかぜ》がふいてくるよ！

理科《りか》の知識《ちしき》を使《つか》って、このボケにツッコメ！

ツッコミ例《れい》

反時計回《はんとけいまわ》りにふきこむから、北風《きたかぜ》だよ！

解説《かいせつ》「低気圧《ていきあつ》と風《かぜ》のふき方《かた》」

低気圧《ていきあつ》は、周囲《しゅうい》より気圧《きあつ》が低《ひく》い（空気《くうき》がうすい）部分《ぶぶん》で、周《まわ》りの空気《くうき》が風《かぜ》となってふきこみます。ふきこんだ風《かぜ》はたがいにぶつかり合《あ》って上昇気流《じょうしょうきりゅう》となり、上空《じょうくう》に上《あ》がった空気《くうき》は冷《ひ》やされて雲《くも》を作《つく》ります。熱帯《ねったい》の海上《かいじょう》で発生《はっせい》する低気圧《ていきあつ》のうち、風速《ふうそく》17.2m以《い》上《じょう》に発達《はったつ》したものを台風《たいふう》といいます。

低気圧周辺《ていきあつしゅうへん》の風《かぜ》は、地球《ちきゅう》の自転《じてん》の影響《えいきょう》を受《う》けて反時計回《はんとけいまわ》りにふきこみます。ですから、**ボケ問《もん》のように台風《たいふう》が①の場所《ばしょ》にあるとき、東京《とうきょう》では北寄《きたよ》りの風《かぜ》がふきます。**ボケ問《もん》は風《かぜ》のふく方角《ほうがく》がまちがっていますね。

また、②の場《ば》所《しょ》にあるときは東京《とうきょう》では南寄《みなみよ》りの風《かぜ》がふきます。

①

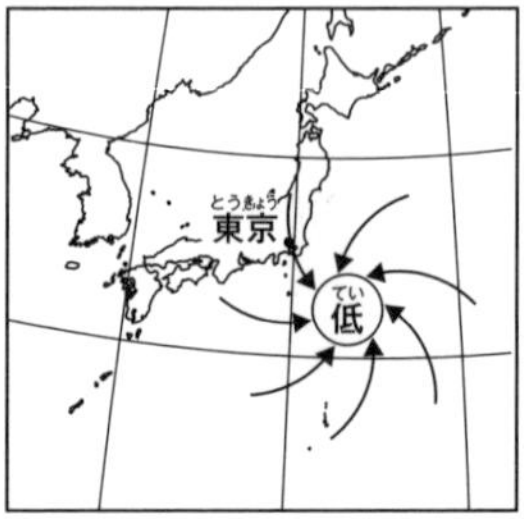

②

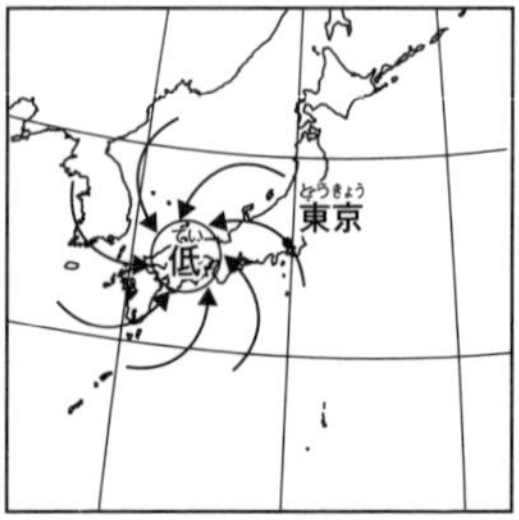

大切ポイント

☆台風《たいふう》 熱帯低気圧《ねったいていきあつ》で風速《ふうそく》17.2m以上《いじょう》のもの。
☆台風《たいふう》は低気圧《ていきあつ》なので、反時計回《はんとけいまわ》りに風《かぜ》がふきこむ。

過去問　入試問題《にゅうしもんだい》に挑戦《ちょうせん》！

早稲田実業学校中等部

2018年《ねん》の台風《たいふう》12号《ごう》は、7月24日に発生《はっせい》し8月3日に熱帯低気圧《ねったいていきあつ》になるまでの間《あいだ》、次《つぎ》の図《ず》のような進路《しんろ》を取《と》りました。以下の問《とい》に答《こた》えなさい。

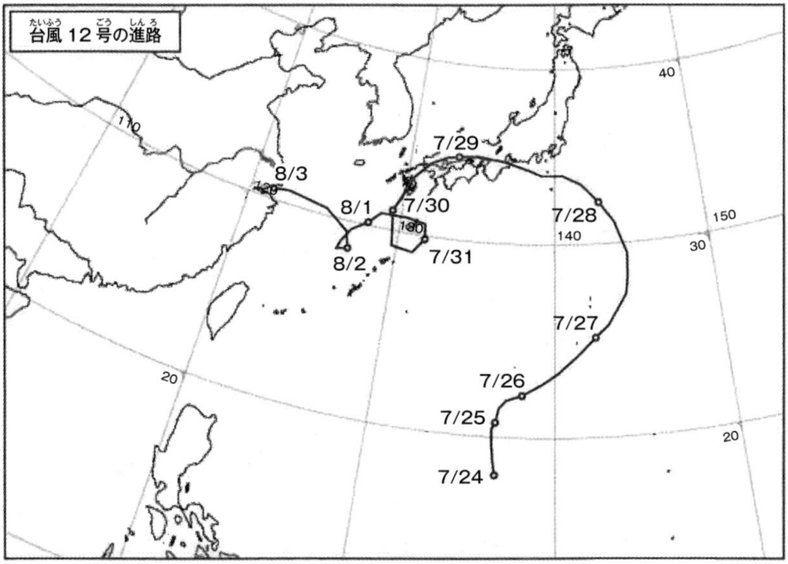

問　7月27日～29日の間《あいだ》の東京《とうきょう》（府中《ふちゅう》）での風向《かざむ》きについて適当《てきとう》と考《かんが》えられるものを、次《つぎ》の（ア）～（オ）の中《なか》から1つ選《えら》び、記号《きごう》で答《こた》えなさい。

	27日	28日	29日
（ア）	東《ひがし》寄《よ》りの風《かぜ》	北《きた》寄《よ》りの風《かぜ》	南《みなみ》寄《よ》りの風《かぜ》
（イ）	東《ひがし》寄《よ》りの風《かぜ》	南《みなみ》寄《よ》りの風《かぜ》	西《にし》寄《よ》りの風《かぜ》
（ウ）	南《みなみ》寄《よ》りの風《かぜ》	西《にし》寄《よ》りの風《かぜ》	北《きた》寄《よ》りの風《かぜ》
（エ）	南《みなみ》寄《よ》りの風《かぜ》	東《ひがし》寄《よ》りの風《かぜ》	北《きた》寄《よ》りの風《かぜ》
（オ）	北《きた》寄《よ》りの風《かぜ》	南《みなみ》寄《よ》りの風《かぜ》	東《ひがし》寄《よ》りの風《かぜ》

〔解答《かいとう》　ア〕

地学

地学 10

災害時《さいがいじ》の避難《ひなん》のタイミングは？

難易度《なんいど》 ★★

かけた！
モグ太郎《たろう》、上手《じょうず》！
秋祭《あきまつ》りのポスターだね。
ちゃんと見《み》てよ。
防災週間《ぼうさいしゅうかん》のポスターだよ。
ごめん、ごめん。
こんなに上手《じょうず》に
かけたのに。
ぼ、防災《ぼうさい》？
ところで、モグ太郎《たろう》は災害《さいがい》への
備《そな》えはできてる？
うん、非常食《ひじょうしょく》は
バッチリだよ！
ドーー
おかし
ばっかり！
警戒《けいかい》レベル3が
発令《はつれい》されたら、
どうするか知《し》ってる？
これ、
賞味期限《しょうみきげん》ギリギリだ！
食《た》べちゃおっと。

ボケ問《もん》!

警戒《けいかい》レベル3は、5段階中《だんかいちゅう》の3だから、
まだ何《なに》もしなくていいんじゃない?

まだまだ
だいじょうぶ!

NAZA

理科《りか》の知識《ちしき》を使《つか》って、このボケにツッコメ!

ツッコミ例《れい》

レベル3で具体的《ぐたいてき》な行動《こうどう》に移《うつ》るんだよ！

解説《かいせつ》「5段階《だんかい》の警戒《けいかい》レベル」

避難情報発令時《ひなんじょうほうはつれいじ》に発表《はっぴょう》される警戒《けいかい》レベルは、災害《さいがい》の危険度《きけんど》を5段階《だんかい》のレベルで示《しめ》したもので、数字《すうじ》が大《おお》きいほど災害発生《さいがいはっせい》の可《か》能性《のうせい》が高《たか》くなります。警戒《けいかい》レベル1でも、今後警戒《こんごけいかい》レベルが上《あ》がることを想定《そうてい》して、最新《さいしん》の防災気象情報《ぼうさいきしょうじょうほう》に注意《ちゅうい》する必要《ひつよう》があります。

表《ひょう》は、警戒《けいかい》レベルと、そのときにとるべき行動《こうどう》を示《しめ》しています。**ボケ問《もん》の警戒《けいかい》レベル3は、高齢者《こうれいしゃ》や乳幼児《にゅうようじ》、障害《しょうがい》のある人《ひと》など避難《ひなん》に時間《じかん》がかかる人《ひと》と、そのサポートをする人《ひと》はすぐに避難行《ひなんこう》動《どう》をとる、および、それ以外《いがい》の人《ひと》も地域《ちいき》の人《ひと》と声《こえ》をかけ合《あ》いながら避難準備《ひなんじゅんび》をして、状況《じょうきょう》により自主避難《じしゅひなん》をする段階《だんかい》です。**

警戒《けいかい》レベル	とるべき行動《こうどう》	危険度分布《きけんどぶんぷ》	気象庁《きしょうちょう》などの情報《じょうほう》
5	命《いのち》の危険《きけん》 直《ただ》ちに安全確保《あんぜんかくほ》	災害切迫《さいがいせっぱく》	氾濫発生情報《はんらんはっせいじょうほう》・大雨特別警報《おおあめとくべつけいほう》
警戒《けいかい》レベル4までに必《かなら》ず避難《ひなん》！			
4	危険《きけん》な場所《ばしょ》から 全員避難《ぜんいんひなん》	危険《きけん》	土砂災害警戒情報《どしゃさいがいけいかいじょうほう》・氾濫危険情報《はんらんきけんじょうほう》、 高潮特別警報《たかしおとくべつけいほう》・高潮警報《たかしおけいほう》
3	危険《きけん》な場所《ばしょ》から 高齢者等《こうれいしゃとう》は避難《ひなん》	警戒《けいかい》	大雨警報《おおあめけいほう》（土砂災害《どしゃさいがい》）・洪水警報《こうずいけいほう》 氾濫警戒情報《はんらんけいかいじょうほう》・高潮注意報《たかしおちゅういほう》
2	避難行動《ひなんこうどう》を確認《かくにん》	注意《ちゅうい》	氾濫注意報《はんらんちゅういほう》・大雨注意報《おおあめちゅういほう》 洪水注意報《こうずいちゅういほう》・高潮注意報《たかしおちゅういほう》
1	災害《さいがい》への心構《こころがま》え	早期注意情報《そうきちゅういじょうほう》（警報級《けいほうきゅう》の可能性《かのうせい》）	

大切ポイント

☆**警戒《けいかい》レベル** 災害《さいがい》の危険度《きけんど》を5段階《だんかい》で示《しめ》したもの。数字《すうじ》が大《おお》きいほど、災害発生《さいがいはっせい》の可能性《かのうせい》が高《たか》い。

☆**警戒《けいかい》レベル3** 危険《きけん》な場所《ばしょ》から高齢者等《こうれいしゃとう》は避難《ひなん》。

☆**警戒《けいかい》レベル4** 危険《きけん》な場所《ばしょ》から全員避難《ぜんいんひなん》。

過去問 入試問題《にゅうしもんだい》に挑戦《ちょうせん》！

渋谷教育学園渋谷中

ある地域《ちいき》に５軒《けん》の家庭《かてい》があります。それぞれ家族構成《かぞくこうせい》を下《した》にまとめました。ただし、以下《いか》の人達《ひとたち》に、要介護者《ようかいごしゃ》の人《ひと》はいないものとします。

ア　39才《さい》(父《ちち》)　37才《さい》(母《はは》)　8才《さい》(娘《むすめ》)　5才《さい》(息子《むすこ》)

イ　70才《さい》(祖父《そふ》)　68才《さい》(祖母《そぼ》)　32才《さい》(父《ちち》)　30才《さい》(母《はは》)　1才《さい》(娘《むすめ》)

ウ　82才《さい》(夫《おっと》)　80才《さい》(妻《つま》)

エ　25才《さい》(男《おとこ》)

オ　29才《さい》(夫《おっと》)　30才《さい》(妻《つま》)

<table>
<tr><th>危険度《きけんど》</th><th>色《いろ》</th><th>警戒《けいかい》レベル</th><th>住民《じゅうみん》がとるべき行動《こうどう》</th><th colspan="2">防災気象情報《ぼうさいきしょうじょうほう》</th></tr>
<tr><td>低《ひく》</td><td>白《しろ》</td><td>警戒《けいかい》レベル１</td><td>災害《さいがい》への心構《こころがま》えを高《たか》める</td><td>早期注意情報《そうきちゅういじょうほう》</td><td></td></tr>
<tr><td rowspan="12"></td><td rowspan="3">黄《き》</td><td rowspan="3">警戒《けいかい》レベル２</td><td rowspan="3">ハザードマップなどで避難行動《ひなんこうどう》を確認《かくにん》</td><td>氾濫注意情報《はんらんちゅういじょうほう》</td><td>高潮注意報《たかしおちゅういほう》</td></tr>
<tr><td>大雨注意報《おおあめちゅういほう》</td><td>危険度分布《きけんどぶんぷ》（黄《き》）</td></tr>
<tr><td>洪水注意報《こうずいちゅういほう》</td><td></td></tr>
<tr><td rowspan="3">赤《あか》</td><td rowspan="3">警戒《けいかい》レベル３</td><td rowspan="3">危険《きけん》な場所《ばしょ》から高齢者《こうれいしゃ》や要介護者等《ようかいごしゃとう》は避難《ひなん》</td><td>大雨警報《おおあめけいほう》（土砂災害《どしゃさいがい》）</td><td>氾濫警戒情報《はんらんけいかいじょうほう》</td></tr>
<tr><td>洪水警報《こうずいけいほう》</td><td>危険度分布《きけんどぶんぷ》（赤《あか》）</td></tr>
<tr><td>高潮注意報《たかしおちゅういほう》</td><td></td></tr>
<tr><td rowspan="3">紫《むらさき》</td><td rowspan="3">警戒《けいかい》レベル４</td><td rowspan="3">危険《きけん》な場所《ばしょ》から全員避難《ぜんいんひなん》</td><td>土砂災害警戒情報《どしゃさいがいけいかいじょうほう》</td><td>氾濫危険情報《はんらんきけんじょうほう》</td></tr>
<tr><td>高潮特別警報《たかしおとくべつけいほう》</td><td>危険度分布《きけんどぶんぷ》（紫《むらさき》）</td></tr>
<tr><td>高潮警報《たかしおけいほう》</td><td></td></tr>
<tr><td>高《こう》</td><td>黒《くろ》</td><td>警戒《けいかい》レベル５</td><td>命《いのち》を守《まも》るための最善《さいぜん》の行動《こうどう》をとる</td><td>大雨特別警報《おおあめとくべつけいほう》</td><td>氾濫発生情報《はんらんはっせいじょうほう》</td></tr>
</table>

問1　この地域《ちいき》に洪水警報《こうずいけいほう》が出《で》た場合《ばあい》、避難《ひなん》を開始《かいし》するべき家庭《かてい》はア～オのどれですか。当《あ》てはまるものを全《すべ》て選《えら》び、記号《きごう》で答《こた》えなさい。

問2　ア～オの家庭《かてい》が、１つのアパートに住《す》んでいたとします。警戒《けいかい》レベル３が発令《はつれい》され、全《すべ》ての人《ひと》が在宅《ざいたく》をしていた場合《ばあい》、エの人《ひと》が取《と》るべき行動《こうどう》として正《ただ》しいことを簡潔《かんけつ》に答《こた》えなさい。ただし、ア～オの家庭全《かていすべ》て、お互《たが》いの家族構成《かぞくこうせい》は知《し》っているものとします。

［**解答《かいとう》**　問1：イ、ウ　問2：(例《れい》)オの家族《かぞく》とともに、イ、ウの家族《かぞく》の避難《ひなん》を手伝《てつだ》う。］

地学

11 東《ひがし》からのぼった太陽《たいよう》、しずむ方角《ほうがく》は？

難易度《なんいど》★★

モグ太郎《たろう》に課題《かだい》を出《だ》します。今日《きょう》は秋分《しゅうぶん》の日《ひ》。今日《きょう》と１か月後《げつご》に太陽《たいよう》がどの位置《いち》にしずむかを方位磁石《ほういじしゃく》を使《つか》って調《しら》べてきてください。
NAZA
調《しら》べるだけなら、楽勝《らくしょう》だね！
モ
１か月後《げつご》
あれ、方位磁石《ほういじしゃく》がない！
お兄《にい》、早《はや》く行《い》こうよ！
9/23
10/23
ドキ
ドキ
あー、太陽《たいよう》がしずんじゃうよ！
モグ太郎《たろう》は、どうしてドキドキしているのかしら？

ボケ問《もん》！

秋分《しゅうぶん》の日《ひ》と、その1か月後《げつご》の今日《きょう》、
太陽《たいよう》はそれぞれこのあたりにしずんだよ。

理科《りか》の知識《ちしき》を使《つか》って、このボケにツッコメ！

地学

ツッコミ例《れい》

それじゃあ、季節《きせつ》がちがうよ！

解説《かいせつ》「日《ひ》の出《で》と日《ひ》の入《い》りの位置《いち》」

春分《しゅんぶん》・秋分《しゅうぶん》の日《ひ》、太陽《たいよう》は真東《まひがし》から出《で》て、真西《まにし》にしずみます。夏《げ》至《し》の日《ひ》は北寄《きたよ》りに出入《でい》りし、冬至《とうじ》の日《ひ》は南寄《みなみよ》りに出入《でい》りします（①）。日《ひ》の入《い》りを見《み》るときは、西《にし》の方《ほう》を向《む》いているので、自分《じぶん》の左《ひだり》側《がわ》が南《みなみ》になります。**秋分《しゅうぶん》の日《ひ》（9月《がつ》23日《にち》ごろ）から冬至《とうじ》に向《む》かい、日《ひ》の入《い》りの位置《いち》は、南寄《みなみよ》りに移動《いどう》していくので、ボケ問《もん》では、しずむ位置《いち》が右《みぎ》ではなく、左《ひだり》にずれるのが正解《せいかい》です。**

①

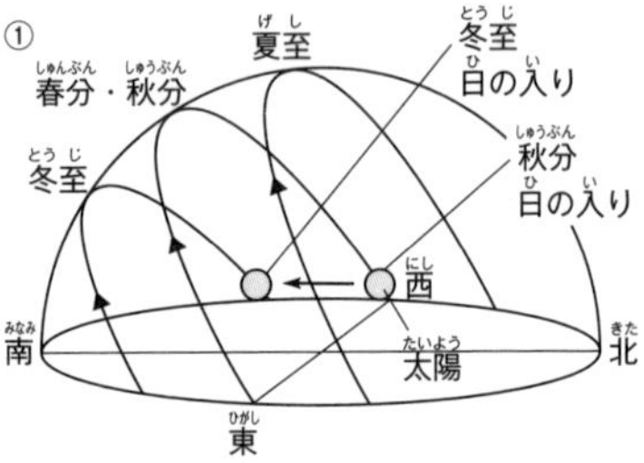

また、午前《ごぜん》8時《じ》の太陽《たいよう》の高度《こうど》を季節《きせつ》ごとに比《くら》べたとき、夏至《げし》のときに高《たか》く、冬至《とうじ》のときに低《ひく》くなります（②）。これは、夏至《げし》の日《ひ》に近《ちか》いほど日《ひ》の出《で》の時刻《じこく》が早《はや》く、太陽《たいよう》がのぼり始《はじ》めてからの時間《じかん》が長《なが》くなるからです。日《ひ》の出《で》を見《み》るときは、東《ひがし》の方《ほう》を向《む》いているので、自分《じぶん》の右側《みぎがわ》が南《みなみ》になります。

②

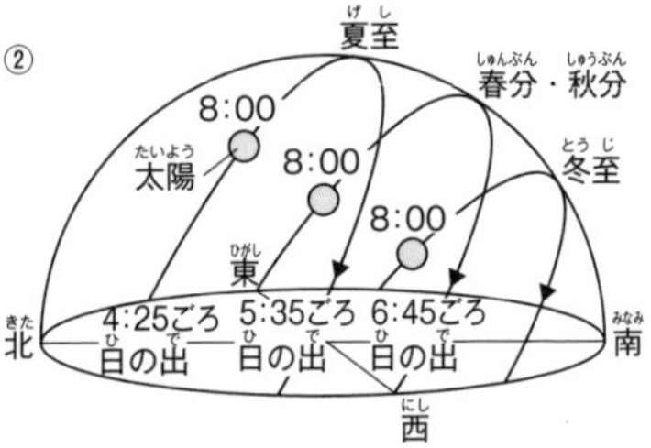

大切ポイント

☆夏至《げし》の日《ひ》 太陽《たいよう》は北寄《きたよ》りに出入《でい》りする。
☆冬至《とうじ》の日《ひ》 太陽《たいよう》は南寄《みなみよ》りに出入《でい》りする。
☆同《おな》じ時刻《じこく》の太陽高度《たいようこうど》を比《くら》べると、夏至《げし》の日《ひ》が高《たか》く冬至《とうじ》の日《ひ》が低《ひく》い。 差がつく！

過去問　入試問題《にゅうしもんだい》に挑戦《ちょうせん》！

洛南高等学校附属中（改題）

そらさんの学校《がっこう》では、毎朝《まいあさ》、午前《ごぜん》8時《じ》ごろからあいさつ運動《うんどう》をしています。（略）11月《がつ》のある寒《さむ》い日《ひ》の朝《あさ》、そらさんがあいさつを始《はじ》めようといつもの立《た》ち位置《いち》につくと、日《ひ》なたになっており、朝《あさ》の日《ひ》差《ざ》しが暖《あたた》かく感《かん》じられました。そらさんは、ふと半年前《はんとしまえ》の5月《がつ》にあいさつ運動《うんどう》をしたときのことを思《おも》い出《だ》しました。そのときは今朝《けさ》と同《おな》じ時間《じかん》に同《おな》じ位置《いち》に立《た》っていたのに、校舎《こうしゃ》の日《ひ》かげになっていて涼《すず》しく感《かん》じられました。

問　5月《がつ》、9月《がつ》、11月《がつ》のある日《ひ》の午前《ごぜん》8時《じ》の太陽《たいよう》の位置《いち》として適当《てきとう》なものを、次《つぎ》のア〜エの中《なか》から1つ選《えら》んで、記号《きごう》で答《こた》えなさい。

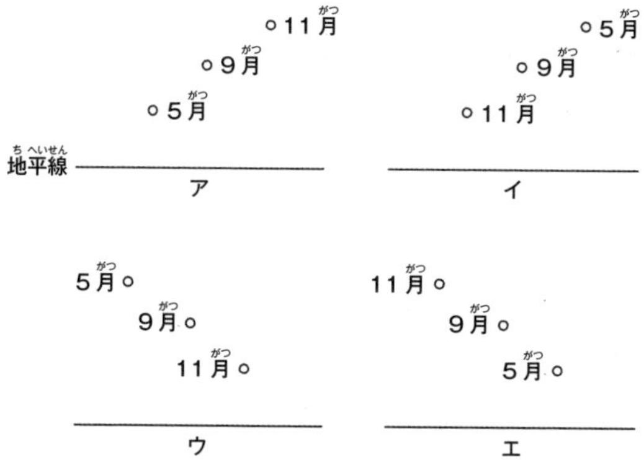

［解答《かいとう》　ウ］

地学

12 自然《しぜん》がつくり出《だ》した しゅう曲《きょく》とは？

難易度《なんいど》 ★★

和歌山県《わかやまけん》のフェニックスしゅう曲《きょく》を見《み》てきたよ！
おみやげのみかんよー
わっ、岩《いわ》がぐにゃぐにゃ！！
そうなの。このぐにゃぐにゃをしゅう曲《きょく》というの。
NAZA
かたい岩《いわ》がどうして、曲《ま》がったのかな。
このしゅう曲《きょく》の・の部分《ぶぶん》、上《うえ》と下《した》のどっちの地層《ちそう》が新《あたら》しいかわかる？
上《うえ》
下《した》
えいっ
力持《ちからも》ちの巨人《きょじん》が、ぐにゃぐにゃにしたのかな。
当《あ》たらずといえども遠《とお》からずね。
そんなわけないわ
もちろん！

ボケ問《もん》！

地層《ちそう》は下《した》から上《うえ》にいくほど、
新《あたら》しくなるに決《き》まっているよ！

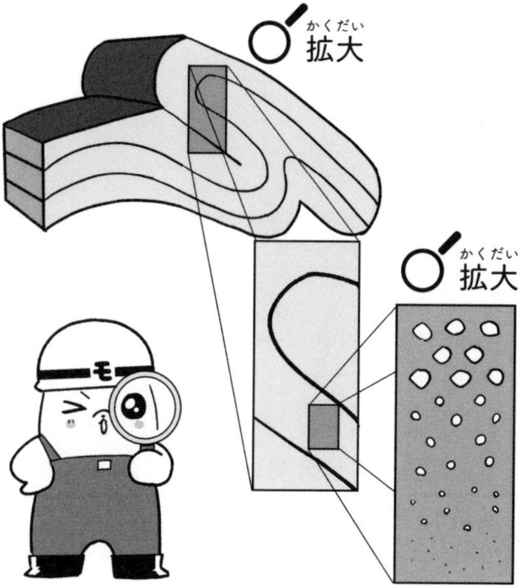

理科《りか》の知識《ちしき》を使《つか》って、このボケにツッコメ！

ツッコミ例《れい》

この場合《ばあい》は、下《した》が新《あたら》しい！

解説《かいせつ》「地層《ちそう》が逆転《ぎゃくてん》する場合《ばあい》」

①

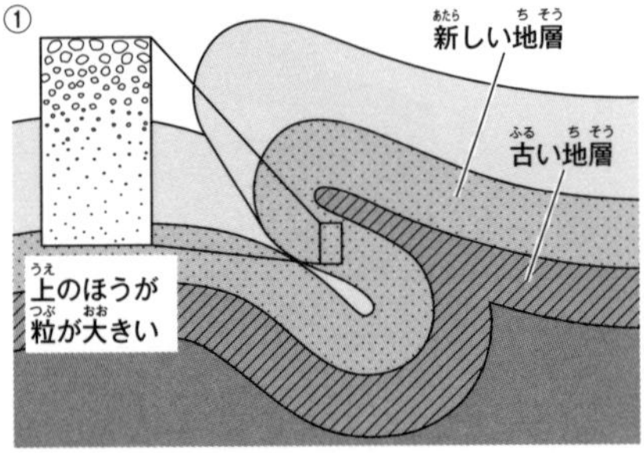

水《みず》の中《なか》では、同《おな》じ物体《ぶったい》であれば粒《つぶ》が大《おお》きいほど、速《はや》くしずむ性質《せいしつ》があります。これと同《おな》じで地層《ちそう》の場合《ばあい》も、ふつうは大《おお》きい粒《つぶ》が見《み》られるほうを下《した》と考《かんが》えます。

しかし、しゅう曲《きょく》が起《お》きた土地《とち》の地層《ちそう》では、粒《つぶ》の大《おお》きさの順番《じゅんばん》が逆《ぎゃく》になることがあります。しゅう曲《きょく》とは、地層《ちそう》が横方向《よこほうこう》から大《おお》きな力《ちから》を受《う》け、曲《ま》がりくねるように変形《へんけい》する現象《げんしょう》で、**ボケ問《もん》のように、波《なみ》のように曲《ま》がった地層《ちそう》がもとの地層《ちそう》におおいかぶさると、地層《ちそう》の一部《いちぶ》で上下《じょうげ》が逆《ぎゃく》になります。そのため、この部分《ぶぶん》では下《した》にいくほど粒《つぶ》が小《ちい》さくなります（①）。**地層《ちそう》が上下逆《じょうげぎゃく》になっているかどうかは、粒《つぶ》の大《おお》きさで見極《みきわ》めるほか、生物《せいぶつ》の巣穴《すあな》でも確認《かくにん》することができます（②）。

②

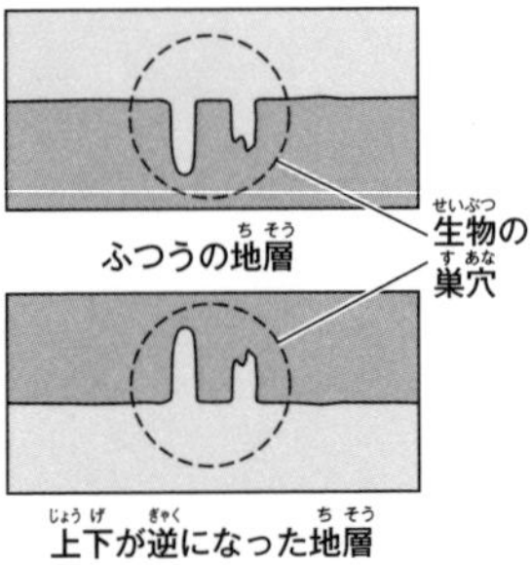

大切ポイント

☆しゅう曲《きょく》 地層《ちそう》が横方向《よこほうこう》から大《おお》きな力《ちから》を受《う》け、曲《ま》がりくねるように変形《へんけい》すること。

☆ふつうは粒《つぶ》が大《おお》きいほうが下《した》。しゅう曲《きょく》により地層《ちそう》の逆転《ぎゃくてん》が起《お》きると、粒《つぶ》が大《おお》きいほど上《うえ》になる。

差がつく！

過去問 入試《にゅうし》問題《もんだい》に挑戦《ちょうせん》！

立教新座中

下《した》の図《ず》はある地域《ちいき》のA～C地点《ちてん》の地層《ちそう》の様子《ようす》をあらわしたもので、各《かく》地点《ちてん》で観察《かんさつ》された火山灰《かざんばい》の層《そう》は、同《おな》じ時代《じだい》にたい積《せき》したことがわかっています。この地層《ちそう》について、以下《いか》の問《と》いに答《こた》えなさい。

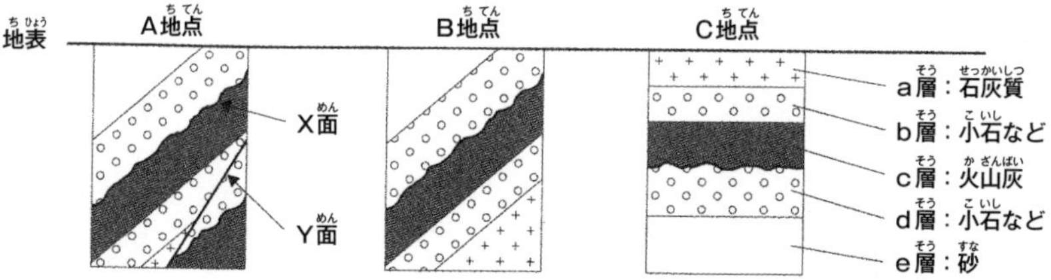

問　A地点《ちてん》では小石《こいし》などが含《ふく》まれる地層《ちそう》が複数《ふくすう》あり、それぞれの地層《ちそう》では下《した》の方《ほう》にいくほど小石《こいし》の大《おお》きさは大《おお》きくなっていました。B地点《ちてん》、C地点《ちてん》の小石《こいし》などが含《ふく》まれる地層《ちそう》の特徴《とくちょう》として適切《てきせつ》なものを、次《つぎ》のア～エから選《えら》び、それぞれ記号《きごう》で答《こた》えなさい。

ア　それぞれの地層《ちそう》では、下《した》の方《ほう》にいくほど小石《こいし》の大《おお》きさは大《おお》きくなっていく。

イ　それぞれの地層《ちそう》では、下《した》の方《ほう》にいくほど小石《こいし》の大《おお》きさは小《ちい》さくなっていく。

ウ　それぞれの地層《ちそう》では、上下《じょうげ》に関係《かんけい》なく同《おな》じ大《おお》きさの小石《こいし》がある。

エ　それぞれの地層《ちそう》では、上下《じょうげ》に関係《かんけい》なく大小《だいしょう》さまざまな小石《こいし》かある。

［**解答《かいとう》**　B地点《ちてん》：ア　C地点《ちてん》：イ］

地学

13

地層《ちそう》の重《かさ》なり順《じゅん》は?

難易度《なんいど》 ★★

何層《なんそう》も重《かさ》なってる!
地層《ちそう》みたい。
パフェ、おいしそうだなあ。
先生《せんせい》、食《た》べていい?
ちょっと待《ま》って!
下《した》からシロップ、
ゼリー、
コーンフレークと
重《かさ》なっているね。
その上《うえ》は何《なに》かしら?
コーンフレーク
ゼリー
シロップ
先生《せんせい》、
もういい?
ゴクリ…
地層模型《ちそうもけい》
あーん
あっ、まだよ!
考《かんが》えてほしいことが
あるの!
この地層《ちそう》は、どの順《じゅん》に
重《かさ》なったかわかる?
食《た》べるのは答《こた》えてから!

ボケ問《もん》！

この地層《ちそう》は、1〜9の順《じゅん》に重《かさ》なったんだ！

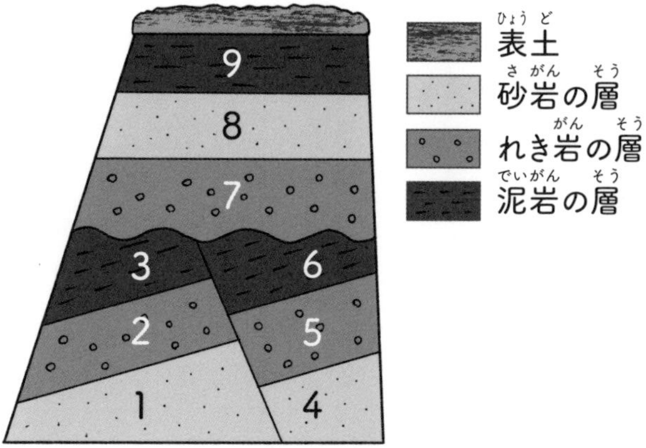

※砂岩《さがん》……砂《すな》が固《かた》まってできた岩石《がんせき》
れき岩《がん》…れき（小石《こいし》）と砂《すな》が固《かた》まってできた岩石《がんせき》
泥岩《でいがん》……泥《どろ》が固《かた》まってできた岩石《がんせき》

理科《りか》の知識《ちしき》を使《つか》って、このボケにツッコメ！

ツッコミ例《れい》

順番《じゅんばん》がめちゃくちゃだよ！

解説《かいせつ》「地層《ちそう》の重《かさ》なり方《かた》」

地層《ちそう》は、海底《かいてい》で小石《こいし》・砂《すな》・泥《どろ》・火山灰《かざんばい》などが層《そう》になってたい積《せき》したものです。長《なが》い年月《ねんげつ》をかけて隆起《りゅうき》する（土地《とち》がもち上《あ》がる）ことで、陸上《りくじょう》で地層《ちそう》を見《み》ることができます。ボケ問《もん》の地層《ちそう》の正《ただ》しい重《かさ》なり順《じゅん》は、次《つぎ》のとおりです。①海底《かいてい》でア→イ→ウの順《じゅん》に重《かさ》なる。②地層《ちそう》がかたむく（傾斜《けいしゃ》）。③左右《さゆう》に引《ひ》っ張《ば》る力《ちから》によって断層《だんそう》ができる。④海面上《かいめんじょう》に隆起《りゅうき》した地層《ちそう》が、浸食《しんしょく》（雨《あめ》や風《かぜ》などが土地《とち》をけずること）されて表面《ひょうめん》がでこぼこになる。⑤再《ふたた》び海底《かいてい》にしずんで、エ→オ→カの順《じゅん》に地層《ちそう》が重《かさ》なり不整合面《ふせいごうめん》ができる。

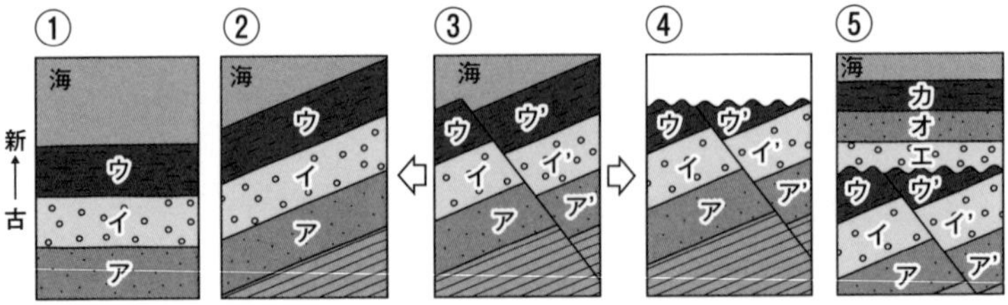

つまり、ア・ア'→イ・イ'→ウ・ヴ'→エ→オ→カの順《じゅん》に重《かさ》なるのが正解《せいかい》です。火山活動《かざんかつどう》が起《お》きた場合《ばあい》は、これらの地層《ちそう》をつらぬくようにマグマが流入《りゅうにゅう》することもあります。

大切ポイント

☆**断層《だんそう》** **地層《ちそう》に引《ひ》っ張《ば》る力《ちから》がはたらき、地層《ちそう》が切《き》れてくいちがうこと。地層《ちそう》のずれ。**

☆**不整合《ふせいごう》** **地層《ちそう》が海面上《かいめんじょう》に隆起《りゅうき》し、浸食後《しんしょくご》、再《ふたた》び海底《かいてい》にしずんでできる重《かさ》なり方《かた》。**

過去問　入試問題《にゅうしもんだい》に挑戦《ちょうせん》!

学習院女子中等科

問1　ある火山地域《かざんちいき》の地下《ちか》の地層《ちそう》を調《しら》べたら、右《みぎ》の断面図《だんめんず》のようになっていました。この場所《ばしょ》で起《お》きた以下《いか》の(ア)〜(オ)のできごとを古《ふる》い順《じゅん》に並《なら》べなさい。

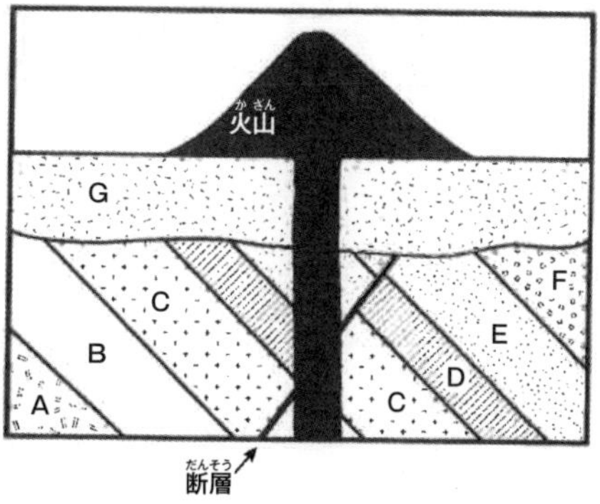

(ア) 地層《ちそう》A〜Fがかたむいた　(イ) 地層《ちそう》Gがたい積《せき》した
(ウ) 火山《かざん》ができて噴火《ふんか》した　(エ) 地層《ちそう》A〜Fがたい積《せき》した
(オ) 地層《ちそう》A〜Fがしん食《しょく》された

問2　問《とい》1の(ア)〜(オ)のうち、断層《だんそう》ができた時《とき》よりも確実《かくじつ》に後《あと》に起《お》きたと考《かんが》えられるできごとをすべて選《えら》び、記号《きごう》で答《こた》えなさい。

[解答《かいとう》　問1:エ→ア→オ→イ→ウ　問2:イ、ウ、オ]

地学

14 ボーリングで地質調査《ちしつちょうさ》

難易度《なんいど》 ★★★

地面《じめん》にパイプをつきさして、何《なに》してるの？
ボーリングよ。
この場所《ばしょ》の地下《ちか》が、どうなっているかを知《し》りたいの。地質調査《ちしつちょうさ》ね。
ガガガガ
細《ほそ》い穴《あな》をほりながら、土《つち》や岩《いわ》を採取《さいしゅ》するのよ。
ふんっ
先生《せんせい》だいじょうぶ？
ボーリング試料《しりょう》…採取《さいしゅ》した土《つち》や岩《いわ》。
大変《たいへん》そう。
マーベラス！
ぼくが直接《ちょくせつ》行《い》って見《み》てくるよ！
じゃあ、ここと そこもお願《ねが》い！
先生《せんせい》、モグラ使《づか》いがあらい！！

ボケ問《もん》！

調査《ちょうさ》の結果《けっか》、この地層《ちそう》は西《にし》の方《ほう》に下《さ》がっていて、
南北《なんぼく》にはかたむきがないことがわかったよ！

〈地形図《ちけいず》〉

Bは A の真北《まきた》、
Cは B の真西《まにし》、
AとC、BとCの
水平《すいへい》きょりは同《おな》じ。

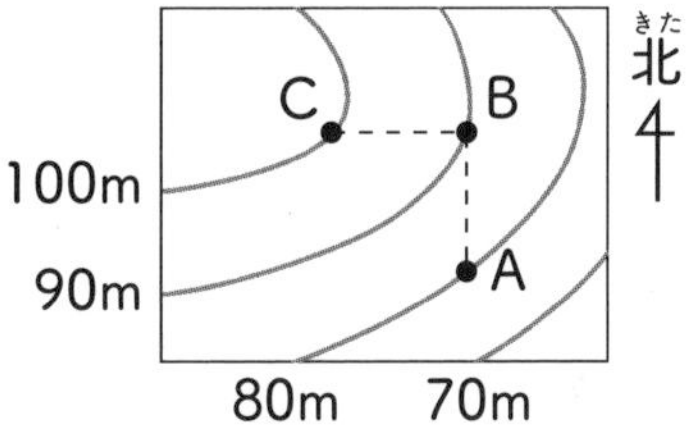

〈柱状図《ちゅうじょうず》〉

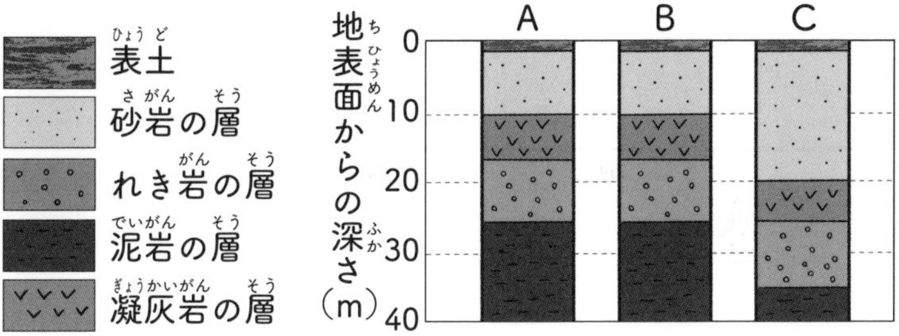

理科《りか》の知識《ちしき》を使《つか》って、このボケにツッコメ！

ツッコミ例《れい》

下《さ》がっているのは南《みなみ》！
かたむきがないのは東西《とうざい》！

解説《かいせつ》「地中《ちちゅう》の様子《ようす》を調《しら》べるボーリング」

　ボーリングで採取《さいしゅ》した土《つち》や岩《いわ》から土地《とち》の地質《ちしつ》やかたむきを知《し》ることができます。ボケ問《もん》ではまず、①の地形図《ちけいず》でABCの標高《ひょうこう》をかくにんします（Aは80m、Bは90m、Cは100m）。次《つぎ》に、②にABCの標高《ひょうこう》をそれぞれ書《か》きこみます。地表《ちひょう》から10 mずつ深《ふか》くなるので、Aの標高《ひょうこう》は80 m、70 m…となります。すると、③のようにABCの地点《ちてん》で凝灰岩《ぎょうかいがん》がどの標高《ひょうこう》にあるかがわかります。すると、Aでは標高《ひょうこう》60～70m地点《ちてん》にある凝灰岩《ぎょうかいがん》が、BとCでは標高《ひょうこう》70～80m地点《ちてん》にあることがわかります。**つまり、BとC（東西方向《とうざいほうこう》）には地層《ちそう》のかたむきはなく、BからA（北《きた》から南《みなみ》）に10m下《さ》がるようにかたむいていることがわかります。**凝灰岩《ぎょうかいがん》に注目《ちゅうもく》するのは、火山《かざん》の噴火《ふんか》によって同《おな》じ時期《じき》にできた岩石《がんせき》として考《かんが》えることができるからです。

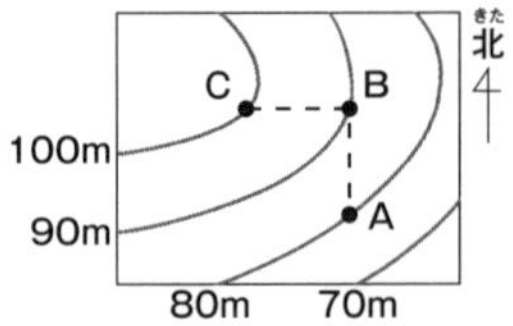

①地形図《ちけいず》（等高線図《とうこうせんず》）

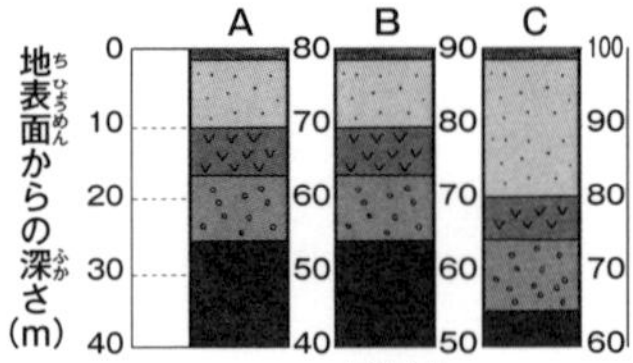

②柱状図《ちゅうじょうず》

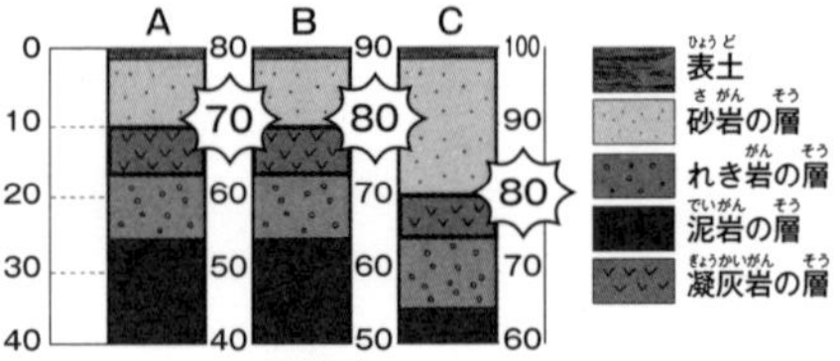

③柱状図《ちゅうじょうず》

大切ポイント

☆**ボーリング** 地質《ちしつ》や土地《とち》のかたむきを調《しら》べること。

☆土地《とち》のかたむきは、地形図《ちけいず》の標高《ひょうこう》を、柱状図《ちゅうじょうず》に書《か》きこんでから考《かんが》える。差がつく！

過去問　入試《にゅうし》問題《もんだい》に挑戦《ちょうせん》！

世田谷学園中

図《ず》1はある地域《ちいき》の地形図《ちけいず》で、図《ず》2はこの地域《ちいき》におけるA～E地点《ちてん》でボーリング調査《ちょうさ》を行《おこな》ったときの柱《ちゅう》状図《じょうず》です。どの地点《ちてん》でも標高《ひょうこう》0m以上《いじょう》でたい積岩《せきがん》が見《み》られ、標高《ひょうこう》80m以上《いじょう》で関東《かんとう》ローム層《そう》が見《み》られました。(略《りゃく》)地層中《ちそうちゅう》に断層《だんそう》はなく、標高《ひょうこう》が高《たか》くなるにつれて新《あたら》しい地《ち》層《そう》になっていくことがわかっています。

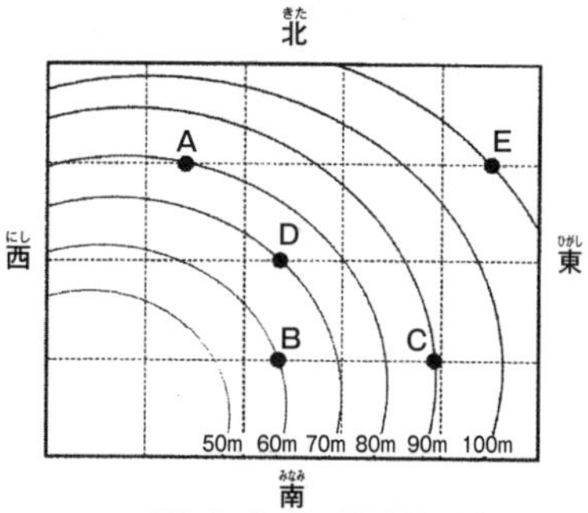

図1　地形図《ちけいず》（実線《じっせん》は等高線《とうこうせん》を示《しめ》す）

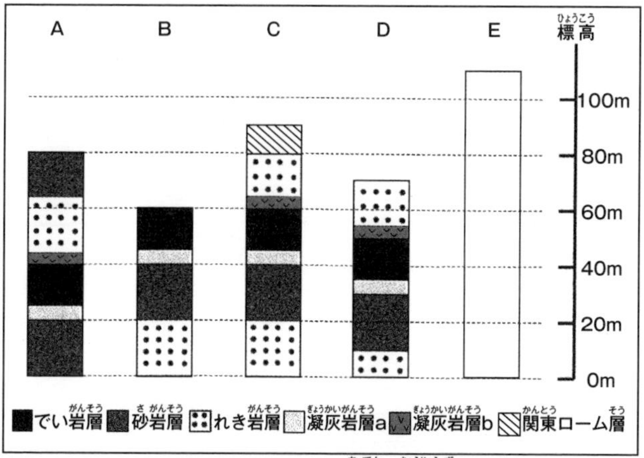

図2　図1のA～E地点《ちてん》の柱状図《ちゅうじょうず》

問1　この地域《ちいき》の地層《ちそう》のかたむきは、どの方位《ほうい》に向《む》かって下《さ》がっていますか。東西南北《とうざいなんぼく》の4方位《ほうい》で答《こた》えなさい。

問2　E地点《ちてん》の地表《ちひょう》から20m、50m、100m地下《ちか》には何《なん》の層《そう》が見《み》られますか。次《つぎ》のア～カからそれぞれ1つ選《えら》び、記号《きごう》で答《こた》えなさい。

ア　でい岩層《がんそう》　　イ　砂岩層《さがんそう》　　ウ　れき岩層《がんそう》

エ　関東《かんとう》ローム層《そう》　　オ　凝灰岩層《ぎょうかいがんそう》a　　カ　凝灰岩層《ぎょうかいがんそう》b

［**解答《かいとう》**　問1：北《きた》　問2：20m（エ）、50m（ウ）、100m（イ）］

地学

15 みんなで楽《たの》しく川遊《かわあそ》び！

難易度《なんいど》 ★

川《かわ》で泳《およ》ぐぞ！
二人《ふたり》とも、泳《およ》ぎが上手《じょうず》なのね。知《し》らなかったわ！
NAZA
モグラは泳《およ》げないって思《おも》われているけど、
ぼくたちは得意《とくい》なんだ！
でも、こわいから足《あし》がつくところじゃないと泳《およ》げないの……。
NAZA
川《かわ》の流《なが》れのことを知《し》ってる？
川《かわ》は危険《きけん》がいっぱいだから、ちゃんと勉強《べんきょう》してから泳《およ》ぎましょう。

ボケ問《もん》！

川《かわ》は、どんな流《なが》れのところでも
中央部《ちゅうおうぶ》がいちばん深《ふか》いよ！

足《あし》がつかない
から、こわい…
NAZA

理科《りか》の知識《ちしき》を使《つか》って、このボケにツッコメ！

NAZA

地学

ツッコミ例《れい》

中央部《ちゅうおうぶ》が深《ふか》いのは、まっすぐな流《なが》れのところだけ！

解説《かいせつ》「川《かわ》の流《なが》れと深《ふか》さ」

　川《かわ》の水《みず》の流《なが》れには、川底《かわぞこ》をけずる侵食作用《しんしょくさよう》、けずった土《つち》を運《はこ》ぶ運搬作用《うんぱんさよう》、運《はこ》んだ土《つち》を積《つ》もらせる堆積作用《たいせきさよう》があります。そのため、**流《なが》れの速《はや》さや深《ふか》さは川《かわ》の形《かたち》によってちがいます。**川《かわ》がまっすぐなところは、中央《ちゅうおう》ほど水量《すいりょう》が多《おお》いので流《なが》れが速《はや》く深《ふか》く、川底《かわぞこ》の石《いし》は大《おお》きくなります。川《かわ》がカーブしているところは、水量《すいりょう》の多《おお》い外側《そとがわ》の流《なが》れが速《はや》く、内側《うちがわ》の流《なが》れはおそくなります。流《なが》れが速《はや》いと侵食作用《しんしょくさよう》が強《つよ》くなり、カーブの外側《そとがわ》がどんどんけずられていき、がけができます。また、上流《じょうりゅう》から大《おお》きい石《いし》が速《はや》い流《なが》れで運《はこ》ばれてきて、川底《かわぞこ》に残《のこ》ります。内側《うちがわ》は堆積作用《たいせきさよう》によって浅《あさ》くなり、川原《かわら》ができて小《ちい》さい石《いし》が多《おお》くなります。

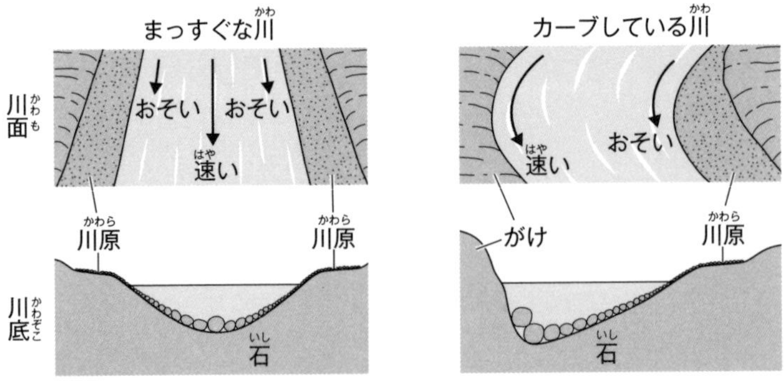

大切ポイント

☆**カーブの外側《そとがわ》　水量《すいりょう》が多《おお》く流《なが》れが速《はや》い**

➡侵食作用《しんしょくさよう》により深《ふか》く、石《いし》が大《おお》きい。

☆**カーブの内側《うちがわ》　水量《すいりょう》が少《すく》なく流《なが》れがおそい**

➡堆積作用《たいせきさよう》により浅《あさ》く、石《いし》が小《ちい》さい。

過去問 入試問題《にゅうしもんだい》に挑戦《ちょうせん》！

大阪星光学院中

問　図《ず》のa-b間《かん》の川《かわ》の断面図《だんめんず》として、深《ふか》さや石《いし》の大《おお》きさが適切《てきせつ》なものを下《した》のア〜エから1つ選《えら》び、記号《きごう》で答《こた》えなさい。

川《かわ》の中流域《ちゅうりゅういき》

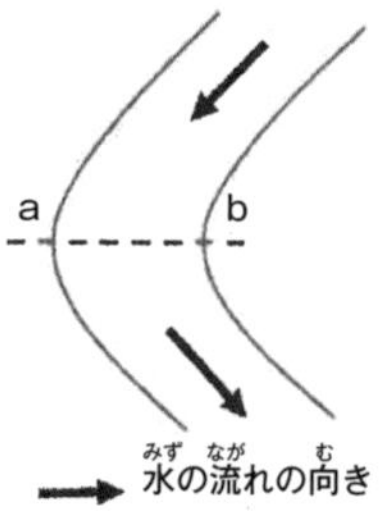

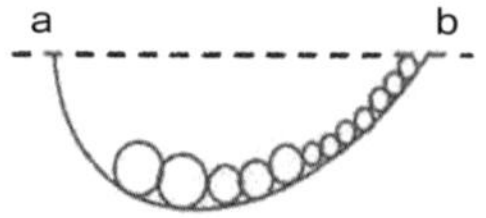

ア

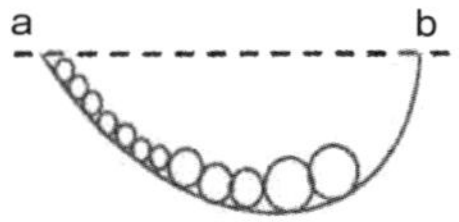

イ

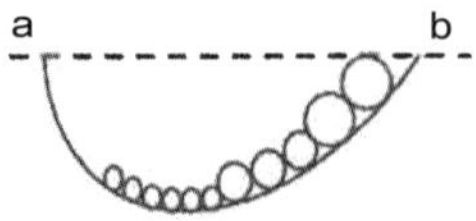

ウ

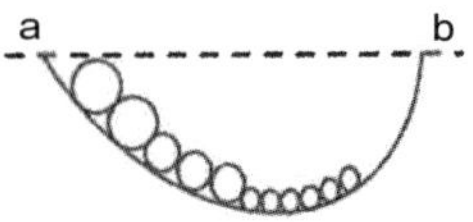

エ

［解答《かいとう》　ア］

地学

挑《ちょう》戦《せん》 一《いち》問《もん》一《いっ》答《とう》 100 ツッコミ!

中学入試《ちゅうがくにゅうし》に出題《しゅつだい》されることが多《おお》い、理科《りか》のテーマ100問《もん》をボケ問《もん》にしました。「ツッコミ例《れい》」の部分《ぶぶん》を下《した》じきなどでかくして答《こた》えを考《かんが》えてみてください。「ツッコミ例《れい》」の中《なか》の太字《ふとじ》は、解答《かいとう》となる大事《だいじ》なポイントです。本書《ほんしょ》で取《と》り上《あ》げていない問題《もんだい》も出《で》てくるので、わからなかった場合《ばあい》は教科書《きょうかしょ》や参考書《さんこうしょ》などを見《み》てしっかり確認《かくにん》しましょう。

	ボケ問《もん》!	ツッコミ例《れい》
1 生物	 この形《かたち》ってモンシロチョウだよね?	**尾状突起《びじょうとっき》**があるから**アゲハ**だよ!
2 生物	アゲハの幼虫《ようちゅう》って、アブラナ科《か》の葉《は》を食《た》べるんだよね?	アゲハの幼虫《ようちゅう》は**ミカン科《か》の葉《は》**を食《た》べるよ!
3 生物	関節《かんせつ》って、筋肉《きんにく》が骨《ほね》とつながっている部分《ぶぶん》のことだよね?	筋肉《きんにく》が骨《ほね》とつながっている部分《ぶぶん》は、**けん**だよ!
4 生物	うでを曲《ま》げるときって、うでの上側《うえがわ》と下側《したがわ》の両方《りょうほう》の筋肉《きんにく》が縮《ちぢ》むよね?	上側《うえがわ》の筋肉《きんにく》は縮《ちぢ》むけど、**下側《したがわ》の筋《きん》肉《にく》はゆるまないと曲《ま》がらない**よ!
5 生物	ほ乳類《にゅうるい》の呼吸《こきゅう》は、酸素《さんそ》と二酸化炭素《にさんかたんそ》の交《こう》換効率《かんこうりつ》が鳥類《ちょうるい》よりもいいんだよね?	効率《こうりつ》がいいのは、**気嚢《きのう》がある鳥類《ちょうるい》**だよ!

	ボケ問《もん》！	ツッコミ例《れい》
6 生物	メダカが卵《たまご》を産《う》んだら、オスを別《べつ》の水《すい》そうに移《うつ》して、卵《たまご》とメスだけにするんだよね？	親《おや》が卵《たまご》を食《た》べてしまうから、**親《おや》と卵《たまご》の水《すい》そうを別《べつ》にしなくちゃいけないんだよ！**
7 生物	メダカの水《すい》そうにホテイアオイやマツモなどを入《い》れるのは、メダカの遊《あそ》び場《ば》を作《つく》るためでしょ？	メダカの**産卵床《さんらんしょう》**や**かくれる場所《ばしょ》**にしたり、**酸素《さんそ》を水《みず》の中《なか》に出《だ》したりするため**だよ！
8 生物	ふだん食《た》べているもやしの白《しろ》いシャキシャキした部分《ぶぶん》って、根《ね》の部分《ぶぶん》だよね？	白《しろ》いシャキシャキしている**部分《ぶぶん》**は、**くき**だよ！
9 生物	ネギの白《しろ》い部分《ぶぶん》って、日光《にっこう》がたっぷり当《あ》たるとできるんだよね？	白《しろ》い部分《ぶぶん》は土《つち》の中《なか》で育《そだ》つから、**日光《にっこう》には当《あ》たらない**よ！
10 生物	マグロやカツオなどの回遊魚《かいゆうぎょ》が泳《およ》ぎ続《つづ》けられるのは、筋肉《きんにく》にミオグロビンがほとんどないからだよね？	**ミオグロビンが多《おお》い**から、**長時間《ちょうじかん》**泳《およ》ぎ続《つづ》けることができるよ！
11 生物	トウモロコシの葉脈《ようみゃく》って、網状脈《もうじょうみゃく》だよね？	トウモロコシは、**単子葉類《たんしようるい》だから平行脈《へいこうみゃく》**だよ！
12 生物	単子葉類《たんしようるい》には、イネ・ムギ・トウモロコシ・ツユクサ・ホウセンカがあるよね？	ホウセンカは**双子葉類《そうしようるい》**だよ！
13 生物	サツマイモとジャガイモの食用部分《しょくようぶぶん》は、根《ね》だよね？	サツマイモは根《ね》だけど、**ジャガイモはくき**だよ！
14 生物	不完全変態《ふかんぜんへんたい》のこん虫《ちゅう》って、卵《たまご》→幼虫《ようちゅう》→さなぎ→成虫《せいちゅう》と成長《せいちょう》するんだよね？	不完全変態《ふかんぜんへんたい》のこん虫《ちゅう》は、**さなぎにならない**よ！
15 生物	モンシロチョウ、カブトムシ、アブラゼミ、ミツバチは、完全変態《かんぜんへんたい》のこん虫《ちゅう》でしょ？	**アブラゼミは不完全変態《ふかんぜんへんたい》**だよ！

	ボケ問《もん》！	ツッコミ例《れい》
16 生物	アブラゼミ、タガメ、アメンボ、アブラムシはハチの仲間《なかま》だよね？	**カメムシの仲間《なかま》**だよ！
17 生物	暖《あたた》かい地域《ちいき》で生活《せいかつ》するマレーグマより、ホッキョクグマのほうが体《からだ》が小《ちい》さいよね？	寒《さむ》い地域《ちいき》で生活《せいかつ》する**ホッキョクグマのほうが、体《からだ》が大《おお》きい**よ！
18 生物	暖《あたた》かい地域《ちいき》で生活《せいかつ》するウサギの耳《みみ》が、寒《さむ》い地域《ちいき》のウサギの耳《みみ》より大《おお》きいのは、プロポーズのために必要《ひつよう》だからだよね？	**体《からだ》の熱《ねつ》をにがすため**だよ！
19 生物	 この形《かたち》はスギでしょ？	それは**マツ**だよ！
20 生物	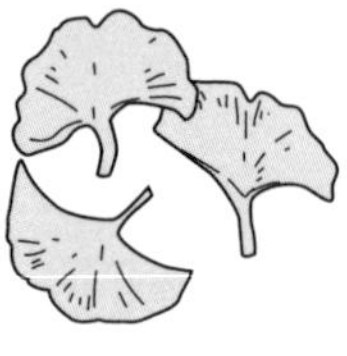 これは、スギの葉《は》だよね？	それは**イチョウ**だよ！
21 生物	モンシロチョウのさなぎって、指《ゆび》でさわるとかなり熱《あつ》いよね？	**こん虫《ちゅう》は変温動物《へんおんどうぶつ》**だから、**周囲《しゅうい》**の**気温《きおん》**と**同《おな》**じくらいの**温度《おんど》**にしかならないよ！
22 生物	葉緑体《ようりょくたい》って、葉《は》の表皮《ひょうひ》や孔辺細胞《こうへんさいぼう》にあるんだよね？	**葉緑体《ようりょくたい》**は**孔辺細胞《こうへんさいぼう》**にはあるけど**表皮《ひょうひ》にはない**よ！
23 生物	葉《は》の内部《ないぶ》は、表側《おもてがわ》も裏側《うらがわ》も同《おな》じくらい、細《さい》胞《ぼう》がぎっしりつまっているよね？	**表側《おもてがわ》**は**細胞《さいぼう》**がぎっしりつまっているけど、**裏側《うらがわ》はすきまがある**よ！

	ボケ問《もん》！	ツッコミ例《れい》
24 生物	 これって、ヘチマの子葉《しよう》でしょ？	それは**アサガオの子葉《しよう》**だよ！
25 生物	 オタマジャクシのこの部分《ぶぶん》は、触角《しょっかく》だよね？	それは**外《がい》さい**（**えら**）だよ！
26 生物	オタマジャクシがカエルになるときって、前《まえ》あしと後《うし》ろあしが同時《どうじ》に生《は》えてくるよね？	**後《うし》ろあしが先《さき》**だよ！
27 生物	サツマイモとジャガイモは、どちらもナス科《か》だよね？	**サツマイモはヒルガオ科《か》**だよ！
28 物理	氷《こおり》は水《みず》にしずむよね？	氷《こおり》は**水《みず》にうく**よ！
29 物理	ふりこの長《なが》さを変《か》えても、ふりこの周期《しゅうき》は一《いっ》定《てい》だよね？	ふりこの長《なが》さを変《か》えると、**ふりこの周期《しゅうき》は変《か》わる**よ！
30 物理	ふりこの長《なが》さを3倍《ばい》にすると、周期《しゅうき》も3倍《ばい》になるよね？	周期《しゅうき》を3倍《ばい》にするには、**ふりこの長《なが》さを9倍《ばい》**にするんだよ！
31 物理	ふりこの重《おも》さを2倍《ばい》、ふれはばを3倍《ばい》にすれば、周期《しゅうき》は6倍《ばい》になるよね？	ふりこの重《おも》さとふれはばを変《か》えても、**周期《しゅうき》は変《か》わらない**よ！

	ボケ問《もん》！	ツッコミ例《れい》
32 物理	電磁石《でんじしゃく》の電流《でんりゅう》を流《なが》す向《む》きを変《か》えても、S極《きょく》・N極《きょく》の位置《いち》は変《か》わらないよね？	電磁石《でんじしゃく》の電流《でんりゅう》の向《む》きを変《か》えると、S極《きょく》・N極《きょく》の位置《いち》が変《か》わるよ！
33 物理	LEDと白熱電球《はくねつでんきゅう》って、消費電力《しょうひでんりょく》と寿命《じゅみょう》にちがいはないよね？	白熱電球《はくねつでんきゅう》よりLEDのほうが消費《しょうひ》電力《でんりょく》が小《ちい》さく長持《ながも》ちするよ！
34 物理	コンデンサーって、電流《でんりゅう》の大《おお》きさを測《はか》るものだよね？	コンデンサーは電気《でんき》をためたり、ためた電気《でんき》を放出《ほうしゅつ》したりする電《でん》子部品《しぶひん》！　電流《でんりゅう》の大《おお》きさを測《はか》るのは電流計《でんりゅうけい》だよ。
35 物理	モーメント（支点《してん》を中心《ちゅうしん》にてこをかたむけるはたらき）は「てこに加《くわ》えた力《ちから》の大《おお》きさ÷支点《してん》からのきょり」で求《もと》められるよね？	モーメントは「てこに加《くわ》えた力《ちから》の大《おお》きさ×支点《してん》からのきょり」で求《もと》めるよ！
36 物理	エナメル線《せん》でクリップモーターを作《つく》るなら、クリップにふれる部分《ぶぶん》のエナメルは両側《りょうがわ》ともはがしちゃいけないよね？	それだと電流《でんりゅう》が流《なが》れない！ エナメルの正《ただ》しいはがし方《かた》はこれ！ 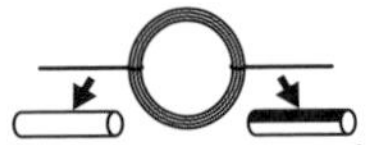
37 物理	卵《たまご》は水《みず》にしずめてういてくるものほど、新《しん》せんな卵《たまご》だよね？	うくものほど古《ふる》い卵《たまご》だよ！
38 物理	光《ひかり》のうち、赤色《あかいろ》の光《ひかり》がいちばん曲《ま》がりにくくて、その次《つぎ》に曲《ま》がりにくいのが紫色《むらさきいろ》の光《ひかり》だよね？	赤色《あかいろ》の光《ひかり》はいちばん曲《ま》がりにくいけど、紫色《むらさきいろ》の光《ひかり》はいちばん曲《ま》がりやすいよ！
39 物理	にじって、空気《くうき》が乾燥《かんそう》しているときによく出《で》るんだよね？	にじは、空気《くうき》がしめっている、空気《くうき》中《ちゅう》の水分量《すいぶんりょう》が多《おお》いときに出《で》やすいんだよ！

	ボケ問《もん》！	ツッコミ例《れい》
40 物理	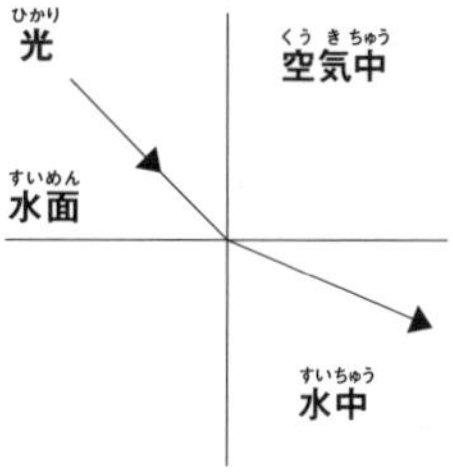 光《ひかり》が空気中《くうきちゅう》から水《すい》中《ちゅう》に入《はい》るとき、光《ひかり》は水面《すいめん》に近《ちか》づくように屈折《くっせつ》するよね？	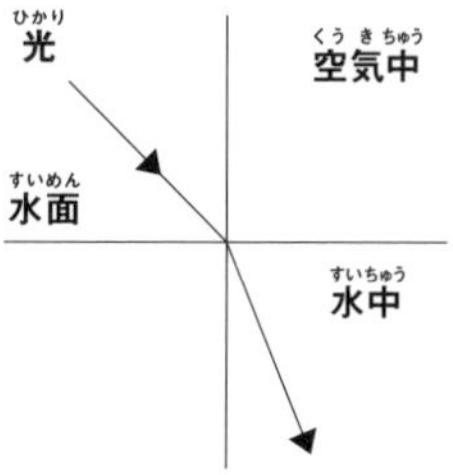 **水面《すいめん》から遠《とお》ざかるように屈《くっ》折《せつ》する**よ！
41 物理	ピンホールカメラを通《とお》してできた像《ぞう》を、物体《ぶったい》と同《おな》じ方向《ほうこう》に見《み》ると、上下《じょうげ》は逆《ぎゃく》になるけど左右《さゆう》は逆《ぎゃく》にならないよね？	**上下左右《じょうげさゆう》ともに逆《ぎゃく》**になるよ！
42 物理	荷物《にもつ》を持《も》つときは、荷物《にもつ》の重心《じゅうしん》が支点《してん》の真《ま》上《うえ》になるようにすると持《も》ちやすいよね？	**重心《じゅうしん》が支点《してん》の真下《ました》になるようにする**と持《も》ちやすいよ！
43 物理	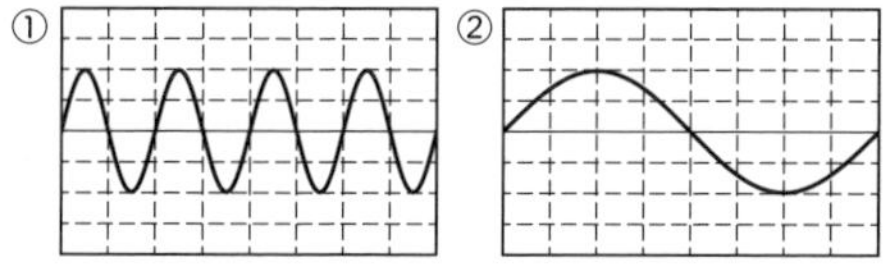 音《おん》さの波形《はけい》をオシロスコープで見《み》たら、①のようになったよ。大《おお》きい音《おと》を出《だ》したら②のようになるよね？	ならないよ！　それだと、**しんぷくが変《か》わっていないから同《おな》じ大《おお》きさの音《おと》**だよ！
44 物理	おもりの重《おも》さとばねの全長《ぜんちょう》は比例《ひれい》するよね？	おもりの重《おも》さと**比例《ひれい》**するのは、**ばねののび**だよ！
45 物理	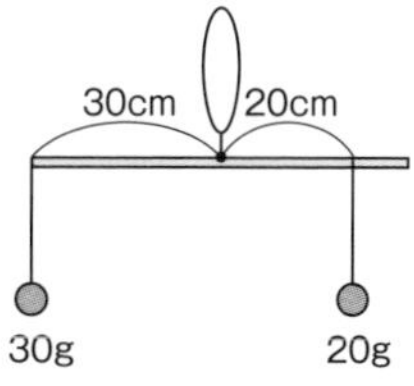 こんなふうに、同《おな》じ太《ふと》さの棒《ぼう》の中心《ちゅうしん》をひもでつるして、2つのおもりをつけたら、つり合《あ》うよね？	**左《ひだり》のモーメントが30cm×30g＝900、右《みぎ》のモーメントが20cm×20g＝400だからつり合《あ》わな**いよ！　おもりを逆《ぎゃく》につけたらつり合うね。

ボケ問《もん》!		ツッコミ例《れい》
46 物理	音《おと》の高《たか》さを高《たか》くしたいときって、しんぷくを大《おお》きくするんでしょ？	音《おと》の高《たか》さを高《たか》くしたいときは、**しん動数《どうすう》を多《おお》くする**んだよ！
47 物理	走行中《そうこうちゅう》の電車《でんしゃ》から外《そと》を見《み》ると、遠《とお》くの景色《けしき》は、近《ちか》くの景色《けしき》より早《はや》く見《み》えなくなるよね？	**近《ちか》くの景色《けしき》のほうが早《はや》く見《み》えなくなる**よ！
48 物理	体重計《たいじゅうけい》の上《うえ》に立《た》っている人《ひと》がすばやくしゃがむ瞬間《しゅんかん》、重《おも》さは変《か》わらないんだから、体重計《たいじゅうけい》の目《め》もりも変《か》わらないよね？	しゃがむ瞬間《しゅんかん》に、**目《め》もりの値《あたい》が実《じっ》際《さい》の体重《たいじゅう》より小《ちい》さくなる**よ！
49 物理	磁石《じしゃく》を2つに切《き》ったら、N極《きょく》だけの磁石《じしゃく》とS極《きょく》だけの磁石《じしゃく》ができるでしょ？	2つに切《き》ってできた磁石《じしゃく》は、**どちらもN極《きょく》・S極《きょく》をもつ**よ！
50 物理	にじは、正午《しょうご》ごろがいちばん見《み》えやすいよね？	にじは、**太陽《たいよう》の高度《こうど》が高《たか》いと見《み》えにくい**よ！
51 物理	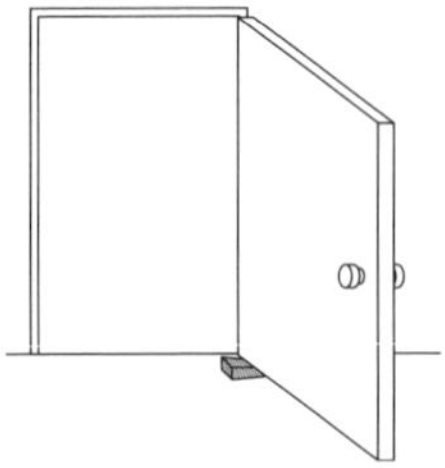 この部分《ぶぶん》にドアストッパーをはさめば、ドアを開《あ》けっ放《ばな》しにできるよね？	 開《あ》けっ放《ばな》しにするには、**支点《してん》から遠《とお》い位置《いち》にはさむ**んだよ！
52 化学	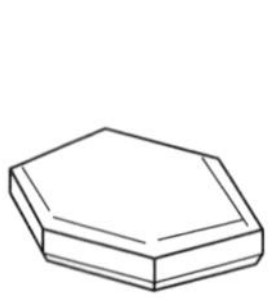 これって、ミョウバンの結晶《けっしょう》だよね？	それは、**ホウ酸《さん》の結晶《けっしょう》**だよ！
53 化学	洗剤《せんざい》をとかして作《つく》った水《みず》の泡《あわ》って、水《みず》だけで作《つく》った泡《あわ》よりこわれやすいよね？	洗剤《せんざい》をとかして作《つく》った水《みず》の泡《あわ》のほうが、**界面活性剤《かいめんかっせいざい》が表面張力《ひょうめんちょうりょく》を弱《よわ》めるからこわれにくい**よ！

	ボケ問《もん》！	ツッコミ例《れい》
54 化学	ケーキ作《づく》り、バターはオーブンの熱《ねつ》でとけるから、よく混《ま》ぜなくてもいいよね？	それじゃあ、ちゃんとふくらまない！バターは**泡立《あわだ》てながらよく混《ま》ぜて空気《くうき》をふくませる**んだよ。
55 化学	気体《きたい》は周《まわ》りからの圧力《あつりょく》が大《おお》きくなって収縮《しゅうしゅく》すると、温度《おんど》が下《さ》がるんでしょ？	気体《きたい》が収縮《しゅうしゅく》すると、**温度《おんど》が上《あ》がる**よ！
56 化学	メスシリンダーを洗《あら》うときって、蒸留水《じょうりゅうすい》の後《あと》に水道水《すいどうすい》ですすぐんだよね？	**水道水《すいどうすい》の後《あと》に、蒸留水《じょうりゅうすい》ですすぐ**んだよ！
57 化学	ろ過《か》するときは、水溶液《すいようえき》をろうとの 10cm 上《うえ》くらいの高《たか》さから、直接《ちょくせつ》ろうとに注《そそ》ぐよね？	水溶液《すいようえき》がはねないように、**ガラス棒《ぼう》を伝《つた》わらせてろうとに注《そそ》ぐ**よ！
58 化学	熱伝導率《ねつでんどうりつ》は、アルミニウム、鉄《てつ》、銅《どう》の順《じゅん》に高《たか》いよね？	**銅《どう》、アルミニウム、鉄《てつ》の順《じゅん》**に熱伝《ねつでん》導率《どうりつ》が高《たか》いよ！
59 化学	ペットボトル本体《ほんたい》とキャップを水《みず》にしずめようとしても、プラスチックだからういてしまうよね？	キャップはうくけど、プラスチックの原料《げんりょう》がちがうから**ボトル本体《ほんたい》はしずむ**よ！
60 化学	温《あたた》められた空気《くうき》が上昇《じょうしょう》するのは、体積《たいせき》が小《ちい》さくなるからだよね？	**温《あたた》められた空気《くうき》がぼう張《ちょう》して体《たい》積《せき》が大《おお》きくなる**から、上昇《じょうしょう》するんだよ！
61 化学	カイロの中《なか》に鉄《てつ》の粉《こな》が入《はい》っているのって、熱《ねつ》が上《あ》がりすぎないようにするためだよね？	鉄《てつ》と酸素《さんそ》を結《むす》びつけて、**熱《ねつ》を発生《はっせい》させるため**だよ！
62 化学	ペットボトルロケットは、水《みず》を満《まん》たんにするとよく飛《と》ぶよね？	**空気《くうき》がないとおし出《だ》す力《ちから》が作《つく》れないから飛《と》ばない**よ！
63 化学	コップの水《みず》にういている氷《こおり》、とけたら水面《すいめん》の高《たか》さが上《あ》がるよね？	うかんでいる**氷《こおり》がとけても、水面《すいめん》の高《たか》さは変《か》わらない**よ！

	ボケ問《もん》!	ツッコミ例《れい》
64 化学	水《みず》を入《い》れた紙《かみ》コップを火《ひ》にかけると、すぐに紙《かみ》が燃《も》えるよね?	火《ひ》にかけても、水《みず》を温《あたた》めたり、水《すい》蒸気《じょうき》に変《か》えたりすることにエネルギーが使《つか》われるから、**水《みず》にふれている部分《ぶぶん》の紙《かみ》は燃《も》えない**よ!
65 化学	アルコールランプのアルコールは、常《つね》に満《まん》たんにしておくんだよね?	**アルコールは8分目《ぶんめ》まで**にしないと、こぼれちゃうよ!
66 化学	石灰水《せっかいすい》って、石灰石《せっかいせき》が水《みず》にとけたものでしょ?	石灰水《せっかいすい》は、**水酸化《すいさんか》カルシウム(消《しょう》石灰《せっかい》)が水《みず》にとけたもの**だよ!
67 化学	ジュースの缶《かん》に水《みず》でぬらしたタオルをまいて風《かぜ》をあてると早《はや》く冷《ひ》えるのって、水《みず》が冷《つめ》たいからでしょ?	タオルの水《みず》が水蒸気《すいじょうき》に変化《へんか》するときに、**気化熱《きかねつ》がうばわれるから**だよ!
68 化学	水《みず》は、ふっとうして水蒸気《すいじょうき》になるときに体積《たいせき》が1.1倍《ばい》になるんだよね?	**約《やく》1600倍《ばい》**だよ。1.1倍《ばい》になるのは水《みず》が氷《こおり》になったときの体積《たいせき》!
69 化学	ガスバーナーの炎《ほのお》を大《おお》きくしたいときは、空《くう》気調節《きちょうせつ》ねじを時計回《とけいまわ》りに回《まわ》すんだよね?	空気調節《くうきちょうせつ》ねじじゃなくて、**ガス調節《ちょうせつ》ねじを反時計回《はんとけいまわ》りに回《まわ》して、ガスの量《りょう》を多《おお》くする**んだよ!
70 化学	ろうそくを燃《も》やすと二酸化炭素《にさんかたんそ》が発生《はっせい》するのは、ろうそくの水素《すいそ》が酸素《さんそ》と結《むす》びついたからだよね?	**ろうそくの炭素《たんそ》が酸素《さんそ》と結《むす》びついたから!** 水素《すいそ》と酸素《さんそ》が結《むす》びつくと水《みず》ができるんだよ。
71 化学	木炭《もくたん》を燃《も》やすと、火花《ひばな》を散《ち》らして燃《も》えるんだよね?	木炭《もくたん》は**炎《ほのお》を出《だ》さずに燃《も》える**よ!火花《ひばな》を散《ち》らすのはスチールウール。
72 化学	炭酸水《たんさんすい》を70℃まで温《あたた》めたら、熱《あつ》い炭酸水《たんさんすい》ができるよね?	二酸化炭素《にさんかたんそ》がとけきれなくなって、**炭酸《たんさん》がぬける**よ!
73 化学	バケツに入《い》れた水《みず》は底《そこ》のほうからこおっていくんだよね?	**水面《すいめん》のほうからこおる**んだよ!

	ボケ問《もん》！	ツッコミ例《れい》
74 化学	飛行船《ひこうせん》の中《なか》には、空気《くうき》より軽《かる》い水素《すいそ》が入《はい》っているんだよね？	飛行船《ひこうせん》の中《なか》の気体《きたい》は、ヘリウムだよ！　水素《すいそ》は爆発《ばくはつ》するかもしれないから使《つか》わないよ。
75 地学	地震《じしん》のゆれを表《あらわ》す震度《しんど》は、0～9までの10段階《だんかい》だよね？	震度《しんど》は、0・1・2・3・4・5弱《じゃく》・5強《きょう》・6弱《じゃく》・6強《きょう》・7の10段階《だんかい》だよ！
76 地学	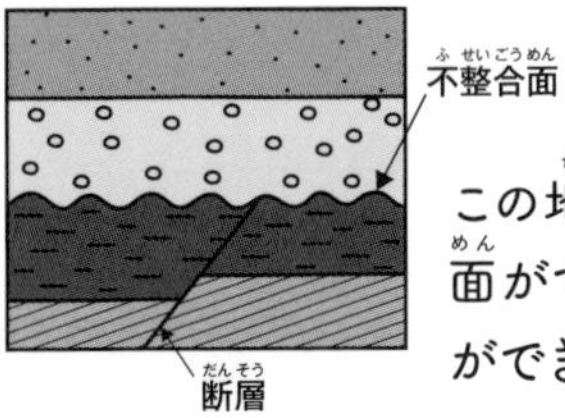 この地層《ちそう》って、不整合面《ふせいごうめん》ができてから、断層《だんそう》ができたんだよね？	断層《だんそう》ができた後《あと》に不整合面《ふせいごうめん》ができたんだよ！
77 地学	雲仙普賢岳《うんぜんふげんだけ》は、平《ひら》たい形《かたち》の火山《かざん》だよね？	雲仙普賢岳《うんぜんふげんだけ》は、ドーム状《じょう》の形《かたち》をしているよ！
78 地学	明日《あした》は日食《にっしょく》！　世界中《せかいじゅう》どこでも日食《にっしょく》を見《み》ることができるよね？	日食《にっしょく》を見《み》ることができるのは一部《いちぶ》の地域《ちいき》だけだよ！
79 地学	北極星《ほっきょくせい》の高度《こうど》は、「90°－その土地《とち》の北緯《ほくい》」で求《もと》められるよね？	それは太陽《たいよう》の南中高度《なんちゅうこうど》の求《もと》め方《かた》だよ！　北極星《ほっきょくせい》の高度《こうど》は、その土地《とち》の北緯《ほくい》と同《おな》じ！
80 地学	日本《にほん》が正午《しょうご》なら、地球上《ちきゅうじょう》のどの地域《ちいき》も正午《しょうご》だよね？	国《くに》や地域《ちいき》によって時刻《じこく》はちがうよ！　太陽《たいよう》が当《あ》たっていない地域《ちいき》は夜《よる》！
81 地学	雨《あめ》や雪《ゆき》を降《ふ》らせる雲《くも》って、乱層雲《らんそううん》と巻積雲《けんせきうん》だよね？	雨《あめ》や雪《ゆき》を降《ふ》らせる雲《くも》は、乱層雲《らんそううん》（雨雲《あまぐも》）と積乱雲《せきらんうん》（入道雲《にゅうどうぐも》）だよ！

	ボケ問《もん》！	ツッコミ例《れい》
82 地学	季節《きせつ》の星座《せいざ》と誕生日《たんじょうび》の月《つき》の星座《せいざ》（黄道《こうどう》十二星座《じゅうにせいざ》）は、同《おな》じ方向《ほうこう》に見《み》えるよね？	**黄道十二星座《こうどうじゅうにせいざ》は太陽《たいよう》と同《おな》じ方向《ほうこう》にあって、季節《きせつ》の星座《せいざ》とは反対《はんたい》の位置《いち》にある**から、同《おな》じ方向《ほうこう》には見《み》えないよ！
83 地学	夏《なつ》の大三角《だいさんかく》って、わし座《ざ》のアルタイル、こと座《ざ》のベガ、さそり座《ざ》のアンタレスだよね？	さそり座《ざ》のアンタレスじゃなくて、**はくちょう座《ざ》のデネブ**だよ！
84 地学	海岸《かいがん》では、一日中《いちにちじゅう》海風《うみかぜ》がふいているよね？	**海風《うみかぜ》がふきやすいのは昼間《ひるま》**だけ！ **夜《よる》は陸風《りくかぜ》**がふくよ。
85 地学	日食《にっしょく》って、月《つき》・地球《ちきゅう》・太陽《たいよう》の順《じゅん》にならんだときに起《お》きるんだよね？	**太陽《たいよう》・月《つき》・地球《ちきゅう》の順《じゅん》にならんだとき**に日食《にっしょく》が起《お》きるよ！
86 地学	月食《げっしょく》は、満月《まんげつ》のたびに起《お》きるんでしょ？	地球《ちきゅう》と月《つき》の公転面《こうてんめん》がずれているから、**満月《まんげつ》のたびに月食《げっしょく》が起《お》きるわけではない**よ！
87 地学	台風《たいふう》は高気圧《こうきあつ》だから、上昇気流《じょうしょうきりゅう》が起《お》きるよね？	台風《たいふう》は**低気圧《ていきあつ》**！
88 地学	低気圧《ていきあつ》には、時計回《とけいまわ》りに風《かぜ》がふきこむんだよね！	低気圧《ていきあつ》には、**反時計回《はんとけいまわ》りに風《かぜ》がふきこむ**よ！
89 地学	温帯低気圧《おんたいていきあつ》のうち、風速《ふうそく》が 17.2m 以上《いじょう》に発達《はったつ》したものを台風《たいふう》っていうんだよね？	**熱帯低気圧《ねったいていきあつ》**が**風速《ふうそく》 17.2m 以上《いじょう》**に発達《はったつ》したものが、台風《たいふう》だよ！
90 地学	12 月《がつ》に太陽《たいよう》がしずむ位置《いち》は、9 月《がつ》に太陽《たいよう》がしずむ位置《いち》と同《おな》じだよね？	12月《がつ》は9月《がつ》より**南寄《みなみよ》りの位置《いち》にしずむ**よ！
91 地学	大地《だいち》が大《おお》きな力《ちから》で、左右《さゆう》からおされたときにできるのが不整合《ふせいごう》だよね？	**断層《だんそう》**や**しゅう曲《きょく》**ができるんだよ！

ボケ問《もん》！		ツッコミ例《れい》
92 地学	上下《じょうげ》が逆《ぎゃく》になった地層《ちそう》では、上《うえ》にいくほど粒《つぶ》が小《ちい》さくなるよね？	上下《じょうげ》が逆《ぎゃく》になった地層《ちそう》では、**上《うえ》にいくほど粒《つぶ》が大《おお》きくなる**よ！
93 地学	川《かわ》がカーブしているところって、カーブの内《うち》側《がわ》も外側《そとがわ》も流《なが》れの速《はや》さは同《おな》じでしょ？	**カーブの外側《そとがわ》のほうが、流《なが》れが速《はや》い**よ！
94 地学	北極星《ほっきょくせい》は、地球上《ちきゅうじょう》のどの場所《ばしょ》でも同《おな》じ高《こう》度《ど》に見《み》えるんでしょ？	北極星《ほっきょくせい》は、**見《み》る場所《ばしょ》の緯度《いど》によって高度《こうど》が変《か》わる**し、**南半球《みなみはんきゅう》からは見《み》えない**よ！
95 地学	月《つき》が18時《じ》に地平線《ちへいせん》から出《で》てきたから、次《つぎ》の日《ひ》は50分早《ぶんはや》く出《で》てくるよね？	月《つき》の出《で》は、**1日《にち》ごとに約《やく》50分《ぶん》おそくなる**んだよ！
96 地学	天《あま》の川《がわ》って、雲《くも》が光《ひか》って見《み》えるものだよね？	天《あま》の川《がわ》は、**地球《ちきゅう》から見《み》た銀河《ぎんが》**の姿《すがた》で、雲《くも》ではないよ！
97 地学	避難情報発令時《ひなんじょうほうはつれいじ》に警戒《けいかい》レベルが5になったら、危険《きけん》な場所《ばしょ》から全員避難《ぜんいんひなん》だよね？	それじゃおそいよ、**全員避難《ぜんいんひなん》は警《けい》戒《かい》レベル4**！
98 地学	凝灰岩《ぎょうかいがん》って、どこにでもある砂《すな》や泥《どろ》が固《かた》まった岩石《がんせき》でしょ？	凝灰岩《ぎょうかいがん》は、**火山灰《かざんばい》が固《かた》まった岩石《がんせき》**だよ！
99 地学	今日《きょう》は雲《くも》ひとつない青空《あおぞら》だから、天気《てんき》は「晴《は》れ」だよね？	**雲《くも》の量《りょう》が空全体《そらぜんたい》の0〜1割《わり》だから快晴《かいせい》**だよ！
100 地学	オリオン座《ざ》が東京《とうきょう》で南《みなみ》の空《そら》に見《み》えたら、オーストラリアでも南《みなみ》の空《そら》に見《み》えるよね？	オーストラリアは南半球《みなみはんきゅう》にあるから、**北《きた》の空《そら》に見《み》える**よ！

重《じゅう》要《よう》語《ご》さくいん

(生)…生《せい》物《ぶつ》　(物)…物《ぶつ》理《り》
(化)…化《か》学《がく》　(地)…地《ち》学《がく》

あ

か

さ

た

監修　高濱正伸（たかはま　まさのぶ）

花まる学習会代表。1959年生まれ。東京大学農学部卒業、同大学院修了。学生時代から予備校等で受験生を指導するなか、学力の伸び悩み・人間関係での挫折と引きこもり傾向などの諸問題が、幼児期・児童期の環境と体験に基づいていると確信。1993年、「メシが食える大人に育てる」という理念のもと、小学校低学年向けの学習教室「花まる学習会」を設立（現在は年中～中学生）。監修・著書に『マンガでわかる！10才までに覚えたいことば1000』シリーズ（永岡書店）、『メシが食える大人になる！よのなかルールブック』シリーズ（日本図書センター）等多数。

著　江上 修（えがみ　おさむ）

1977年東京都生まれ。青山学院大学経済学部卒業。大手進学塾に15年間勤務し、慶應義塾中対策講座・開成中対策講座を担当。指導科目は算数・理科。自身が教務責任者を務めた2016年度入試では1教場から開成中15名受験中12名合格（80.0%　一般合格率35.1%）、御三家中26名受験中19名合格（73.1%　※一般合格率39.1%）という実績を残した。「メシが食える大人に育てる」という理念のもと、生徒一人ひとりを輝かせる指導方針に賛同し、2017年に花まる学習会の進学塾部門であるスクールFCに入社。膨大な量の入試問題研究の傍ら、最難関中対策講座Σゼミ・校舎運営・カリキュラム教材作成など活躍は多岐にわたる。本書は『ツッコミ！理科』（永岡書店）の続編。

花まる学習会　https://www.hanamarugroup.jp/hanamaru/
スクールFC　https://www.schoolfc.jp/

マンガ	マキゾウ　よこてさとめ　WOODY　加藤のりこ
デザイン	大場君人
DTP・図版	センターメディア
校正	ダブルウイング
編集協力	板谷路子

中学入試対応　もっとツッコミ！理科

2024年1月10日　第1刷発行

監修	高濱正伸
著	江上修
発行者	永岡純一
発行所	株式会社永岡書店 〒176-8518　東京都練馬区豊玉上1-7-14 代表03-3992-5155　編集03-3992-7191
印刷	横山印刷
製本	ヤマナカ製本

ISBN978-4-522-43912-8　C6040